電気・電子・情報工学系
テキストシリーズ

18

秋月影雄・高橋進一 共編

確率過程

中川正雄・真壁利明 共著

培風館

「電気・電子・情報工学系テキストシリーズ」序文

電気に関する学問分野は，古来，高電圧・大電流を応用する「強電」と呼ばれていた分野と，低電圧・小電流を応用する「弱電」の分野に分かれて発展してきた。前者は主として電気をエネルギー源として，後者は情報・通信に利用することに関連する分野である。1900年代初期までは一括して電気工学と総称されていたが，両分野の発展に伴って，電気工学・通信工学と呼ばれる独立した学問体系をつくっていった。しかし，両者とも，基本的には共通の電磁気学を基にしたものである。一方，1900年代中頃より電子工学が急速な発展を遂げ，特にトランジスタが実用化されるに及んで通信工学は電子通信工学へと変化していった。ここでは，巨視的な電磁気学のみならず量子力学にもとづく微視的な学問が工学へ応用されることとなった。さらに1900年代後半において，コンピュータが急速に進化し，工業のみならず一般の社会生活の中に情報蓄積・処理・伝送の手段として広く活用されるようになった。

現在では電気工学分野を大別して，① 電力エネルギー，② システム・制御，③ コンピュータ・情報，④ 電子・材料のように分類されるが，この 4 つの分野はそれぞれ独立しているわけではなく，相互に密に融合している。このような電気工学分野の拡大に対応して，大学においても電気工学科と名付けられている学科は急減し，電気電子工学科や電子情報工学科のようなより分野を明確にした学科や，情報・コンピュータにかかわる特定の分野を強く意識した学科が多くなってきている。

このシリーズは，このような状況下で，電気にかかわる各分野の工学書をまとめて編集することを試みたものであり，主に慶應義塾大学理工学部電子工学科ならびに早稲田大学理工学部電気電子情報工学科において教育にたずさわっている教員を中心に，大学の教科書あるいは参考書となるような著書を企画したものである。すでに，このようなシリーズや著書は数多く出版されてきているが，本シリーズは以下のような特長をもっている。

このシリーズは，慶應義塾大学理工学部電子工学科教授 高橋進一と早稲田大学理工学部電気電子情報工学科教授 秋月影雄とが一体となって企画したものであり，両大学の第一人者による執筆であることを心がけた。このことにより，両大学の教育の特長が表面に出るような著書であることを目標とした。

具体的に本シリーズは，次のような内容を含むように企画されている。

［基礎］
電気磁気学，回路理論，エネルギー変換，固体論，計算機工学

［電力エネルギー］
電気機器，電力工学，高電圧工学，電気応用，パワエレクトロニクス

［システム・制御］
システム解析，制御工学，計測工学

［コンピュータ・情報］
計算機アーキテクチャ，計算機アルゴリズム，オペレーティングシステム，知識情報処理，情報ネットワーク，情報理論，数値計算，信号処理

［電子・材料］
電気物性，電気材料，電子材料，電子回路，固体電子素子

本シリーズは，主として大学学部における教科書を念頭において構成し，通常一年間にまたがるような基礎科目を除いては半年間の講義に対応する量にまとめるように努めた。また，一部の著書は最新の技術を主体とした大学院向けの技術書として位置づけられるものも含まれている。電気にかかわるすべての分野を完全に網羅する構成は困難であるが，主要な分野について，基礎から学ぶことができるようなシリーズとなるはずである。さらに，大学における学習では多くの演習問題を解くことも重要であることに鑑み，主要科目には演習書も含ませる配慮を行っている。

本シリーズが大学における教育に有効に活かされるとともに，研究に当たっても多くの指針を与える参考書となりうることを期待している。

1998年 4 月

秋月影雄
高橋進一

まえがき

工学の諸分野には確率的で不確定な現象が数多く出現する。電気回路の中の抵抗体から発生する熱雑音電圧はこの一例である。微視的に見れば，抵抗体の中では各々の自由電子が絶えず周りの格子とランダムに衝突，散乱を繰り返しており，巨視的には確率的で規則性のない電子流が生まれる。これが電圧として出現したのが熱雑音電圧である。

したがって，電子回路を通して信号を検出しようとする場合，抵抗体がある限り熱雑音の現象は避けて通ることが出来ない本質的問題となる。この種の問題の解決には確定的な現象を扱う理論は役に立たないことが多く，確率的な不規則過程を扱う理論が必要となる。

一方，確率論は数学の一大分野として確たる基礎を築いている。本書は，上述したような工学的に重要な不確定現象や不規則過程を確率論的な記述を用いて，数理的取扱いを試みることを目的として，著されたものである。工学における不確定現象や不規則過程に興味を持った工学者にとって，確率論から学び初めるのが望ましいと考えられるが，確率の一般論はその内容が多岐にわたり，必ずしも必要な事項ばかりとは言えない。そのため，初学者にとって確率論は，繁雑すぎて必要な事項の取捨選択に迷うことがしばしばある。このような状況を鑑み，本書では考察対象を工学上重要と思われる事項に限定し論じた。まず，確率論の基礎から入り，工学上特に重要な確率分布関数や確率過程に言及し，さらには，確率論の上に築かれている代表的な工学の分野を提示し，確率論と物理現象とを結びつけている。

本書の記述は理工学系大学の学部学生が理解出来る程度とし，なるべく平易で，かつていねいに説明した。そのため数学的な厳密さは犠牲としたが，図や理工学的な例題を多く配置し，直感的に理解出来るよう努力したつもりである。本書が通信理論，情報理論，ネットワーク理論，OR，さらには，物性論，プラズマ放電理論に現れる確率現象や確率過程を理解するための入門書として用いられれば幸いである。

なお，本書の出版に御助力いただいた慶応義塾大学 高橋進一教授，ならびに，培風館の各位に感謝の意を表したい。

1986年10月

著　者

新装版発行にあたって

「理工学基礎 確率過程」と題して理工系電子情報分野の学生用に入門書を著してから15年が経過した。確率過程の初歩と，物性から情報通信までの幅広い分野に現れる確率過程の例を書いた手ごろな本が少なかったこともあって，多くの学生にテキストとして利用していただき，増刷を重ね第14刷に至った。

今回，培風館の電気•電子•情報工学系テキストシリーズの一巻として加えていただくことになった。前版では，理工系の初心者が確率過程を具体的な例をもとに深く理解できるよう，各章には豊富な例題を設けた。改訂にあたり，各章の内容を確実に身につけるための演習問題を新たに用意した。

電気•電子•情報系学生が本書を確率過程への入門書として利用し，将来の専門分野における応用に結びつけてもらえれば著者にとってこれに代わる喜びはない。

改訂にあたってお世話になった培風館の各位に感謝の意を表する。

2002年春

著者記す

目　次

1

確率と工学の結びつき

本章では確定的現象と不確定的現象の差異，ならびに工学上重要となる不確定的現象の例をあげ，不確定的現象を解析する手段として確率の概念を紹介し，確率論が工学にとっていかに重要であるかを示す。

1.1　確定的現象と不確定的現象

われわれは日常生活を通して，身のまわりで生ずる現象には正確に予測しうるものと，正確な予測が困難であるものとがあることを知っている。例えば，一日の時間の長さというものを考えると，必ず24時間の周期で毎日が繰り返されている。今日は24時間であったのが，明日は何時間で一日が過ぎるのか予測できないということはあり得ない。また，月が満月になったり，新月になったりする月日も正確に予測しうる。ではわれわれの環境は予測しうるものばかりかというと，そうではない。毎年夏になると発生する図1.1のような台風を南方海上で発見しても，台風がどんな進路をとるかを正確に予測できない。日本に上陸するかと思えば，結局は大陸の方向に進路を変えたり，逆に日本に接近しそうもないと思われてきた台風が，急に進路を変えて日本に上陸し，大きな被害をもたらしたりで，きわめて予測しにくいものである。一般に前者のような予測可能な現象を**確定的現象**(deterministic phenomena)とよび，後者のような予測の困難な現象を**不確定現象**(non-deterministic phenomena)，**確率現象**(stochastic phenomena)，または**不規則現象**(random phenomena)とよんでいる。

以上に述べた確定的現象の例は天体運動に基づく現象であり，不確定的現象

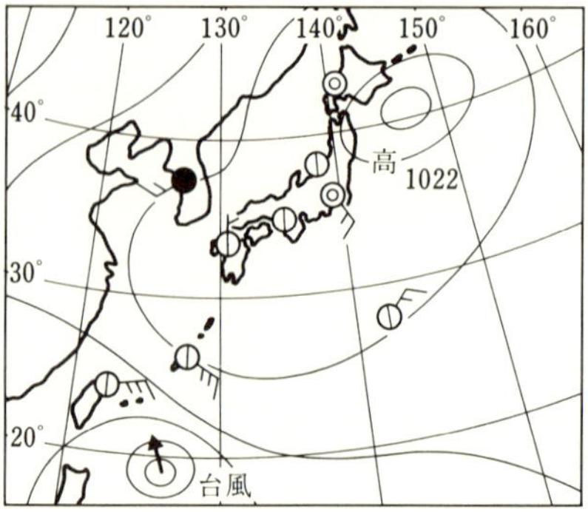

図 1.1　不確定的現象としての気象

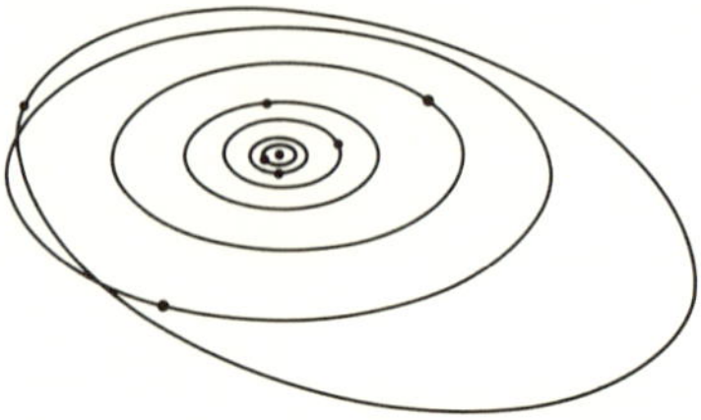

図 1.2　確定的現象としての天体運動

の例は気象に基づく現象である。なぜ，天体運動が確定的で，気象が不確定的なのだろうか。まず天体運動について考えてみる。これは太陽を中心とし，地球を含めた幾つかの惑星間のつり合いによって生じた図 1.2 のような比較的単純な運動であり，太陽や地球等をすべて質点とみなして運動方程式をたて，それを解くことで天体運動を正しく予測できるのである。こうした予測が過去に新しい惑星の発見につながったことは周知の事実である。一方，気象現象はどうであろうか。太陽から地球に伝えられるエネルギーには不確定的な部分があり，海水は流動的で蒸発を伴い，大気は対流しやすい。さらには，陸地や島の形状が複雑で地球全体の気象に関する運動方程式を導くのは難しい。もし仮に，この現象を方程式化したとしても現在の計算機技術ではその膨大な計算を処理しきれないであろう。こうして気象現象を予測することは困難となり，不確定現象としての取り扱いが必要となる。われわれから遠く離れた星の動きは正確に予測できるのに，身近な気象が予測しにくいとは，なんとも皮肉ではあるが，不確定的だからこそ生命力があるとも言えるのかも知れない。

上のような例が工学にもあてはまるであろうか。まず電力の供給を考えてみよう。われわれの家庭に供給される交流の実効電圧は100ボルトと常に一定であり，その周波数は関東地方で50ヘルツとこれまた一定である。需要家からみると，これらの量が変動しては困る。これは確定的現象の工学的な例と言える。次に放送局から送られる信号について考えてみる。この信号を検波して観測してみると，常に一定の波形にならず，予測のできない複雑な波形が観測される。耳で聞いてみると人間の言葉だったり，音楽だったりする。仮に予測可能な波形である正弦波を耳で聞いても全く単調であり，なんら情報を伝送することができない。情報とは受け手にとって予測しにくい，すなわち不確定的なゆえに価値をもつものと言えるのである。これは不確定的な現象の工学的な例である。以下では理工学的に重要な不確定的現象や不規則過程(random process)の例をいくつか示していく。

1.2 工学における不確定的現象と不規則過程の例

（a） **熱雑音**　図1.3の抵抗の両端には不規則な雑音電圧が発生する。Δfの帯域幅におけるこの電圧の二乗平均値$\overline{v^2}$は

$$\overline{v^2}=4kTR\Delta f$$

と示される。kはボルツマン定数，Tは絶対温度，Rは抵抗値である。式の中に絶対温度があることからわかるように，この電圧は抵抗内の電子と原子の熱運動に起因しており，**熱雑音**(thermal noise)とよばれている。微小な信号を増幅する電子回路では熱雑音がきわめて有害であり，取り除くことが難しいが，電子回路を冷却して積極的にこの雑音を除去減少させている場合もある。

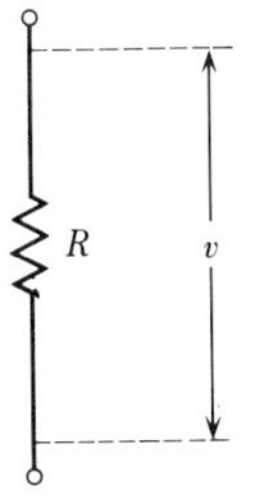

図 1.3　抵抗と熱雑音

（b） **音声信号**　音声は人間が，物事を判断したり，考える上で重要な情報である。この音声信号(speech signal)を電気信号に変換しオシロスコープで観測すると不規則な波形が観測される。また音声が伝達する内容も予測の難しさゆえに意味をもつものである。

(c)　画像信号　　音声信号と同様に情報伝達のための信号として重要なのが**画像信号**(image signal)である。代表的な画像信号であるテレビ信号を見てもわかるように，画像信号も音声信号と同様に予測しにくいがために価値をもつ信号である。画像信号の不確定な度合い，つまり情報量は一般に音声信号よりも大である。これが古来より“百聞は一見に如かず”と言われてきたゆえんである。

(d)　ディジタル符号系列　　音声や画像信号のアナログ信号，さらにはアルファベットや数字をディジタル符号の 0，1 に変換すると，01100101101110 ･･･ というようなディジタル符号系列になる。0，1 の出現は不規則である場合が多い。この符号系列は記憶するに容易であり，雑音にも強い。

(e)　放電現象　　図 1.4 のように電極を対向させて，電極間の電圧を上げていくと，かなりの高電圧で**放電現象**(discharge phenomena)が生ずる。同一の条件であれば全く同じ電圧で放電が生ずるかというと，そうではない。放電電圧はある値を中心にしてばらつき，この電圧を正確に予測することは難しい。また，放電電流の流れる経路もランダムで一定しない。こうした現象の解明は，例えば電力伝送系の絶縁材料の設計に有用である。

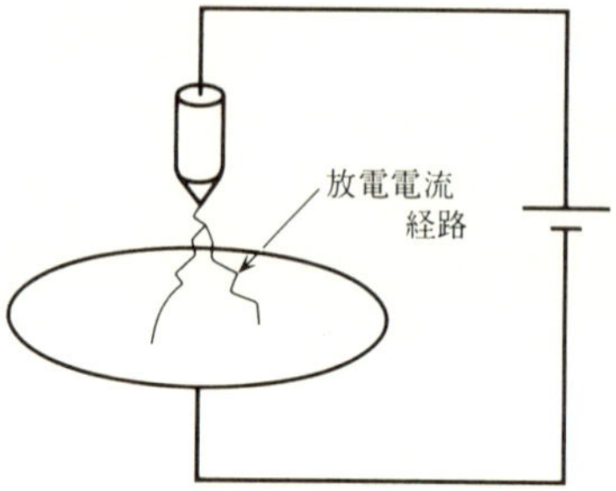

図 1.4　電極間の放電現象

(f)　気体の分子運動　　気体を空間の中に閉じ込めて，すべての分子の運動をひとつひとつ解析しようとすると，惑星の運動を解く場合とは異なり，きわめて高次の運動方程式を解かねばならず，解析はほとんど不可能となる。この結果，分子運動は複雑で不規則なものと考えねばならない。

(g)　電話の呼び　　われわれが電話をかける時刻が前もって決まっていることは，ほとんどなく，必要に応じて不定期に電話をかける。ひとりの人間でさえも不規則な呼びをするのに，交換局につながる電話器の数は莫大な数であり，ますます交換機を通過する呼びは不規則になる。こうした呼びを考慮して交換機やそれを組み合わせたシステムを設計しなければならない。

(h)　制御系にかかるじょう乱　例えば，波や風という不規則なじょう乱に対して，船の航路を一定に保つには制御系の働きが必要である。制御系は目標値に制御対象を保持したり，すばやく近づけたりするものであり，じょう乱はそうした動作を妨げる要因である。そのため，制御系の設計には不規則じょう乱に対する考慮が不可欠である。

(i)　振動系に発生するカオス現象　ある種の，しかもかなり単純な非線形振動系や発振器には，なんら不規則なパラメータがないのに不規則な振動を生ずる場合がある。このような現象をカオス現象(chaos phenomena)とよんでいる。原因は系がもつ非線形性にあるといわれている。

(j)　量子雑音　電気的な信号の検出に際して問題となる雑音の多くは熱雑音である。一方，光のような高い周波数をもった信号の検出では不確定性原理に基づく量子雑音(quantum noise)が問題となる。熱雑音は温度を下げることで抑えられるのに対して，量子雑音は低温の下でも現れる雑音である。

以上10の代表的な不確定的現象と不規則過程を紹介した。本書ではこれらの現象が起こる原因の解明はせずに，それらが何であれ，統一的な立場から解析できる確率論を基礎とした考え方を展開していく。

1.3　不確定的現象と確率

確定的現象から得られる波形やデータを同一の条件の下で繰り返し観測しても，同一の波形やデータしか得られないが，不確定的現象から得られる波形やデータを繰り返し観測すると，同一の条件においてさえも，異なった波形やデータが観測される。そのため，1つの波形やデータに注目するのでは不十分であり，これらを数多く観測して1つの集合として見ると，不確定的現象を把握することができる。こうした集合に基礎をおいた方法が確率的な方法である。すなわち，確定的な方法では予測のしにくい波形でも，数多く波形を集めてその傾向を調べれば，ある程度予測がつくということである。こうして工学では確率論が現象解析のみならず，雑音中の信号検出や，音声や画像の圧縮，電話交換機や計算機の設計，さらに制御系の設計等に積極的に利用されている。

参考書

本書はまえがきに述べたとおり，理工系の学部学生を対象に確率論から確率過程までを，確率に支配される物理的諸現象や応用例を豊富に織りまぜて平易に説明を行っている。したがって，より専門的に学ぶための参考書をいくつかあげておく。

1） B. V. グネジェンコ（鳥居一雄（訳））：確率論教程 I，II，森北出版.
2） W. フェラー（河田龍夫（監訳））：確率論とその応用 I（上，下），II（上，下），紀伊国屋書店.
3） D. V. リンドレー（竹内啓，新家健精（共訳））：確率統計入門 1，2，培風館.
4） 佐藤拓宋：電気系の確率と統計，森北出版.
5） A. H. コルモゴロフ（根本伸司，一條洋（共訳））：確率論の基礎概念，東京大学出版会.
6） A. パポリス（平岡寛二（他訳））：工学のための応用確率論（基礎編，確率過程編），東海大学出版会.
7） N. G. von Kampen : *Stochastic Processes in Physics and Chemistry*, North Holland.
8） C. W. Gardiner : *Handbook of Stochastic Methods for Physics, Chemistry and Natural Sciences,* Springer-Verlag.
9） T. S. ベンダッド，A. G. ピアソル（得丸英勝（他訳））：ランダムデータの統計的処理，培風館.
10） 鈴木武次：待ち行列，裳華房.
11） 日野幹雄：スペクトル解析，朝倉書店.
12） 高橋進一，中川正雄：信号理論の基礎，実教出版.
13） 宮脇一男：雑音解析，朝倉書店.
14） W. R. ダベンポート，W. L. ルート（滝保夫，宮川洋（共訳））：不規則信号と雑音の理論，好学社.
15） R. L. Stratonovich (R. A. Silverman, Translated) : *Topics in the Theory of Random Noise* I，II，Gordon and Breach.
16） 藤田広一：基礎情報理論，昭晃堂.
17） 島田良作，木内洋，大松繁：わかる情報理論，日新出版.
18） 今井秀樹：情報理論，昭晃堂.

2
確率論の基礎

不確定的現象，すなわち不規則現象から得られる波形やデータを，1つだけでなく数多く観測して集合として取り扱うところに確率的手法の特徴があることを第1章で示した。こうした確率的手法の基礎について本章では学んでいく。

第1章で示した不規則現象の多くは時間的にも，観測値に関しても連続的な現象であり，説明に便利な単純な現象とは言いにくい。そこで本章では，まず，簡単な不規則現象のモデルを例として示し，その事象と確率について述べる。さらに不規則変数の考え方を導入し，確率密度関数，集合平均についても述べる。

2.1 事象と確率

簡単な不規則現象としてサイコロ投げの例を取り上げて基礎的な知識を説明する。

2.1.1 事 象

サイコロは1から6の目を持ち，それを振ると，そのいずれかの目が出る。サイコロの振り方によって，結果の出方が決まるのであるが，厳密には手と机の位置関係やサイコロの目の位置等の微妙で複雑な原因がからまって，われわれにはどの目が出るのか予測のつかない不規則な現象となる。

まず，サイコロを振ることを**試行**(trial)とよび，その試行の結果 $s_1, s_2, s_3, s_4, s_5, s_6$ という6つの**標本点**(sample points)が与えられる。試行の結果として得られる事柄を**事象**(event)とよび，事象には“1の目がでる”とか“6の目が出る”という，これ以上分解できない**根元事象**(elementary event)と，“奇数の目が出る”とか“1と2の目のいずれかが出る”といった根元事象を組み合わせた**複合事象**(compound event)がある。

事象を標本点で示すと“1の目が出る”は $\{s_1\}$ であり，“奇数の目が出る”は $\{s_1, s_3, s_5\}$ となる。またすべての標本からなる $\{s_1, s_2, s_3, s_4, s_5, s_6\}$ は全事象を表しており，**標本空間**(sample space)とよばれる。標本空間を図的に示すと図2.1のようなものになるであろう。

図 2.1　サイコロの試行における標本空間

根元事象を A_1 から A_6 までとすると，$A_1=\{s_1\}, \cdots, A_6=\{s_6\}$ であり，“奇数の目が出る”という $\{s_1, s_3, s_5\}$ は $A_1 \cup A_3 \cup A_5$ となる。また“1の目と2の目が同時に出る”は $A_1 \cap A_2$ となるが，この事象は1回のサイコロの試行では起こりえない事象，つまり**空事象**(null event)であり，$A_1 \cap A_2=\phi$ で示される。このように A_1 と A_2 は同時に生起しない事象であり，**互いに排反**(exclusive)**な事象**とよばれる。

以上，サイコロ投げの例を用いて述べた事象に関する知識をさらに発展させ以下に一般的な形にしてまとめる。

a)　絶対に起こりえない事象，すなわち標本点を1つも含まない事象を空事象といい，ϕ で表す。

b)　事象 A に含まれる標本点以外のすべての事象を A の**補事象**(complement event)といい $\bar{A}$ で表す。

c)　事象 A と B に対して，A または B，あるいは両方が起こるという事象を事象 A と B の**和事象**といい $A \cup B$ で表す。

d)　事象 A と B が同時に起こる事象を，事象 A と B の**結合事象**(**積事象**)(joint event)といい $A \cap B$ で表す。

e)　事象 A と B が $A \cap B=\phi$ の関係にあるとき，A と B は互いに排反事象であるという。

f)　事象 A に含まれる標本点がすべて事象 B に含まれる場合，$A \subset B$ と書く。

g)　B には属するが，A には属さない事象 $\bar{A} \cap B$ は $B-A$ と書き B と A の**差事象**という。

c)，d)およびg)を図で示すと図2.2のようになる。

f)を図に示すと図2.3のようになる。

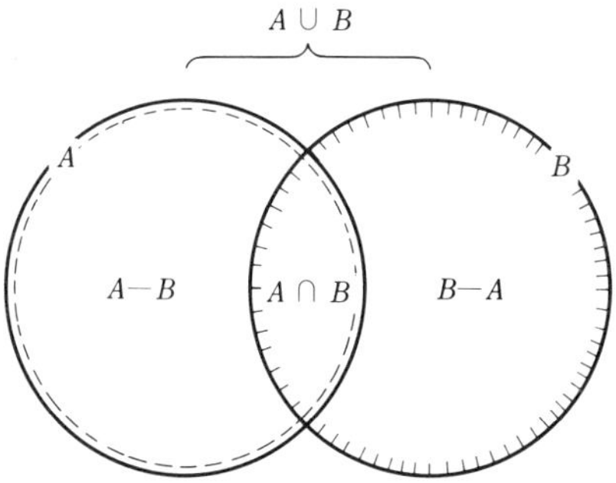

図 2.2 2つの事象とその関係

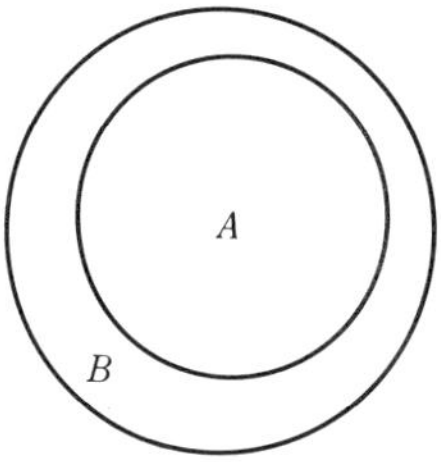

図 2.3 $A \subset B$

2.1.2 確率の公理

以上で説明した事象を定量的に評価するものが確率である。例えば“1の目が出る”$(=A_1)$の事象の確率は1/6であるという具合に確率は事象の起こりやすさを評価している。こうした事象と確率の間には以下に示す3つの公理が与えられている。

公理 1

ある試行の結果として起こりうるすべての事象を考えたとき，いかなる事象Aに対しても，確率(probability)とよぶ，負でない実数値$P(A)$が対応している。

$$0 \leq P(A) \leq 1 \tag{2.1}$$

公理 2

必ず起こる事象S(標本空間)の確率を1とする。

$$P(S)=1 \tag{2.2}$$

公理 3

事象A, B, Cが互いに排反な事象であれば

$$P(A \cup B \cup C)=P(A)+P(B)+P(C) \tag{2.3}$$

である。この公理を有限加法性の公理とよぶ。

現代の確率論はこの3つの公理を基礎にし，これらを出発点としている。公理を基礎にする理論展開は他にも見られる。ユークリッド幾何学では「直線は2点で決まる」という具合である。

次の例題で以上の公理が妥当であるかどうかを確かめる。

［例題 2.1］　サイコロの標本空間の確率を求めよ。

サイコロの標本空間 S は $S=\{s_1, s_2, s_3, s_4, s_5, s_6\}$ であり，この生起は確実であり，$P(S)=1$ は妥当である。

［例題 2.2］　サイコロにおいて公理 3 を調べよ。

“奇数の目がでる” という複合事象 $(A_1\cup A_3\cup A_5)$ の確率は

$$P(A_1\cup A_3\cup A_5)=P(A_1)+P(A_3)+P(A_5)=\frac{1}{6}+\frac{1}{6}+\frac{1}{6}=\frac{1}{2}$$

となって公理 3 の妥当性が示される。

2.1.3　事象の確率的性質

以上の 3 つの公理を用いて，事象に関するいくつかの確率的性質を示す。

a）　補事象の確率

事象 A の補事象 $\bar{A}$ の確率は

$$P(\bar{A})=1-P(A) \tag{2.4}$$

である。

$S=A\cup\bar{A}$ で $P(S)=1$，さらに A と $\bar{A}$ は排反事象であり，公理 3 を適用すると，

$$P(S)=P(A)+P(\bar{A})=1 \tag{2.5}$$

となり，これより式(2.4)が求まる。

b）　空事象 ϕ の確率は零になる。

$A=S$ とすれば，$\bar{A}=\phi$ であり式(2.5)より

$$P(\phi)=0 \tag{2.6}$$

が導かれる。

［例題 2.3］　サイコロの試行で，“1 の目以外が出る” 確率を求めよ。

“1 の目以外が出る” とは “1 の目が出る”$(=A_1)$ の補事象であり $\bar{A}_1$ で与えられる。式(2.4)を用いれば

$$P(\bar{A}_1)=1-P(A_1)=1-\frac{1}{6}=\frac{5}{6}$$

となる。式(2.4)の関係を知らないときは，“1 の目以外が出る” とは “2 から 6 までの目のいずれかが出る” と同じ意味であるから，

$$\text{“1 の目以外が出る”}=A_2\cup A_3\cup A_4\cup A_5\cup A_6$$

である。A_2 から A_6 までは排反事象であり，公理 3 を用いれば，

$$\begin{aligned}P(\text{“1 の目以外が出る”})&=P(A_2\cup A_3\cup A_4\cup A_5\cup A_6)\\&=P(A_2)+P(A_3)+P(A_4)+P(A_5)+P(A_6)\\&=\frac{1}{6}+\frac{1}{6}+\frac{1}{6}+\frac{1}{6}+\frac{1}{6}=\frac{5}{6}\end{aligned}$$

となる。

以上，二通りの解法を示したが，補事象を用いる方法の方がはるかに簡単であることはいうまでもない。

2.1.4 結合事象

以上では例として，サイコロを1回振って，その事象の確率を考察した。ここでは，2回以上の試行によって得られる事象と，その結合確率を考察する。

サイコロを2回繰り返し振る試行では，“1の目が出て2の目が出る”とか，“6の目が出て3の目が出る”というように2つの結果が対になって現れる。2.1.1項における標本点 $s_1, s_2, \cdots, s_6$ を用いれば，以上の結果の対は (s_1, s_2) と (s_6, s_3) と表せる。またすべての対の数は $6\times6=36$ 個となる。この36個の対を2回の繰り返し試行における新たな標本点と考える。当然ながら，36個の標本点からなる集合は標本空間である。2次元平面で示される標本空間を図2.4に示す。

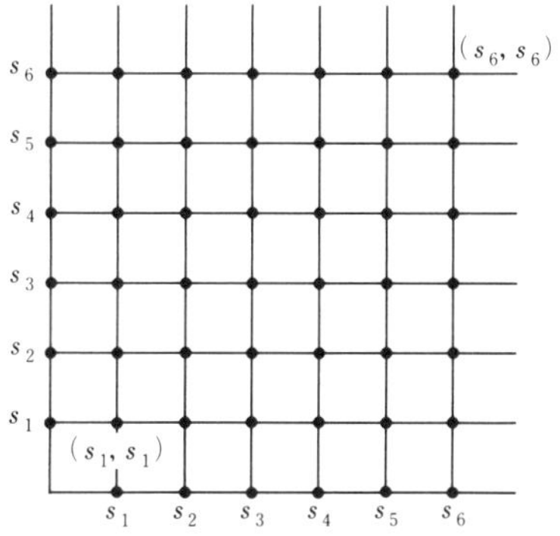

図 2.4 サイコロの2回投げ試行における標本空間

1つの標本点，例えば (s_1, s_2) を集合として $\{(s_1, s_2)\}$ と考えれば，これは事象であり，2.1.3項までに示した事象と何ら変るところがない。この事象は第1回目に振ったときの事象 A_1 と，第2回目に振ったときの事象 B_2 の結合事象

$$\{(s_1, s_2)\}=A_1\cap B_2$$

として表すことができる。またこの積事象の確率 $P(A_1\cap B_2)$ を**結合確率**(joint probability)とよび，2回の試行ではこの確率が“1の目の次に2の目が出る”確率を示しており1/36がその値である。

サイコロを n 回繰り返し振って得られる標本点は 6^n 個であり，標本空間は n 次元となる。

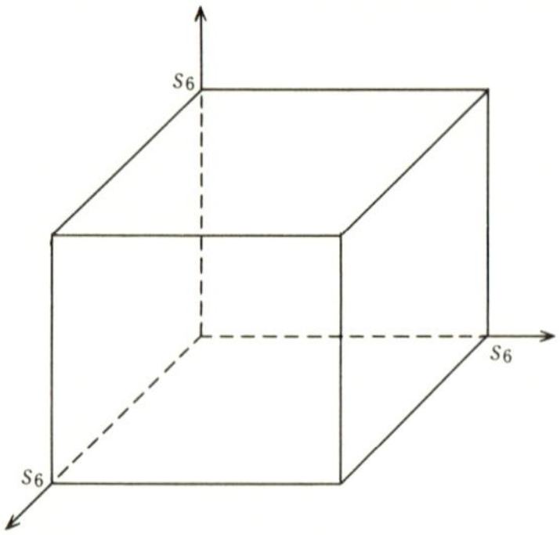

図 2.5　3次元の標本空間

3回振って得られる3次元の標本空間が図2.5に示される。

以下に結合確率の性質を示す。

a）　$0 \leq P(A \cap B) \leq 1$ である。

$A \cap B$ は1つの事象と考えることができるから，公理1より明らかである。

b）　1回目の試行の標本空間を S_A，2回目を S_B とすれば，

$$P(S_A \cap S_B) = 1 \tag{2.7}$$

となる。

$S_A \cap S_B$ は2次元の標本空間を示しているから，式(2.7)は公理2より明らかである。

c）

$$P(A \cap S_B) = P(A) \tag{2.8}$$

$$P(S_A \cap B) = P(B) \tag{2.9}$$

サイコロの例で $A \cap S_B$ を考えると，$S_B = B_1 \cup B_2 \cup \cdots \cup B_6$ であり，$A = A_i$ のときは，図2.6の縦の太い線上のすべての標本点が $A \cap S_B$ であり，$A \cap S_B = A_i$ となり，式(2.8)が証明される。また式(2.9)も同様に証明される。

d）

$$P(A \cap S_B) \geq P(A \cap B) \tag{2.10}$$

$$P(S_A \cap B) \geq P(A \cap B) \tag{2.11}$$

$S_B \supseteq B$ であり，$A \cap S_B \supseteq A \cap B$ であり，また確率は非負であるから式(2.10)が証明される。同様に式(2.11)も証明される。

また $A \cap S_B = A$, $S_A \cap B = B$ より

$$P(A) \geq P(A \cap B) \tag{2.12}$$

$$P(B) \geq P(A \cap B) \tag{2.13}$$

でもある。

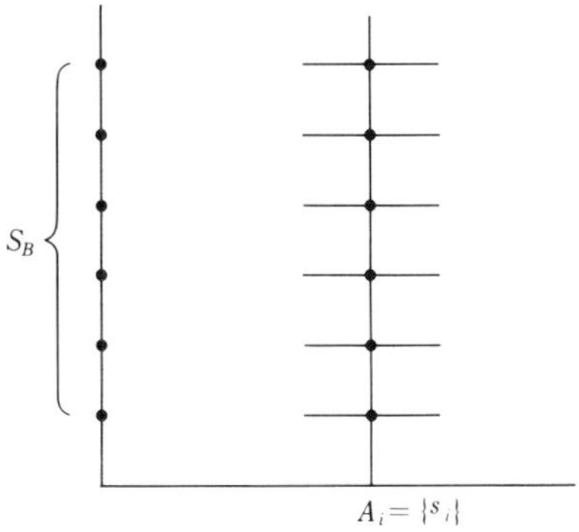

図 2.6 $A_i \cap S_B$

2.1.5 独立性

事象 A と B の結合確率が

$$P(A \cap B)=P(A)P(B) \tag{2.14}$$

であるとき，事象 A と B は統計的に独立(statistically independent)であるという。

サイコロ振りで“1回目に1が出て，2回目に2が出る”確率は $(1/6)\times(1/6)=1/36$ であり，2つの事象が独立であることがわかる。

2.1.6 条件付確率

零でない，ある正の確率をもつ事象 A が起こったという付帯条件のもとでの，ある事象 B の確率を**条件付確率**(conditional probability)といい，$P(B|A)$ で表す。ここで注意しなければならないのは，この確率は B に関する確率であって，A はあくまでも，条件としての事象であることである。

$P(B|A)$ は $P(A)$ と $P(A \cap B)$ によって

$$P(B|A)=\frac{P(A \cap B)}{P(A)} \tag{2.15}$$

として与えられる。また上式を変形し，2つの事象 A, B の結合確率は，一方の事象の確率と，その事象の下での他方の事象の条件付確率との積に等しいという確率の**乗法定理**を得る。すなわち

$$P(A \cap B)=P(A)P(B|A)=P(B)P(A|B) \tag{2.16}$$

である。

［**例題 2.4**］　全く同等の試行を n 回行う（n は大きな数）。このうち，事象 A が k 回，事象 B が m 回，事象 $A \cap B$ が r 回起きた。A を生起の条件とする B の確率 $P(B \mid A)$ を求めよう。

$$P(B \mid A) = \frac{P(A \cap B)}{P(A)} = \frac{\frac{r}{n}}{\frac{k}{n}} = \frac{r}{k} \tag{2.17}$$

以下に条件付確率の性質をまとめる。

a）

$$0 \leq P(B \mid A) \leq 1 \tag{2.18}$$

$P(A) > 0$, $P(A \cap B) \geq 0$ より，式(2.15)より $P(B \mid A)$ が 0 か正であることは明らかである。また式(2.12)より $P(A \cap B)$ の最大値が $P(A)$ であることより，$P(B \mid A)$ が 1 で最大となる。

b）

$$P(B \mid A) \geq P(A \cap B) \tag{2.19}$$

$0 < P(A) \leq 1$ より明らかである。$P(A \cap B)$ は A の生起を必ずしも条件としない確率であるため，$P(B \mid A)$ より確率が低くなる。

c）　事象 A と B が独立であれば

$$P(B \mid A) = P(B) \tag{2.20}$$

となる。

A と B が独立であれば，$P(A \cap B) = P(A)P(B)$ であり，式(2.15)より

$$P(B \mid A) = \frac{P(A \cap B)}{P(A)} = \frac{P(A)P(B)}{P(A)} = P(B) \tag{2.21}$$

となる。A と B が独立ならば，A の生起を条件にしようが，しまいが B の確率に変化がないわけである。

［**例題 2.5**］　例題2.4を用いて式(2.19)を説明せよ。

$n \geq k$, $k \geq r$ であり

$$P(A \cap B) = \frac{r}{n}, \quad P(B \mid A) = \frac{r}{k}$$

より

$$\frac{r}{n} \leq \frac{r}{k}$$

となり，

$$P(B \mid A) \geq P(A \cap B)$$

が求まる。

2.1.7　ベイズの定理

事象 A の起こったことが既知であるとき，事象 B_i の確率 $P(B_i \mid A)$ を考察する。$P(B_i \mid A)$ は

$$P(B_i \mid A) = \frac{P(B_i)P(A \mid B_i)}{\sum_{j=1}^{n} P(B_j)P(A \mid B_j)} \tag{2.22}$$

で与えられる。これがベイズの定理(Bayes' theorem)である。

式(2.15)より

$$P(B_i \mid A)=\frac{P(A\cap B_i)}{P(A)} \tag{2.23}$$

であり，分母の $P(A)$ は式(2.8)，(2.9)と $\bigcup_{j=1}^{n} B_j=S_B$ より

$$P(A)=\sum_{j=1}^{n} P(A\cap B_j) \tag{2.24}$$

であり，$P(A\cap B_j)$ は式(2.16)の乗法定理より

$$P(A\cap B_j)=P(B_j)P(A \mid B_j) \tag{2.25}$$

となるから，

$$P(A)=\sum_{j=1}^{n} P(B_j)P(A \mid B_j) \tag{2.26}$$

である。一方，分子は式(2.25)より求まるから，式(2.22)のベイズの定理が証明された。

ベイズの定理は $P(B_i \mid A)$ が直接に求まらないときすでに求まっている $P(A \mid B_i)$ と $P(B_i)$ を用いてこれを知ることができるので，特に，与えられたデータや結果から原因を知ろうとする推定法に用いられることが多い。

［例題 2.6］　図 2.7 に示すように白球と黒球の入った 5 つの箱がある。

B_1・・・2 個の白球と 1 個の黒球が入った箱が 2 つ

B_2・・・10 個の黒球が入っている箱が 1 つ

B_3・・・3 個の白球と 1 個の黒球が入っている箱が 2 つ

無作為に 1 つの箱をとり，そこから 1 個の球を無作為にとり出すとき，それが白球であるという事象 A の確率 $P(A)$，および，このとき，白球がとり出された箱は中味が B_3 の箱であるという事象の確率 $P(B_3 \mid A)$を求めよ。

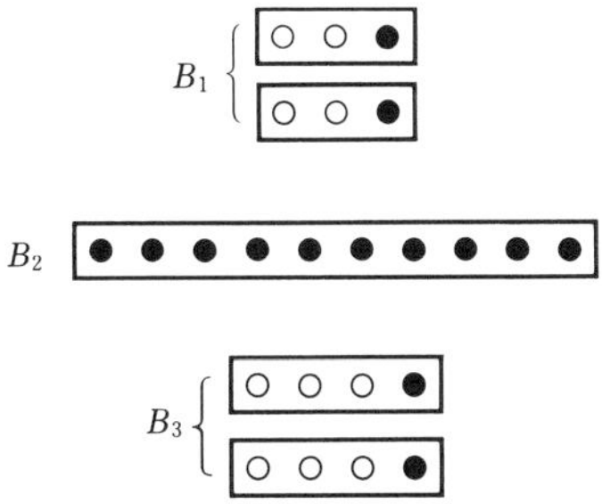

図 2.7　白球と黒球の入った箱

事象 A は次のように表される。

$$A=(A\cap B_1)\cup(A\cap B_2)\cup(A\cap B_3)$$

$A\cap B_1$, $A\cap B_2$, $A\cap B_3$ は互いに排反であるから，公理 3 より

$$P(A)=P(A\cap B_1)+P(A\cap B_2)+P(A\cap B_3)$$

となる。$P(A\cap B_1)$, $P(A\cap B_2)$, $P(A\cap B_3)$ は式(2.16)の乗法定理より

$$P(A\cap B_1)=P(A\mid B_1)P(B_1)$$
$$P(A\cap B_2)=P(A\mid B_2)P(B_2)$$
$$P(A\cap B_3)=P(A\mid B_3)P(B_3)$$

であり，

$$P(A)=P(A\mid B_1)P(B_1)+P(A\mid B_2)P(B_2)+P(A\mid B_3)P(B_3)$$

となる。$P(B_1)$, $P(B_2)$, $P(B_3)$ は 5 つの箱の中から B_1, B_2, B_3 を選ぶ確率であり

$$P(B_1)=2/5, \quad P(B_2)=1/5, \quad P(B_3)=2/5$$

となるから，$P(A\mid B_1)$, $P(A\mid B_2)$, $P(A\mid B_3)$ は各々 B_1, B_2, B_3 から白球を選ぶ確率である。そのため

$$P(A\mid B_1)=2/3, \quad P(A\mid B_2)=0, \quad P(A\mid B_3)=3/4$$

したがって，

$$P(A)=\frac{2}{3}\times\frac{2}{5}+0\times\frac{1}{5}+\frac{3}{4}\times\frac{2}{5}=\frac{17}{30}$$

となる。全体の球が 24 個で，そのうち白球が 10 個であるから 10/24 が確率であるという答えは誤りである。なぜならば，一度箱を無作為にとり出してその中から球を 1 つとり出しているからである。

一方，白球がとり出されたという条件の下で，とり出された箱が B_3 である確率 $P(B_3\mid A)$ は直接これを求めることができないので，ベイズの定理を用いると，

$$P(B_3\mid A)=\frac{P(B_3)P(A\mid B_3)}{P(B_1)P(A\mid B_1)+P(B_2)P(A\mid B_2)+P(B_3)P(A\mid B_3)}$$
$$=\frac{P(B_3)P(A\mid B_3)}{P(A)}$$

となり，これより

$$P(B_3\mid A)=9/17$$

が与えられる。

ここで，$P(B_3\mid A)$ は事象 B_3 の**事後確率**(a posteriori probability), $P(B_3)$ は**事前確率**(a priori probability)とよばれている。

［例題 2.7］ 時刻 t_0 に動作しているロボットが次の条件のもとで，時刻 t_0+t まで故障しない確率 $P(t)$ を求めよ。

(i) この確率は時間 (t_0, t_0+t) の長さ t だけに依存し，t_0 に依存しない。

(ii) このロボットが Δt の間に故障する確率は Δt に比例し，比例定数 $a(>0)$ をもつ。

(iii) 重なり合わない時間間隔に対しては，それらの時間内に故障する事象は互いに独立である。

Δt 間に故障する確率は $1-P(\Delta t)$ であり

$$1-P(\Delta t)=a\Delta t+O(\Delta t^2) \tag{2.27}$$

$P(t+\Delta t)$ は時間長 t の間故障しない事象と，その先の Δt 間も故障しない事象の結合確率であり，2 つの事象は(iii)より独立であるので，結合確率 $P(t+\Delta t)$ は $P(t)$ と $P(\Delta t)$ の積となる。こうして，

$$P(t+\Delta t)=P(t)P(\Delta t) \tag{2.28}$$

が成立する。式(2.27)を式(2.28)に代入すると，

$$P(t+\Delta t)=P(t)\{1-a\Delta t\}$$

より，

$$\frac{P(t+\Delta t)-P(t)}{\Delta t}=-aP(t)$$

となり，$\Delta t\to 0$ とすると，

$$\frac{\mathrm{d}P(t)}{\mathrm{d}t}=-aP(t) \tag{2.29}$$

が得られる。上式の微分方程式を解くと，

$$P(t)=P(0)\exp(-at) \tag{2.30}$$

となり，零の時間間隔内では故障がないのは自明であるから $P(0)=1$ であり，

$$P(t)=\exp(-at) \tag{2.31}$$

が得られる。図 2.8 に故障しない確率 $P(t)$ が示される。t が短いほど，その確率は高く，長いほど低くなることがわかる。

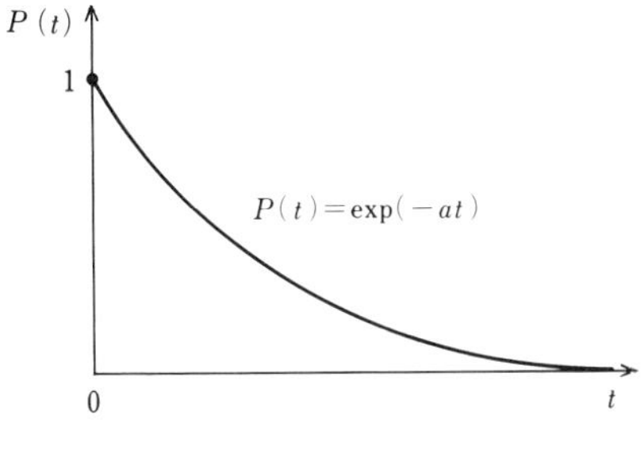

図 2.8 時間 t 内で故障しない確率

2.2 確率変数

今まで，事象と確率の関係を学んできた。事象の例として，サイコロの“1 の目が出る”とか無作為に箱の中から球をとり出し，それが“白い球である”とかいうものであった。また，それらの事象を A とか B とか $\{s_1\}$, $\{s_2\}$, $\{(s_1, s_2)\}$ という記号として扱ってきた。

ところが実際の不規則現象を観測する場合，事象を具体的数値として，それ

らを観測する場合が多い。例えば，

（1）　雑音発生器の出力の値

（2）　ある一定時間内に，地球上のある点に降り注ぐ宇宙線粒子の個数

（3）　ある時間内に加入者から電話局にかかる通話申込み数

（4）　熱平衡状態にある分子の t 時間後の速度の値

等である。こうして見ると，今までの議論には数値的な取扱いが不足していたことがわかる。

そこで，標本点 s に対する $\boldsymbol{x}(s)$ という実関数を考える。こうすると事象は，例えば $\{\boldsymbol{x}(s)=x_1\}$ とか $\{\boldsymbol{x}(s)\leq x_2\}$ で表される。$\{\boldsymbol{x}(s)=x_1\}$ は $\boldsymbol{x}(s)$ が x_1 という標本値をとる標本点による事象である。また，$\{\boldsymbol{x}(s)\leq x_2\}$ は $\boldsymbol{x}(s)$ が x_2 かそれ以下の標本値をとる標本点による事象である。サイコロの目をそのまま数値として扱えば $\{\boldsymbol{x}(s)=1\}$ とは "1の目が出る" という事象と同じであり，$\{\boldsymbol{x}(s)\leq 2\}$ とは "2かそれ以下の目が出る" という事象を示している。また雑音発生器の出力が $\{\boldsymbol{x}(s)\leq 0\}$ とは "零か負の値を出力する" という事象を示している。事象に対して確率が与えられるのであり，ここでも，サイコロでは $P(\boldsymbol{x}(s)=1)=1/6$，雑音発生器では $P(\boldsymbol{x}(s)\leq 0)=1/2$ というようになる。

以上のような $\boldsymbol{x}(s)$ が**確率変数**(stochastic variable)であり，$\boldsymbol{x}(s)$ が実際にとる値を標本値(sample value)とよぶ。本書では多くの場合，標本点の s を省略して，単なる $\boldsymbol{x}$ で表す。

［例題 2.8］　サイコロの目の確率変数を $\boldsymbol{x}$ とする。事象 $\{\boldsymbol{x}=1 \text{ or } 2\}$ の確率 $P(\boldsymbol{x}=1 \text{ or } 2)$ を求めよ。

2つの事象 $\{\boldsymbol{x}=1\}$ と $\{\boldsymbol{x}=2\}$ は互いに排反であり，

$$P(\boldsymbol{x}=1 \text{ or } 2)=P(\boldsymbol{x}=1)+P(\boldsymbol{x}=2)=\frac{1}{6}+\frac{1}{6}=\frac{1}{3}$$

となる。

2.3　確率分布関数と確率密度関数

2.3.1　確率分布関数

確率変数 $\boldsymbol{x}$ がある実数値 x に対して $\boldsymbol{x}\leq x$ である確率 $P(\boldsymbol{x}\leq x)$ を，確率変数 $\boldsymbol{x}$ の**確率分布関数**(probability distribution function)とよぶ。これを $F(x)$ とすれば

$$F(x)=P(\boldsymbol{x}\leq x) \tag{2.32}$$

である。

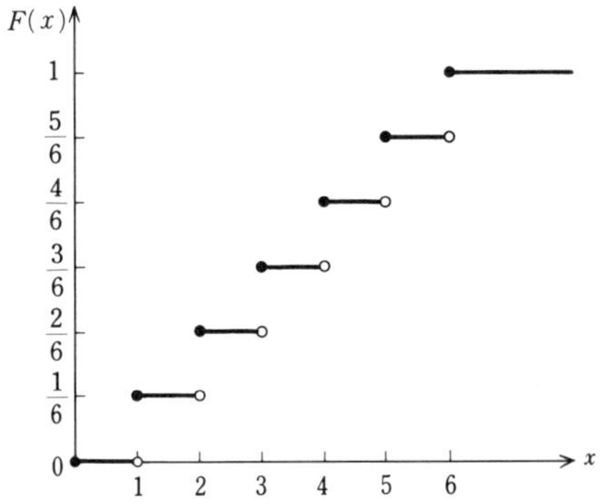

図 2.9 サイコロ投げの試行における確率分布関数

離散確率変数(discrete stochastic variable)の例としてサイコロを考えると，$F(x)$は

$$F(x)=\sum_{i\leq x} P(\boldsymbol{x}=i) \qquad (i=1, 2, \cdots, 6) \tag{2.33}$$

で与えられる。図2.9にサイコロにおける確率分布関数が示される。確率変数が1から6の整数に限られるため，これらの整数で$F(x)$が1/6だけジャンプしている。

次に，連続確率変数の例として熱平衡状態における分子速度の二乗v^2の確率分布関数を図2.10に示す。

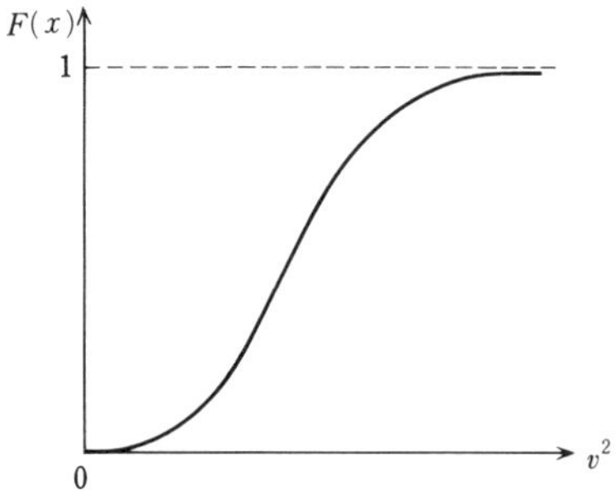

図 2.10 分子速度の二乗の確率分布関数

以下に確率分布関数の性質を列記する。

a) aとbの間($a<b$)に$\boldsymbol{x}$が存在する確率は

$$P(a<x\leq b)=P(\boldsymbol{x}\leq b)-P(\boldsymbol{x}<a)=F(b)-F(a) \tag{2.34}$$

である。

変数 $\boldsymbol{x}$ が b より小さい値をとる $(\boldsymbol{x} \leq b)$ 事象を B, $\boldsymbol{x} < a$ なる事象を A, $a < \boldsymbol{x} \leq b$ なる事象を C とすると，図 2.11 からわかるように A と C は排反な事象であり $B = A \cup C$ であるので，

$$P(B) = P(A) + P(C)$$

となり

$$P(C) = P(B) - P(A)$$

となって，式(2.34)が証明される。

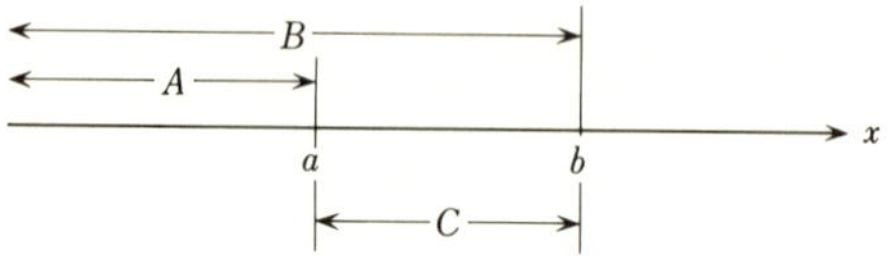

図 2.11　x 軸上の区間と事象

b）　$F(x)$ は x の非減少関数である。

式(2.34)において $P(a < x \leq b) \geq 0$ であり，$F(b) > F(a)$ となるから，この性質が証明される。

c）　$F(\infty) = 1$ である。

$\{\boldsymbol{x} \leq \infty\}$ は全事象であり，$F(\infty) = P(\boldsymbol{x} \leq \infty) = 1$ であるから，c）が証明される。

d）　$F(-\infty) = 0$ である。

$\{\boldsymbol{x} \leq -\infty\}$ は空事象であり，$F(-\infty) = P(\boldsymbol{x} < -\infty) = 0$ である。

e）　$0 \leq F(x) \leq 1$ である。

b），c），d）より e）は明らかである。

2.3.2　確率密度関数

図 2.12 に示す 2 つの確率分布関数を比較する。一見すると，2 つの $F(x)$ には大差が無いと思われるが，$F(x)$ を微分すると，各々図 2.13(a)，(b)となる。この図から 2 つの確率変数の相違が明瞭となる。こうして，$\boldsymbol{x}$ の性質を知るには，分布関数 $F(x)$ よりも，その微分 $p(x)$ を用いることが多い。

$$p(x) = \frac{\mathrm{d}F(x)}{\mathrm{d}x} \tag{2.35}$$

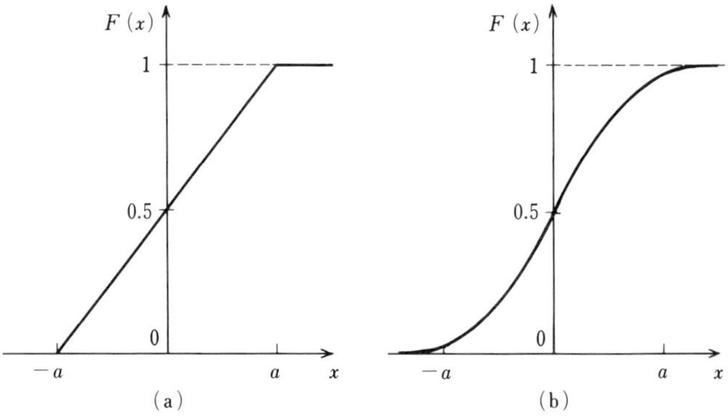

図 2.12 2つの確率分布関数

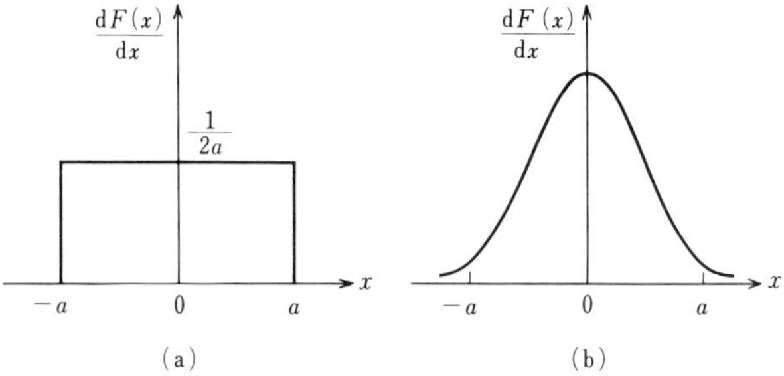

図 2.13 2つの確率密度関数

$$= \lim_{\Delta x \to 0} \frac{F(x+\Delta x)-F(x)}{\Delta x}$$

$$= \lim_{\Delta x \to 0} \frac{P(x<\boldsymbol{x}\leq x+\Delta x)}{\Delta x} \tag{2.36}$$

式(2.35), (2.36)で表される $p(x)$ を確率変数 $\boldsymbol{x}$ の**確率密度関数**(probability density function)とよぶ。$p(x)$ は式(2.36)より明らかなように，微小区間に存在する確率の密度を示している。

また分布関数 $F(x)$ は $p(x)$ から

$$F(x)=\int_{-\infty}^{x} p(x)\mathrm{d}x \tag{2.37}$$

として与えられる。

以下に確率密度関数の性質を列記する。

a）
$$p(x) \geq 0 \tag{2.38}$$
$F(x)$ が非減少関数であることから明らかである。

b）　$a, b\ (a<b)$ に対して
$$\int_a^b p(x)\mathrm{d}x = P(a < \boldsymbol{x} \leq b) = F(b) - F(a) \tag{2.39}$$
である。

式(2.37)より
$$F(b) = \int_{-\infty}^{b} p(x)\mathrm{d}x, \qquad F(a) = \int_{-\infty}^{a} p(x)\mathrm{d}x$$
であり
$$F(b) - F(a) = \int_{-\infty}^{b} p(x)\mathrm{d}x - \int_{-\infty}^{a} p(x)\mathrm{d}x = \int_a^b p(x)\mathrm{d}x$$
となり，式(2.34)と相まって，上式が証明される。

c）
$$\int_{-\infty}^{\infty} p(x)\mathrm{d}x = 1 \tag{2.40}$$
これはb）より
$$\int_{-\infty}^{\infty} p(x)\mathrm{d}x = P(-\infty < \boldsymbol{x} \leq \infty) = 1$$
となり，明らかである。ここに $-\infty < \boldsymbol{x} \leq \infty$ は全事象を表している。

［例題 2.9］　図2.9のサイコロの確率分布関数 $F(x)$ から確率密度関数 $p(x)$ を求めよ。

図2.9の分布関数は $x=1, 2, \cdots, 6$ でジャンプを生じているため，分布関数の微分である確率密度関数を一般の関数で表現できない。しかし，次のような性質を持つデルタ関数を用いればこれを表現できる。

任意の $\varepsilon > 0$ に対して，デルタ関数 $\delta(x)$ は
$$\int_{x_i-\varepsilon}^{x_i+\varepsilon} \delta(x-x_i)\mathrm{d}x = 1 \tag{2.41}$$
となる。

x_i を1から6の整数のうちの i 番目として，式(2.41)の両辺を1/6倍すれば
$$\int_{i-\varepsilon}^{i+\varepsilon} \frac{1}{6}\delta(x-i)\mathrm{d}x = \frac{1}{6} \tag{2.42}$$
がサイコロの i 番目の目の出る確率となり，こうしてサイコロ投げの試行における確率密度関数 $p(x)$ は
$$p(x) = \sum_{i=1}^{6} \frac{1}{6}\delta(x-i) \tag{2.43}$$
で与えられる。$p(x)$ は図2.14に示される。

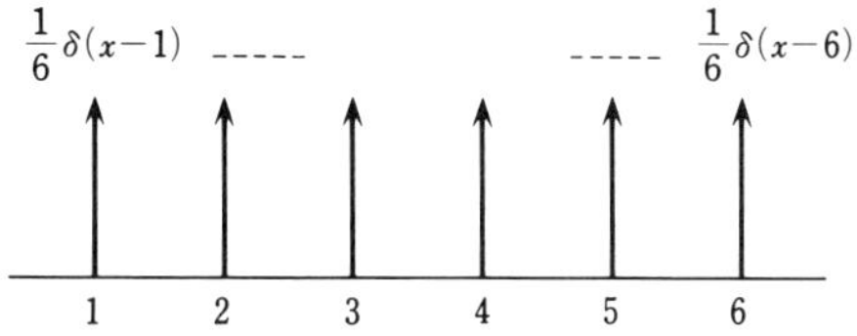

図 2.14　サイコロ投げの試行の確率密度関数

2.3.3　結合確率分布関数

2つの確率変数 $\boldsymbol{x}_1$ と $\boldsymbol{x}_2$ において，$\boldsymbol{x}_1 \leq x_1$ であり同時に $\boldsymbol{x}_2 \leq x_2$ である事象 $\{\boldsymbol{x}_1 \leq x_1 \cap \boldsymbol{x}_2 \leq x_2\}$ の確率 $P(\boldsymbol{x}_1 \leq x_1 \cap \boldsymbol{x}_2 \leq x_2)$ を $F(x_1, x_2)$ と表し，**結合確率分布関数**(joint probability function)とよぶ。図2.15の薄墨の部分の確率が結合確率分布関数による確率である。

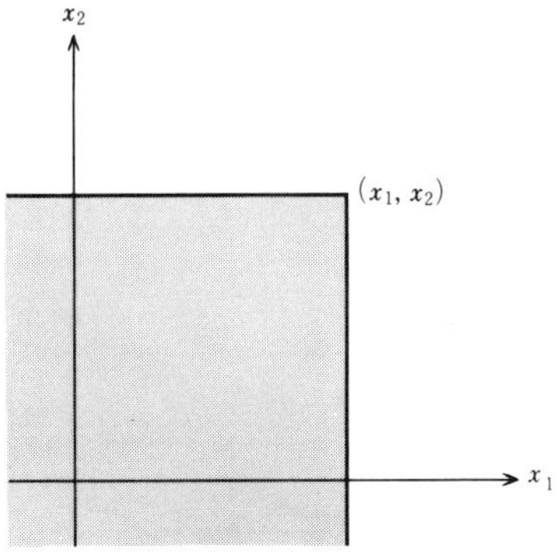

図 2.15　結合確率分布関数の領域

以下に結合確率分布関数の性質を示す。

a)
$$F(-\infty, x_2)=0 \tag{2.44}$$
である。

事象 $\{\boldsymbol{x}_1 \leq -\infty \cap \boldsymbol{x}_2 \leq x_2\}$ は $\boldsymbol{x}_1 \leq -\infty$ のために，x_2 の値によらず空集合であり，上式が成立する。

b)
$$F(x_1, -\infty)=0 \tag{2.45}$$
である。

性質a)と同じ理由による。

c)　$$F(-\infty, -\infty)=0 \tag{2.46}$$

性質 a)と b)と同じ理由による。

d)　$$F(\infty, \infty)=1 \tag{2.47}$$

である。

事象 $\{\boldsymbol{x}_1 \leq \infty \cap \boldsymbol{x}_2 \leq \infty\}$ は全事象を意味するため，d)は明らかである。

e)　$$F(x_1, \infty)=F(x_1) \tag{2.48}$$

である。

これは事象 $\{\boldsymbol{x}_1 \leq x_1 \cap \boldsymbol{x}_2 \leq \infty\}$ の確率であり，$\{\boldsymbol{x}_1 \leq x_1 \cap \boldsymbol{x}_2 \leq \infty\}$ は $\{\boldsymbol{x}_1 \leq x_1\}$ に等しいので上式が成立する。

f)　$$F(\infty, x_2)=F(x_2) \tag{2.49}$$

性質 e)と同様である。

性質e)，f)より求まった $F(x_1)$, $F(x_2)$ は，$F(x_1, x_2)$ の**周辺分布**(marginal distribution function)とよばれている。

［例題 2.10］　サイコロを 2 回振ることで得られる結合分布関数を求めよ。

$F(x_1, x_2)$ は図 2.16 となる。この図は 2 次元の図となっている。0, 1/36, ⋯, 1 は $F(x_1, x_2)$ のとる値である。

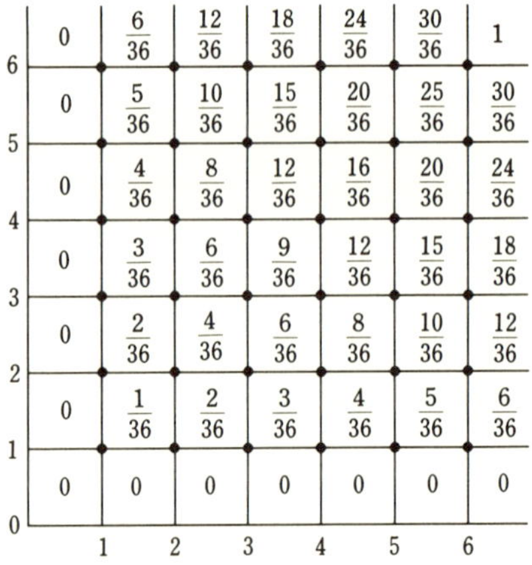

図 2.16　2 回のサイコロ投げ試行の確率分布関数

a)から f)の性質をこれから確かめることもできる。

2.3.4　結合確率密度関数

結合確率密度関数(joint probability density function)　$p(x_1, x_2)$ は次の結合確率分布関数の偏微分より求まる。

$$p(x_1, x_2) = \frac{\partial^2 F(x_1, x_2)}{\partial x_1 \partial x_2}$$
$$= \lim_{\substack{\Delta x_1 \to 0 \\ \Delta x_2 \to 0}} \frac{P(x_1 < \boldsymbol{x}_1 \leq x_1 + \Delta x_1 \cap x_2 < \boldsymbol{x}_2 \leq x_2 + \Delta x_2)}{\Delta x_1 \Delta x_2} \tag{2.50}$$

図2.17に $\Delta x_1 \Delta x_2$ の領域を示す。

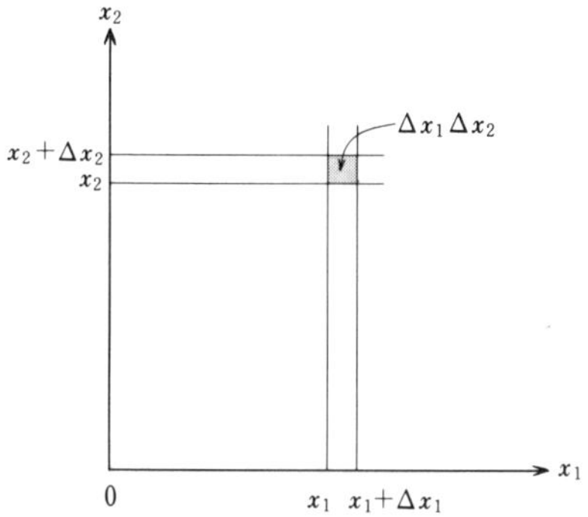

図 2.17　微小領域

結合確率密度関数の性質を次に示す。

a)
$$F(x_1, x_2) = \int_{-\infty}^{x_2} \left\{ \int_{-\infty}^{x_1} p(u, v) \mathrm{d}u \right\} \mathrm{d}v \tag{2.51}$$

これは式(2.50)より明らかである。

b)
$$F(x_1) = \int_{-\infty}^{\infty} \left\{ \int_{-\infty}^{x_1} p(u, v) \mathrm{d}u \right\} \mathrm{d}v \tag{2.52}$$

c)
$$F(x_2) = \int_{-\infty}^{\infty} \left\{ \int_{-\infty}^{x_2} p(u, v) \mathrm{d}v \right\} \mathrm{d}u \tag{2.53}$$

性質b)，c)とも式(2.50)より明らかである。

d)
$$p(x_1) = \int_{-\infty}^{\infty} p(x_1, v) \mathrm{d}v \tag{2.54}$$

e)
$$p(x_2) = \int_{-\infty}^{\infty} p(u, x_2) \mathrm{d}u \tag{2.55}$$

性質d)はb)を，e)はc)を微分することで得られる。

f)
$$\int_{-\infty}^{\infty} \int_{-\infty}^{\infty} p(x_1, x_2) \mathrm{d}x_1 \mathrm{d}x_2 = F(\infty, \infty) = 1 \tag{2.56}$$

式(2.51)と式(2.47)より求まる。

g）　$\boldsymbol{x}_1$ と $\boldsymbol{x}_2$ が互いに独立であれば

$$F(x_1, x_2)=F(x_1)F(x_2) \tag{2.57}$$

$$p(x_1, x_2)=p(x_1)p(x_2) \tag{2.58}$$

である。

確率変数 $\boldsymbol{x}_1$ と $\boldsymbol{x}_2$ が独立ということは，2つの事象 $\{\boldsymbol{x}_1 \leq x_1\}$ と $\{\boldsymbol{x}_2 \leq x_2\}$ が独立であることをも意味する。よって

$$P(\boldsymbol{x}_1 \leq x_1 \cap \boldsymbol{x}_2 \leq x_2)=P(\boldsymbol{x}_1 \leq x_1)P(\boldsymbol{x}_2 \leq x_2) \tag{2.59}$$

であり，これは式(2.57)と同じである。さらに式(2.57)の両辺を x_1 と x_2 で偏微分すれば式(2.58)が成立する。

［例題 2.11］　例題2.10のサイコロ投げの試行を用いて $p(x_1, x_2)$ を示せ。
図2.18に $p(x_1, x_2)$ が示される。

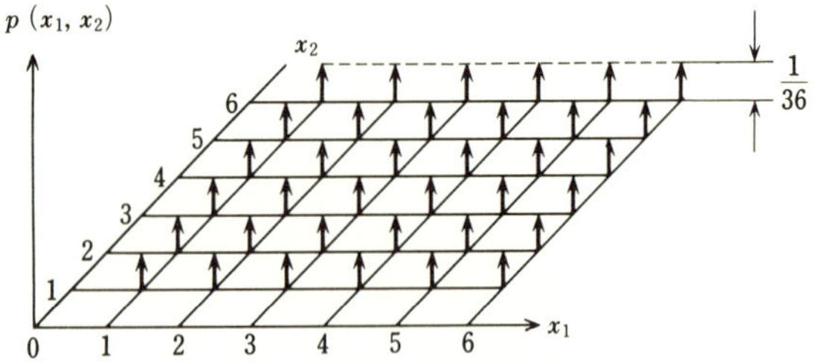

図 2.18　サイコロの2回投げ試行における確率密度関数

2.3.5　条件付確率分布関数と条件付確率密度関数

時間的に連続な不規則な信号の例が図2.19に示されている。

この例で $\boldsymbol{x}_1=\boldsymbol{x}(t_1)$ が $x_1-\Delta x_1$ と x_1 の間に存在するという条件の下で，$\boldsymbol{x}_2=\boldsymbol{x}(t_2)$ が $\boldsymbol{x}_2 \leq x_2$ であるという事象を考えると，その事象の確率は**条件付確率分布関数**(conditional distribution function)となり，

$$F(x_2 \mid x_1-\Delta x_1<\boldsymbol{x}_1 \leq x_1)$$
$$=P(\boldsymbol{x}_2 \leq x_2 \mid x_1-\Delta x_1<\boldsymbol{x}_1 \leq x_1) \tag{2.60}$$

で与えられる。また式(2.15)より，上式は

$$=\frac{P(\boldsymbol{x}_2 \leq x_2 \cap x_1-\Delta x_1<\boldsymbol{x}_1 \leq x_1)}{P(x_1-\Delta x_1<\boldsymbol{x}_1 \leq x_1)} \tag{2.61}$$

となる。ここで x_1, x_2 平面上で事象が占める領域とその確率を示すと図2.20のようになる。

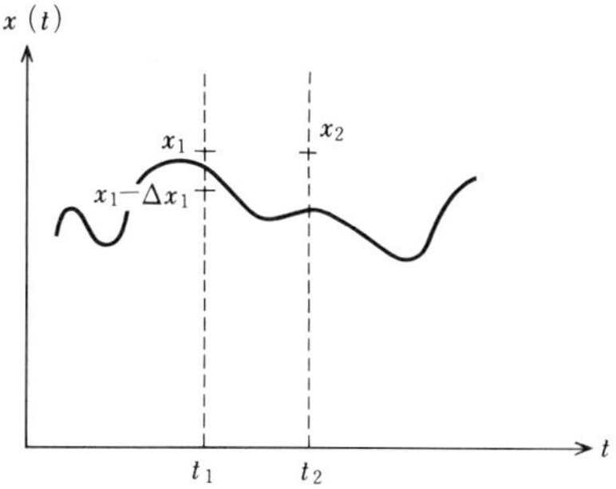

図 2.19　不規則信号の例

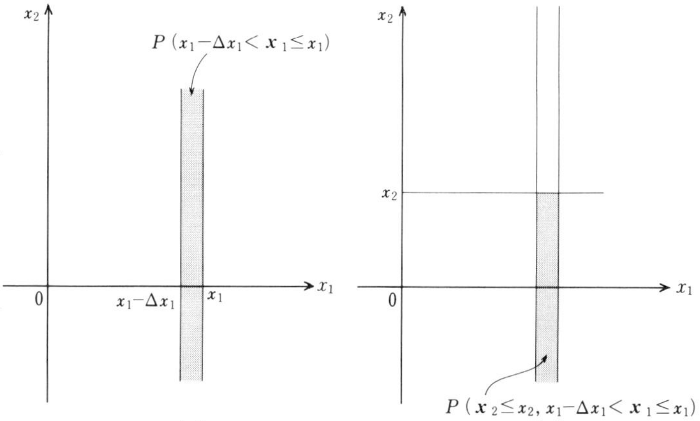

(a)　(b)

図 2.20　事象がしめる領域とその確率

式(2.61)の分母の $P(x_1-\Delta x_1<\boldsymbol{x}_1\leq x_1)$ は図 2.20(a)に示された確率であり，

$$P(x_1-\Delta x_1<\boldsymbol{x}_1\leq x_1)=\int_{x_1-\Delta x_1}^{x_1}\left\{\int_{-\infty}^{\infty}p(u,v)\mathrm{d}v\right\}\mathrm{d}u$$

となり，Δx_1 が微小であれば，

$$=\int_{x_1-\Delta x_1}^{x_1}p(u)\mathrm{d}u\cong p(x_1)\Delta x_1 \tag{2.62}$$

となる。さらに分子の $p(\boldsymbol{x}_2\leq x_2\cap x_1-\Delta x_1<\boldsymbol{x}_1\leq x_1)$ は図 2.20(b)に示された確率であり，やはり Δx_1 が微小であることから，

$$P(\boldsymbol{x}_2\leq x_2\cap x_1-\Delta x_1<\boldsymbol{x}_1\leq x_2)$$
$$=\int_{-\infty}^{x_2}\left\{\int_{x_1-\Delta x_1}^{x_1}p(u,v)\mathrm{d}u\right\}\mathrm{d}v\cong\Delta x_1\int_{-\infty}^{x_2}p(x_1,v)\mathrm{d}v \tag{2.63}$$

として与えられる。こうして条件付確率分布関数は式(2.62)と式(2.63)を用いて $\Delta x_1 \to 0$ の極限で

$$\lim_{\Delta x_1 \to 0} F(x_2 \mid x_1 - \Delta x_1 < \boldsymbol{x}_1 \leq x_1) = F(x_2 \mid x_1) = \frac{\int_{-\infty}^{x_2} p(x_1, v)\mathrm{d}v}{p(x_1)} \quad (2.64)$$

となる。$F(x_2 \mid x_1)$ を x_2 で偏微分したものが**条件付確率密度関数**(conditional probability function)であり

$$p(x_2 \mid x_1) = \frac{\mathrm{d}}{\mathrm{d}x_2} F(x_2 \mid x_1) = \frac{p(x_1, x_2)}{p(x_1)} \quad (2.65)$$

として求まる。

以下に条件付確率密度関数の性質を示す。

a)
$$p(x_2 \mid x_1) \geq 0 \quad (2.66)$$

である。

式(2.65)において $p(x_1, x_2) \geq 0$, $p(x_1) > 0$ より明らかである。

b)
$$\int_{-\infty}^{\infty} p(x_2 \mid x_1)\mathrm{d}x_2 = 1 \quad (2.67)$$

やはり，式(2.65)より

$$\int_{-\infty}^{\infty} p(x_2 \mid x_1)\mathrm{d}x_2 = \frac{\int_{-\infty}^{\infty} p(x_1, x_2)\mathrm{d}x_2}{p(x_1)} = \frac{p(x_1)}{p(x_1)} = 1$$

として求まる。

c)　2つの確率変数 $\boldsymbol{x}_1$, $\boldsymbol{x}_2$ が互いに独立ならば

$$p(x_2 \mid x_1) = p(x_2) \quad (2.68)$$

である。

$\boldsymbol{x}_1$ と $\boldsymbol{x}_2$ が独立であれば $p(x_1, x_2) = p(x_1)p(x_2)$ であり，これを式(2.65)に代入すれば式(2.68)となる。

2.4　平　　均

確率密度関数 $p(x)$ や確率分布関数 $F(x)$ は，確率変数 $\boldsymbol{x}$ に関する性質や評価を x の全域にわたって詳しく与えてくれる。しかし，それほど詳しい評価を必要としない場合も多い。簡単な評価量として**平均**(average)が知られていて，次式で示される。

$$\boldsymbol{E}[\boldsymbol{x}] = \int_{-\infty}^{\infty} x p(x)\mathrm{d}x \quad (2.69)$$

この量は**集合平均**(ensemble average), または, **期待値**(expected value)ともよばれる。

[例題 2.12] サイコロの目を確率変数とした $\boldsymbol{x}$ の集合平均を求めよ。

$p(x)=\frac{1}{6}\sum_{i=1}^{6}\delta(x-i)$ を式(2.69)に代入すると,

$$\begin{aligned}\boldsymbol{E}[\boldsymbol{x}]&=\frac{1}{6}\sum_{i=1}^{6}\int_{-\infty}^{\infty}x\delta(x-i)\mathrm{d}x\\&=\frac{1}{6}(1+2+3+4+5+6)\\&=\frac{7}{2}=3.5\end{aligned}$$

となる。

例題 2.12 は離散的な確率変数を扱ったものであり, 一般に離散的変数の平均は積分を用いる必要がなく,

$$\boldsymbol{E}[\boldsymbol{x}]=\sum_{i=1}^{n}x_iP\{\boldsymbol{x}=x_i\} \tag{2.70}$$

となる。

2.3.5 項では条件付確率密度関数について論ぜられたが, 次式に条件付平均を示しておく。

$$\boldsymbol{E}[\boldsymbol{x}_2\,|\,\boldsymbol{x}_1=x_1]=\int_{-\infty}^{\infty}x_2p(x_2\,|\,x_1)\mathrm{d}x_2 \tag{2.71}$$

条件付平均は単なる平均と異なり条件となる $\boldsymbol{x}_1=x_1$ の値によって, その平均値が変化することはいうまでもない。また, この条件付平均は予測理論や推定理論に広く用いられる。

2.4.1 k 次モーメント

$\boldsymbol{x}^k$ の平均を **k 次モーメント**(k-th moment)または **k 乗平均**とよび,

$$m_k=\boldsymbol{E}[\boldsymbol{x}^k]=\int_{-\infty}^{\infty}x^kp(x)\mathrm{d}x \qquad (k=0,1,2,\cdots) \tag{2.72}$$

で表す。$k=0$ は $m_0=1$ であり, $k=1$ の m_1 は先に示した平均である。

2.4.2 k 次中心モーメント

平均 $\boldsymbol{E}[\boldsymbol{x}]$ を中心としたモーメントを**中心モーメント**(central moment)とよび, k 次中心モーメントは

$$\mu_k=\boldsymbol{E}[(\boldsymbol{x}-E[\boldsymbol{x}])^k]=\int_{-\infty}^{\infty}(x-m_1)^kp(x)\mathrm{d}x \tag{2.73}$$

となる。$k=0$ で $\mu_0=1$, $k=1$ で $\mu_1=0$ となる。$k=2$, つまり 2 次中心モーメント μ_2 を**分散**(variance)とよぶ。また分散は σ^2 と表示されることが多い。

［**例題 2.13**］　式(2.73)を $k=2$ に関して一般のモーメントに展開せよ。

$$\begin{aligned}\mu_2 &= \boldsymbol{E}[\boldsymbol{x}^2 - 2\boldsymbol{x}\boldsymbol{E}[\boldsymbol{x}] + (\boldsymbol{E}[\boldsymbol{x}])^2] \\ &= \boldsymbol{E}[\boldsymbol{x}^2] - (\boldsymbol{E}[\boldsymbol{x}])^2 \\ &= m_2 - (m_1)^2 = \sigma^2 \end{aligned} \tag{2.74}$$

2.4.3　結合モーメント

k_1+k_2 次の結合モーメント（(k_1+k_2)-th joint moment）は次式に示される。

$$m_{k_1,k_2} = \boldsymbol{E}[\boldsymbol{x}_1{}^{k_1}\boldsymbol{x}_2{}^{k_2}] = \int_{-\infty}^{\infty}\int_{-\infty}^{\infty} x_1{}^{k_1} x_2{}^{k_2} p(x_1, x_2)\,\mathrm{d}x_1\mathrm{d}x_2 \tag{2.75}$$

$\boldsymbol{x}_1$ と $\boldsymbol{x}_2$ が互いに独立であれば式(2.57)より $p(x_1, x_2) = p(x_1)p(x_2)$ となり，これを上式に代入すれば，

$$\begin{aligned} m_{k_1,k_2} &= \int_{-\infty}^{\infty}\int_{-\infty}^{\infty} x_1{}^{k_1} x_2{}^{k_2} p(x_1)p(x_2)\,\mathrm{d}x_1\mathrm{d}x_2 \\ &= \int_{-\infty}^{\infty} x_1{}^{k_1} p(x_1)\,\mathrm{d}x_1 \int_{-\infty}^{\infty} x_2{}^{k_2} p(x_2)\,\mathrm{d}x_2 = m_{k_1}\cdot m_{k_2} \end{aligned} \tag{2.76}$$

となって 2 つのモーメント m_{k_1} と m_{k_2} の積になる。

$k_1=k_2=1$ の場合の結合モーメント

$$m_{1,1} = \boldsymbol{E}[\boldsymbol{x}_1\boldsymbol{x}_2] = \int_{-\infty}^{\infty}\int_{-\infty}^{\infty} x_1 x_2 p(x_1, x_2)\,\mathrm{d}x_1\mathrm{d}x_2 \tag{2.77}$$

を**相関**（correlation）とよんでいる。

［**例題 2.14**］　図 2.21 に示すような (0, 0) を最大値とする $p(x_1, x_2)$ の **等高線図** が与えられている。このような場合の相関は正であることを説明せよ。

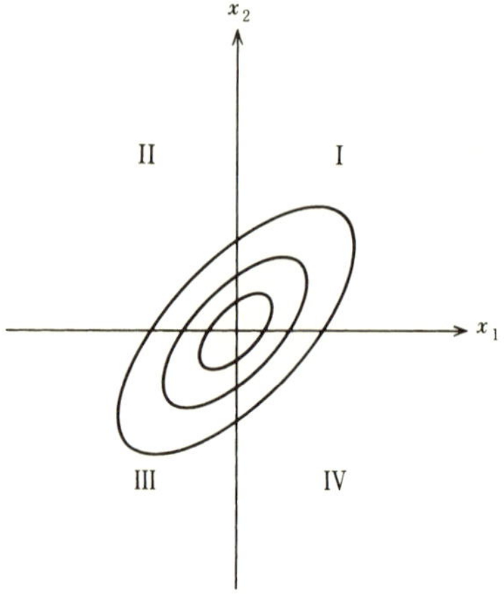

図 2.21　結合確率密度関数の等高線図

相関は $m_{1,1}$ であり

$$\begin{aligned} m_{1,1} &= \boldsymbol{E}[\boldsymbol{x}_1\boldsymbol{x}_2] = \int_{-\infty}^{\infty}\int_{-\infty}^{\infty} x_1x_2p(x_1, x_2)\mathrm{d}x_1\mathrm{d}x_2 \\ &= (\text{第 I 象限}(x_1x_2>0) + \text{第 II 象限}(x_1x_2<0) \\ &\quad + \text{第 III 象限}(x_1x_2>0) + \text{第 IV 象限}(x_1x_2<0))\text{の積分値} \\ &= \int_0^{\infty}\int_0^{\infty} x_1x_2p(x_1, x_2)\mathrm{d}x_1\mathrm{d}x_2 + \int_0^{\infty}\int_{-\infty}^{0} x_1x_2p(x_1, x_2)\mathrm{d}x_1\mathrm{d}x_2 \\ &\quad + \int_{-\infty}^{0}\int_{-\infty}^{0} x_1x_2p(x_1, x_2)\mathrm{d}x_1\mathrm{d}x_2 + \int_{-\infty}^{0}\int_{0}^{\infty} x_1x_2p(x_1, x_2)\mathrm{d}x_1\mathrm{d}x_2 \end{aligned}$$

となる。$p(x_1, x_2)\geq 0$ であり，$x_1x_2>0$ である第 I および第 III 象限の確率は他の象限より高いので $\boldsymbol{E}[\boldsymbol{x}_1\boldsymbol{x}_2]$ は正となる。

2.4.4 結合中心モーメント

$$\mu_{k_1,k_2} = \int_{-\infty}^{\infty}\int_{-\infty}^{\infty}(x_1-\boldsymbol{E}[\boldsymbol{x}_1])^{k_1}(x_2-\boldsymbol{E}[\boldsymbol{x}_2])^{k_2}p(x_1, x_2)\mathrm{d}x_1\mathrm{d}x_2 \tag{2.78}$$

を (k_1+k_2) 次の結合中心モーメントとよぶ。$k_1=k_2=1$ の場合，$\boldsymbol{x}_1, \boldsymbol{x}_2$ の**共分散**(covariance)とよぶ。

$\boldsymbol{x}_1$ と $\boldsymbol{x}_2$ が互いに独立であれば，結合モーメントのときと同様に結合中心モーメントにおいても

$$\mu_{k_1,k_2} = \mu_{k_1}\cdot\mu_{k_2} \tag{2.79}$$

となる。

［例題 2.15］ $\boldsymbol{x}_1$ と $\boldsymbol{x}_2$ が互いに独立であれば共分散は零になることを証明せよ。

式(2.79)より

$$\mu_{1,1} = \mu_1\cdot\mu_1 = \mu_1{}^2$$

であり，μ_1 は

$$\mu_1 = \boldsymbol{E}\{\boldsymbol{x}_1 - \boldsymbol{E}[\boldsymbol{x}_1]\} = E[\boldsymbol{x}_1] - E[\boldsymbol{x}_1] = 0$$

であるので，

$$\mu_{1,1} = 0$$

が求まる。こうして $\boldsymbol{x}_1$ と $\boldsymbol{x}_2$ が独立ならば共分散は零である。

2.5 確率変数の関数

ここでは，確率変数の確率密度関数や平均値が与えられているとき，確率変数の関数がどのような確率密度関数や平均値を持つかを考察する。

2.5.1 1変数の関数の確率密度関数

確率変数 $\boldsymbol{x}$ と $\boldsymbol{y}$ に関して図 2.22 のような 1 対 1 対応の連続な関係があるとき，$\boldsymbol{x}$ の確率密度関数 $p_x(x)$ と $\boldsymbol{y}$ の $p_y(y)$ の間には，対応する微小区間の確率

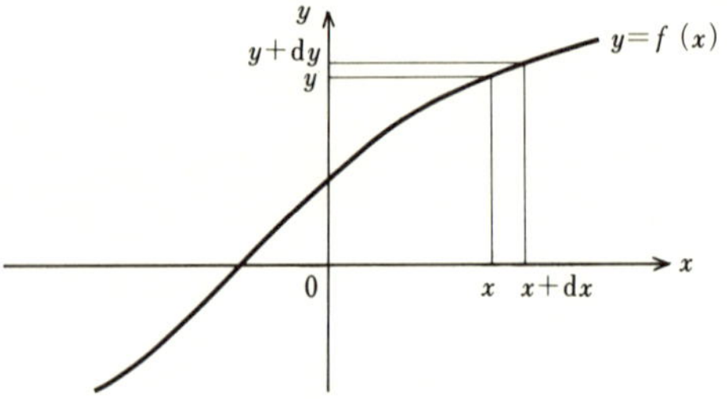

図 2.22　確率変数の関数

が等しいことから

$$p_x(x)\,|\,\mathrm{d}x\,| = p_y(y)\,|\,\mathrm{d}y\,| \tag{2.80}$$

の関係が成り立つ。上式の絶対値は確率が正であることから必要である。こうして，y と x の間に

$$\boldsymbol{y} = f(\boldsymbol{x}) \tag{2.81}$$

の関係が成り立つとき，$p_y(y)$ は式(2.80)より

$$p_y(y) = p_x(x)\left|\frac{\mathrm{d}x}{\mathrm{d}y}\right| = p_x(f^{-1}(y))\left|\frac{\mathrm{d}f^{-1}(y)}{\mathrm{d}y}\right| \tag{2.82}$$

として求めることができる。

［**例題 2.16**］　$p_x(x)$ が図 2.23 の平均値 0 で分散 σ^2 の正規確率密度関数として

$$p_x(x) = \frac{1}{\sqrt{2\pi\sigma^2}}\exp\left(-\frac{x^2}{2\sigma^2}\right) \tag{2.83}$$

で与えられ，$\boldsymbol{y}$ と $\boldsymbol{x}$ の間に

$$\boldsymbol{y} = 2\boldsymbol{x} + 1$$

の関係があるとき，$p_y(y)$ を求めよ。

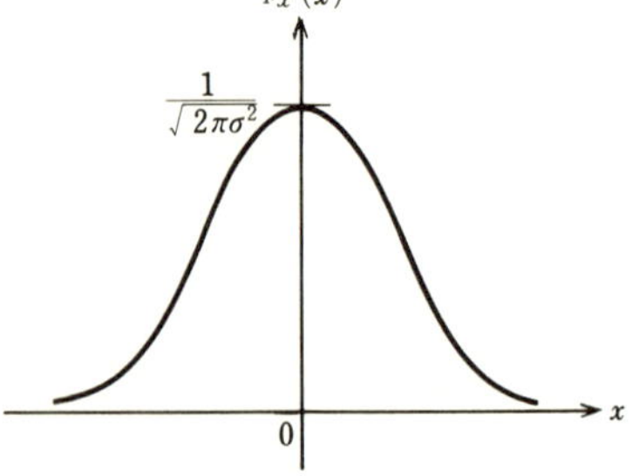

図 2.23　正規確率密度関数

$$f^{-1}(y)=\frac{1}{2}(y-1)$$

であり,

$$\frac{\mathrm{d}f^{-1}(y)}{\mathrm{d}y}=\frac{1}{2}$$

であり，式(2.83)より

$$p_y(y)=\frac{1}{2}p_x\left(\frac{1}{2}(y-1)\right)$$

となる。式(2.83)を上式に代入すれば

$$p_y(y)=\frac{1}{2}\frac{1}{\sqrt{2\pi\sigma^2}}\exp\left(-\frac{\frac{1}{4}\left(y-1\right)^2}{2\sigma^2}\right)$$
$$=\frac{1}{\sqrt{2\pi(2\sigma)^2}}\exp\left(-\frac{(y-1)^2}{2(2\sigma)^2}\right)$$

が与えられる。平均値が1で$(2\sigma)^2$の分散を持つ$p_y(y)$が求まる。図2.24には$p_y(y)$が示される。

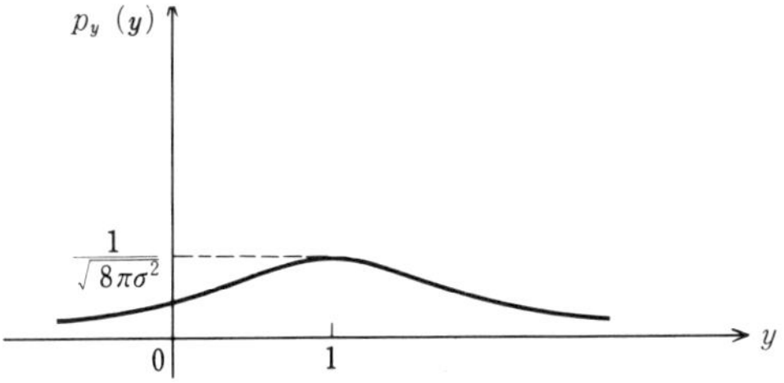

図 2.24 $\boldsymbol{y}$の確率密度関数

以上は$\boldsymbol{x}$と$\boldsymbol{y}$の間に1対1の関係がある場合である。しかし，ごく簡単な関数でも，この関係が成立しないときがある。次の例題は，こうした場合を扱う。

[例題 2.17] $p_x(x)$は例題2.16と同じとする。$\boldsymbol{y}$と$\boldsymbol{x}$の間に，図2.25に示す

$$\boldsymbol{y}=\boldsymbol{x}^2$$

の関係があるときの$p_y(y)$を求めよ。

yと$y+\mathrm{d}y$の間の確率$p_y(y)|\mathrm{d}y|$は$p_x(-x)|\mathrm{d}x|$と$p_x(x)|\mathrm{d}x|$の和に等しく

$$p_y(y)|\mathrm{d}y|=p_x(-x)|\mathrm{d}x|+p_x(x)|\mathrm{d}x|$$

となり,

$$p_y(y)=p_x(-x)\left|\frac{\mathrm{d}x}{\mathrm{d}y}\right|+p_x(x)\left|\frac{\mathrm{d}x}{\mathrm{d}y}\right|$$

が成立する。上式の$p_x(-x)$は$p_x(-x)=p_x(x)$であり

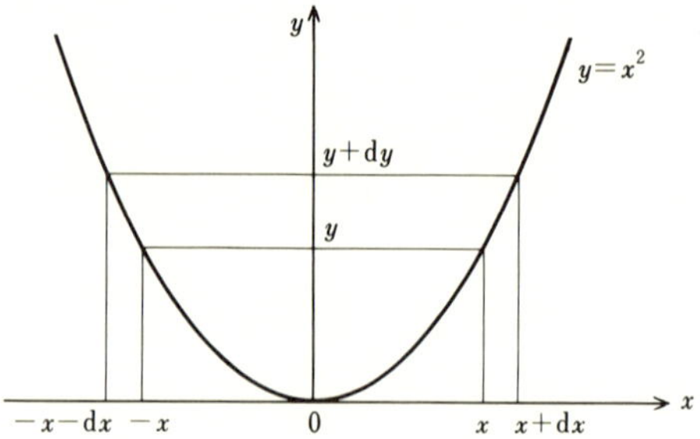

図 2.25　$\boldsymbol{y}=\boldsymbol{x}^2$ と微小区間

$$p_y(y)=2p_x(x)\left|\frac{\mathrm{d}x}{\mathrm{d}y}\right|$$

となる。上式を用いれば，$p_y(y)$ は

$$p_y(y)=\begin{cases}\dfrac{1}{\sqrt{2\pi\sigma^2 y}}\exp\left(-\dfrac{y}{2\sigma^2}\right) & (y\geq 0)\\ 0 & (y<0)\end{cases}$$

となる。$p_y(y)$ を図 2.26 に示す。この確率密度関数を，**χ^2 確率密度関数**(chi-squared density distribution function) ともよぶ。

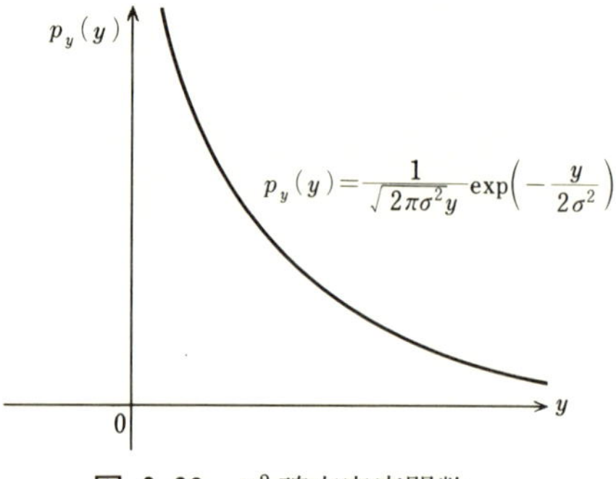

図 2.26　χ^2 確率密度関数

2.5.2　多変数の関数の確率密度関数

$\boldsymbol{x}_1, \boldsymbol{x}_2, \cdots, \boldsymbol{x}_n$ と $\boldsymbol{y}_1, \boldsymbol{y}_2, \cdots, \boldsymbol{y}_n$ が相互に 1 価な連続関数であり

$$\left.\begin{aligned}\boldsymbol{y}_1&=f_1(\boldsymbol{x}_1, \boldsymbol{x}_2, \cdots, \boldsymbol{x}_n)\\ \boldsymbol{y}_2&=f_2(\boldsymbol{x}_1, \boldsymbol{x}_2, \cdots, \boldsymbol{x}_n)\\ &\vdots\\ \boldsymbol{y}_n&=f_n(\boldsymbol{x}_1, \boldsymbol{x}_2, \cdots, \boldsymbol{x}_n)\end{aligned}\right\} \qquad (2.84)$$

で表されるとき，結合確率密度関数 $p_x(x_1, x_2, \cdots, x_n)$ と $p_y(y_1, y_2, \cdots, y_n)$ の間には

$$p_y(y_1, y_2, \cdots, y_n) = |J|\, p_x(x_1, x_2, \cdots, x_n) \tag{2.85}$$

の関係がある。ここに J を**ヤコビアン**(Jacobian)とよび，次の

$$J = \frac{\partial(x_1, x_2, \cdots, x_n)}{\partial(y_1, y_2, \cdots, y_n)} = \begin{vmatrix} \dfrac{\partial x_1}{\partial y_1} & \dfrac{\partial x_1}{\partial y_2} & \cdots & \dfrac{\partial x_1}{\partial y_n} \\ \dfrac{\partial x_2}{\partial y_1} & \dfrac{\partial x_2}{\partial y_2} & \cdots & \dfrac{\partial x_2}{\partial y_n} \\ \vdots & \vdots & & \vdots \\ \dfrac{\partial x_n}{\partial y_1} & \dfrac{\partial x_n}{\partial y_2} & \cdots & \dfrac{\partial x_n}{\partial y_n} \end{vmatrix} \tag{2.86}$$

で与えられる。

［例題 2.18］ 2 つの確率変数 $\boldsymbol{x}_1$ と $\boldsymbol{x}_2$ が互いに独立で，共に

$$p_x(x) = \frac{1}{\sqrt{2\pi\sigma^2}} \exp\left(-\frac{x^2}{2\sigma^2}\right)$$

という正規確率密度関数を持つときに，これらの変数から次に与える新たな変数 $\boldsymbol{r}$，$\boldsymbol{\theta}$ の結合確率密度関数 $p_{r,\theta}(r, \theta)$ を求めよ。

$$\left.\begin{aligned} \boldsymbol{r}^2 &= \boldsymbol{x}_1{}^2 + \boldsymbol{x}_2{}^2 \\ \boldsymbol{\theta} &= \arctan\frac{\boldsymbol{x}_2}{\boldsymbol{x}_1} \end{aligned}\right\} \tag{2.87}$$

まず，$\boldsymbol{x}_1$ と $\boldsymbol{x}_2$ は独立であるので，結合確率密度関数 $p_x(x_1, x_2)$ は $p_x(x_1, x_2) = p_x(x_1)p_x(x_2)$ となり，

$$p_x(x_1, x_2) = \frac{1}{2\pi\sigma^2} \exp\left(-\frac{x_1{}^2 + x_2{}^2}{2\sigma^2}\right)$$

と与えられる。さらに式(2.87)より

$$\left.\begin{aligned} \boldsymbol{x}_1 &= \boldsymbol{r}\cos\boldsymbol{\theta} \\ \boldsymbol{x}_2 &= \boldsymbol{r}\sin\boldsymbol{\theta} \end{aligned}\right\} \tag{2.88}$$

が求まり，式(2.86)のヤコビアンを用いれば

$$J = \begin{vmatrix} \dfrac{\partial x_1}{\partial r} & \dfrac{\partial x_1}{\partial \theta} \\ \dfrac{\partial x_2}{\partial r} & \dfrac{\partial x_2}{\partial \theta} \end{vmatrix} = \begin{vmatrix} \cos\theta & -r\sin\theta \\ \sin\theta & r\cos\theta \end{vmatrix} = r \tag{2.89}$$

となり，式(2.85)より

$$p_{r,\theta}(r, \theta) = \frac{r}{2\pi\sigma^2} \exp\left(-\frac{r^2}{2\sigma^2}\right) \tag{2.90}$$

となって，$\boldsymbol{r}$ と $\boldsymbol{\theta}$ の結合確率密度関数 $p_{r,\theta}(r, \theta)$ が求まる。

例題で要求した範囲はここまでであるが，$p_{r,\theta}(r, \theta)$ から個々の $p_r(r)$ と $p_\theta(\theta)$ を求めよう。式(2.90)の右辺には θ が示されていないが，$p_\theta(\theta)$ を求めるには $p_{r,\theta}(r, \theta)$ を r に関して積分する。$r \geq 0$ であるので

$$p_\theta(\theta) = \int_0^\infty p_{r,\theta}(r, \theta) \mathrm{d}r$$

となり，これより

$$p_\theta(\theta) = \frac{1}{2\pi} \qquad (0 \leq \theta \leq 2\pi)$$

の一様確率密度関数となる。一方，$p_r(r)$ の方は

$$p_r(r) = \int_0^{2\pi} p_{r,\theta}(r, \theta) \mathrm{d}\theta$$

より，

$$p_r(r) = \frac{r}{\sigma^2} \exp\left(-\frac{r^2}{2\sigma^2}\right)$$

で与えられる。この $p_r(r)$ を**レイリー**(Rayleigh)**確率密度関数**とよぶ。図 2.27 にはレイリー確率密度関数が示される。

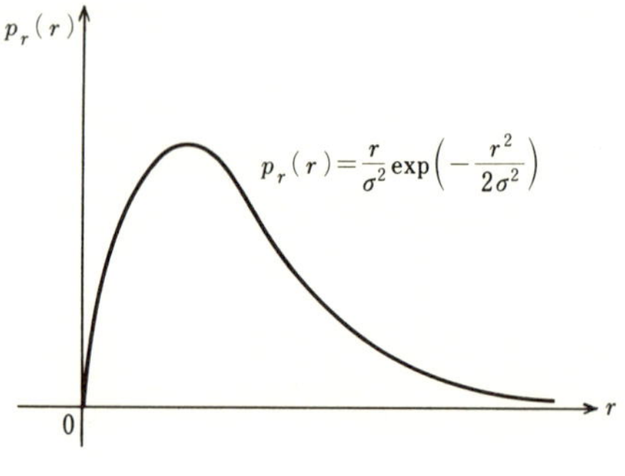

図 2.27　レイリー確率密度関数

ヤコビアンを用いて計算できるのは変数 $\boldsymbol{x}_1, \boldsymbol{x}_2, \cdots, \boldsymbol{x}_n$ と $\boldsymbol{y}_1, \boldsymbol{y}_2, \cdots, \boldsymbol{y}_n$ が 1 対 1 の対応をもつ場合であったが，次の例題では，そうでない場合において，工夫により 1 対 1 対応に変形して，この方法を適用する例が示される。

［例題 **2.19**］　$\boldsymbol{x}_1$ と $\boldsymbol{x}_2$ が互いに独立で，これらが図 2.28 に示す一様確率密度関数を持つときに

$$\boldsymbol{y} = \boldsymbol{x}_1 + \boldsymbol{x}_2$$

で表される $\boldsymbol{y}$ の確率密度関数 $p_y(y)$ を求めよ。

ここで上の式を変形して新たに次のような関係にする。すなわち，

$$\boldsymbol{y}_1 = \boldsymbol{x}_1 + \boldsymbol{x}_2$$

$$\boldsymbol{y}_2 = \boldsymbol{x}_2$$

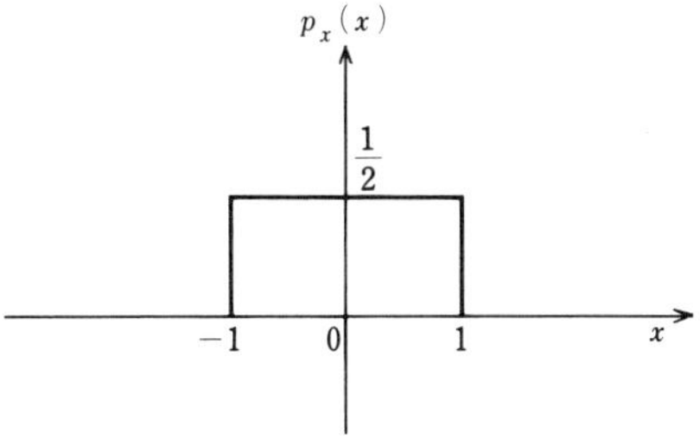

図 2.28 一様確率密度関数

であり，$\boldsymbol{x}_1, \boldsymbol{x}_2$ と $\boldsymbol{y}_1, \boldsymbol{y}_2$ の間で1対1の対応がなされる。このために，

$$p_y(y_1, y_2) = |J|\, p_x(x_1, x_2)$$

が成立し，ヤコビアンは

$$|J| = \begin{vmatrix} \dfrac{\partial x_1}{\partial y_1} & \dfrac{\partial x_1}{\partial y_2} \\ \dfrac{\partial x_2}{\partial y_1} & \dfrac{\partial x_2}{\partial y_2} \end{vmatrix} = \begin{vmatrix} 1 & -1 \\ 0 & 1 \end{vmatrix} = 1$$

となる。これより

$$p_y(y_1, y_2) = p_x(x_1, x_2) \qquad (x_1 = y_1 - y_2,\ x_2 = y_2)$$

となり，$\boldsymbol{x}_1$ と $\boldsymbol{x}_2$ は独立であるので

$$p_y(y_1, y_2) = p_x(x_1, x_2) = p_{x_1}(x_1)\, p_{x_2}(x_2) \qquad (x_1 = y_1 - y_2,\ x_2 = y_2)$$

で与えられる。一方，$p_y(y_1, y_2)$ より $p_y(y_1)$ を求めるには

$$p_y(y_1) = \int_{-\infty}^{\infty} p_y(y_1, y_2)\, \mathrm{d}y_2$$

の関係を用いればよく，これは

$$p_y(y_1) = \int_{-\infty}^{\infty} p_{x_1}(y_1 - y_2)\, p_{x_2}(y_2)\, \mathrm{d}y_2$$

となる。したがって，独立な2つの変数の和の確率密度関数は，おのおのの確率密度関数の**たたみ込み**(convolution)で与えられる。$\boldsymbol{y}_1$ を本来の $\boldsymbol{y}$ に，さらに $\boldsymbol{y}_2$ を $\boldsymbol{x}_2$ に直せば以上の関係は

$$p_y(y) = \int_{-\infty}^{\infty} p_{x_1}(y - x_2)\, p_{x_2}(x_2)\, \mathrm{d}x_2 \tag{2.91}$$

となる。また変数間の関係を再記すると

$$\boldsymbol{y} = \boldsymbol{x}_1 + \boldsymbol{x}_2 \tag{2.92}$$

である。

結局，式(2.91)の関係を用いると，おのおの一様な分布を持った $\boldsymbol{x}_1$ と $\boldsymbol{x}_2$ の和になる新しい変数 $\boldsymbol{y}$ の確率密度関数 $p_y(y)$ は図2.29に示すものとなり，一様分布とならず，三角形の分布となる。

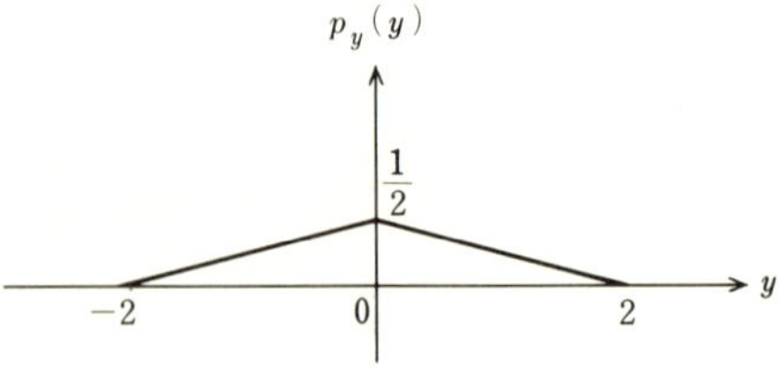

図 2.29　一様な確率密度関数をもつ2変数を加算した変数の確率密度関数

2.5.3　確率変数の関数の平均

多変数の関数 $g(\boldsymbol{x}_1, \boldsymbol{x}_2, \cdots, \boldsymbol{x}_n)$ の平均は

$$\boldsymbol{E}[g(\boldsymbol{x}_1, \boldsymbol{x}_2, \cdots, \boldsymbol{x}_n)] = \int_{-\infty}^{\infty}\int_{-\infty}^{\infty}\cdots\int_{-\infty}^{\infty} g(x_1, x_2, \cdots, x_n)p(x_1, x_2, \cdots, x_n)\mathrm{d}x_1\mathrm{d}x_2\cdots\mathrm{d}x_n \tag{2.93}$$

で与えられる。ここに $g(x_1, x_2, \cdots, x_n)$ は $x_1, x_2, \cdots x_n$ の1価な連続関数とする。

［例題 2.20］　$\boldsymbol{x}_i$ は確率変数, a_i, b は定数とする。

$$\boldsymbol{E}\left[\sum_{i=1}^{n} a_i\boldsymbol{x}_i + b\right] = \sum_{i=1}^{n} a_i\boldsymbol{E}[\boldsymbol{x}_i] + b \tag{2.94}$$

を証明せよ。

変数が2つの場合について考察する。

$$\begin{aligned}\boldsymbol{E}[a_1\boldsymbol{x}_1 + a_2\boldsymbol{x}_2 + b] &= \int_{-\infty}^{\infty}\int_{-\infty}^{\infty}(a_1x_1 + a_2x_2)p(x_1, x_2)\mathrm{d}x_1\mathrm{d}x_2 \\ &\quad + b\int_{-\infty}^{\infty}\int_{-\infty}^{\infty}p(x_1, x_2)\mathrm{d}x_1\mathrm{d}x_2 \\ &= a_1\int_{-\infty}^{\infty}x_1p_1(x_1)\mathrm{d}x_1 + a_2\int_{-\infty}^{\infty}x_2p_2(x_2)\mathrm{d}x_2 + b \\ &= a_1\boldsymbol{E}[\boldsymbol{x}_1] + a_2\boldsymbol{E}[\boldsymbol{x}_2] + b\end{aligned}$$

として, $n=2$ の場合の証明がなされた。一般の n の場合も同様に証明できることは明らかである。

［例題 2.21］

$$\begin{aligned}\boldsymbol{V}\left[\sum_{i=1}^{n} a_i\boldsymbol{x}_i + b\right] &= \boldsymbol{V}\left[\sum_{i=1}^{n} a_i\boldsymbol{x}_i\right] \\ &= \sum_{i=1}^{n} a_i^2\boldsymbol{V}(\boldsymbol{x}_i) + \sum_{i\neq j}^{n} a_ia_j\boldsymbol{E}[(\boldsymbol{x}_i - \boldsymbol{E}[\boldsymbol{x}_i])(\boldsymbol{x}_j - \boldsymbol{E}[\boldsymbol{x}_j])]\end{aligned} \tag{2.95}$$

を証明せよ。ただし $\boldsymbol{V}(\boldsymbol{x})$ とは

$$V(\boldsymbol{x})=\boldsymbol{E}[(\boldsymbol{x}-\boldsymbol{E}[\boldsymbol{x}])^2]$$
$$=\sigma^2=\mu_2 \qquad (2.96)$$

であり，分散を示している。

ここでも $n=2$ の場合を扱う。

$$\boldsymbol{V}[a_1\boldsymbol{x}_1+a_2\boldsymbol{x}_2+b]=\boldsymbol{E}[(a_1\boldsymbol{x}_1+a_2\boldsymbol{x}_2+b-\boldsymbol{E}[a_1\boldsymbol{x}_1+a_2\boldsymbol{x}_2+b])^2]$$
$$=\boldsymbol{E}[(a_1\boldsymbol{x}_1+a_2\boldsymbol{x}_2-\boldsymbol{E}[a_1\boldsymbol{x}_1+a_2\boldsymbol{x}_2])^2]$$
$$=\boldsymbol{E}[(a_1(\boldsymbol{x}_1-\boldsymbol{E}[\boldsymbol{x}_1])+a_2(\boldsymbol{x}_2-\boldsymbol{E}[\boldsymbol{x}_2])^2]$$

$\boldsymbol{x}_i'=\boldsymbol{x}_i-\boldsymbol{E}[\boldsymbol{x}_i]$ とおくと

$$=\boldsymbol{E}[(a_1\boldsymbol{x}_1'+a_2\boldsymbol{x}_2')^2]$$
$$=\boldsymbol{E}[a_1{}^2\boldsymbol{x}_1'^2+2a_1a_2\boldsymbol{x}_1'\boldsymbol{x}_2'+a_2{}^2\boldsymbol{x}_2'^2]$$
$$=a_1{}^2\boldsymbol{E}[\boldsymbol{x}_1'^2]+a_2{}^2\boldsymbol{E}[\boldsymbol{x}_2'^2]+2a_1a_2\boldsymbol{E}[\boldsymbol{x}_1'\boldsymbol{x}_2']$$

$\boldsymbol{E}[\boldsymbol{x}_i'^2]=\boldsymbol{E}[(\boldsymbol{x}_i-\boldsymbol{E}[\boldsymbol{x}_i])^2]=\boldsymbol{V}[\boldsymbol{x}_i]$ より

$$=a_1{}^2\boldsymbol{V}[\boldsymbol{x}_1]+a_2{}^2\boldsymbol{V}[\boldsymbol{x}_2]+2a_1a_2\boldsymbol{E}[(\boldsymbol{x}_1-\boldsymbol{E}[\boldsymbol{x}_1])(\boldsymbol{x}_2-\boldsymbol{E}[\boldsymbol{x}_2])]$$

となって，$n=2$ のときに式(2.95)が証明された。一般的な n の場合も同様に証明されることは明らかである。

［例題 2.22］　確率変数 $\boldsymbol{x}_i$ が互いに独立であり，すべての i に対して $\boldsymbol{E}[\boldsymbol{x}_i]=m$, $\boldsymbol{V}[\boldsymbol{x}_i]=\sigma^2$ ならば

$$\bar{\boldsymbol{x}}=\frac{1}{n}\sum_{i=1}^{n}\boldsymbol{x}_i$$

として，

$$\boldsymbol{E}[\bar{\boldsymbol{x}}]=m, \qquad \boldsymbol{V}[\bar{\boldsymbol{x}}]=\frac{\sigma^2}{n}$$

であることを証明せよ。

まず $\bar{\boldsymbol{x}}$ の平均値を求めよう。

$$E[\bar{\boldsymbol{x}}]=\frac{1}{n}\boldsymbol{E}[\sum_{i=1}^{n}\boldsymbol{x}_i]$$
$$=\frac{1}{n}\sum_{i=1}^{n}\boldsymbol{E}[\boldsymbol{x}_i]$$
$$=\frac{1}{n}\sum_{i=1}^{n}m$$
$$=\frac{n}{n}m=m$$

となる。また分散に関しては式(2.95)の $a_i=\dfrac{1}{n}$ とすれば，

$$\boldsymbol{V}[\sum_{i=1}^{n}a_i\boldsymbol{x}_i]=\boldsymbol{V}[\bar{\boldsymbol{x}}]$$

となり，

$$\boldsymbol{V}[\bar{\boldsymbol{x}}]=\sum_{i=1}^{n}\frac{1}{n^2}\boldsymbol{V}[\boldsymbol{x}_i]+\sum_{i\neq j}^{n}\frac{1}{n^2}\boldsymbol{E}[(\boldsymbol{x}_i-\boldsymbol{E}[\boldsymbol{x}_i])(\boldsymbol{x}_j-\boldsymbol{E}[\boldsymbol{x}_j])]$$

となる。上式右辺第2項は $\boldsymbol{x}_i$ が互いに独立であるので，式(2.79)より

$$\boldsymbol{E}[(\boldsymbol{x}_i-\boldsymbol{E}[\boldsymbol{x}_i])(\boldsymbol{x}_j-\boldsymbol{E}[\boldsymbol{x}_j])]$$
$$=\boldsymbol{E}[\boldsymbol{x}_i-\boldsymbol{E}[\boldsymbol{x}_i]]\boldsymbol{E}[\boldsymbol{x}_j-\boldsymbol{E}[\boldsymbol{x}_j]] \qquad (i\neq j)$$

となり，$\boldsymbol{E}[\boldsymbol{x}_i-\boldsymbol{E}[\boldsymbol{x}_i]]=\boldsymbol{E}[\boldsymbol{x}_i]-\boldsymbol{E}[\boldsymbol{x}_i]=0$ であるので，右辺第 2 項は零となって，

$$\boldsymbol{V}[\bar{\boldsymbol{x}}]=\frac{1}{n^2}n\boldsymbol{V}[\boldsymbol{x}_i]=\frac{\sigma^2}{n}$$

が証明された。

演習問題

2.1　電子，イオンあるいは中性分子は気体，液体，プラズマのなかでランダム運動を行う。平均値からの変位の 2 次中心モーメント (分散) の時間微分は**拡散係数** (diffusion coefficient)

$$D=\frac{1}{2}\frac{\mathrm{d}}{\mathrm{d}t}\langle(x(t)-\langle x(t)\rangle)^2\rangle \tag{2.97}$$

を与える。これは速度 $v_x=\dfrac{\mathrm{d}}{\mathrm{d}t}x(t)$ を用いて

$$D=\langle xv_x\rangle-\langle x\rangle\langle v_x\rangle \tag{2.98}$$

と書けることを示せ。

2.2　確率密度関数が

$$p(x)=2(1-x),\quad 0\leq x\leq 1$$

で与えられるとき，平均値と標準偏差を求めよ。

2.3　確率密度関数が $0<x<\infty$ の範囲で

$$p(x)=\frac{3}{(1+x)^4}$$

で与えられる。平均値と分散を求めよ。

2.4　2 変数 (x, y) の確率密度関数

$$p(x, y)=\frac{1}{8}(6-x-y),\quad 0<x<2,\quad 2<y<4$$

がある。(1) $\boldsymbol{E}(y\mid x)$，(2) $\boldsymbol{E}(y^2\mid x)$，(3) $\boldsymbol{V}(y\mid x)$ を求めよ。

2.5　2 変数 (x, y) の確率密度関数

$$p(x, y)=8xy,\quad 0<y<x<1$$

がある。$\boldsymbol{E}(y\mid x)$ を求めよ。

2.6　確率密度関数 $p(x)$ が $0<x<\infty$ で定義されるとき，この期待値は

$$\int_0^\infty\{1-F(x)\}\,\mathrm{d}x$$

で与えられることを示せ。

2.7　2 個のサイコロを同時に振る試行について答えよ。

(1)　標本点 s と s の総数を求めよ。

（2） x は 2 次元標本点 $s(a, b)$ における最大の数

$$x=\max(a, b)$$

を表すものとする。このとき，$p(x=1), p(x=2), \cdots, p(x=6)$ をそれぞれ求めよ。

（3） x の期待値

$$E(x)=\sum_{i=1}^{6} x_i p(x=i)$$

を求めよ。

2.8 確率変数 $\boldsymbol{x}_i\ (i=1, 2, \cdots, n)$ は互いに独立で，すべての i に対して平均 $\boldsymbol{E}[\boldsymbol{x}_i]=m$，分散 $\boldsymbol{V}[\boldsymbol{x}_i]=\sigma^2$ をもつ。このとき新しい確率変数

$$\bar{\boldsymbol{x}}=\frac{1}{n}\sum_{i=1}^{n}\boldsymbol{x}_i,\quad \bar{\boldsymbol{y}}=\frac{1}{n-1}\sum_{n=1}^{n}(\boldsymbol{x}_i-\bar{\boldsymbol{x}})^2$$

の平均値を求めよ。

2.9 連続確率密度関数

$$p(x)=\begin{cases} k+\dfrac{x}{5}, & 0\leq x\leq 2.0 \\ 0, & \text{others} \end{cases}$$

がある。

（1） k の値を求めよ。

（2） 確率分布関数 $F(x)$ を求めよ。

2.10 1, 2, 3, 4, 5 を表す 5 枚のカードから，1 枚ずつ順にカードを抜き出し，左から右へ並べて 3 桁の数をつくる。

（1） 偶数となる確率はいくらか。

（2） そのつどカードを元に戻す(**復元抽出**)場合，3 桁の数が偶数となる確率はいくらか。

2.11 確率変数 $\boldsymbol{x}$ が 0, 1 の値をとり，それぞれの値をとる確率を p_1, q_1 とする。

（1） $\boldsymbol{x}$ の平均と分散を計算せよ。

（2） 確率変数 $\boldsymbol{y}$ は -1 と 0 の値をとり，-1 をとる確率が p_2 で，0 をとる確率が q_2 である。$\boldsymbol{x}$ と $\boldsymbol{y}$ が独立であるとき新しい確率変数

$$\boldsymbol{z}=\boldsymbol{x}+\boldsymbol{y}$$

の平均と分散を求めよ。

3

確 率 分 布

本章では，これまでに述べてきた確率の概念をもとに，確率変数の具体的な分布について学ぶ。観測誤差や雑音の分布則，電話の呼び，放射性元素の崩壊，材料の寿命などはそれぞれ特徴ある確率分布に従うことが知られている。二項分布，ポアソン分布，正規分布を中心に工学上重要な分布について述べると共に，確率分布と密接に関連した大数の法則と中心極限定理についても記述する。

3.1 二 項 分 布

繰り返し行われる独立な試行で，もし各々の試みに対して単に2つの結果だけが可能で，それらが起こる確率が各試行を通じて一定である場合**ベルヌーイ試行**(Bernoulli trial)という。この一連の試行はベルヌーイ試行列とか成功の確率が一定である**無作為系列**(random sequence)とよばれる。

成功の確率が p で失敗の確率が $q=1-p$ であるベルヌーイ試行を n 回行った結果，k 回成功し $(n-k)$ 回失敗する確率を $B_{n,p}(k)$ と書くことにする。n 回の独立試行の結果確率が p^kq^{n-k} となるのは ${}_n\mathrm{C}_k$ 通りだけであるから

$$B_{n,p}(k)={}_n\mathrm{C}_k\,p^kq^{n-k} \qquad (k=0,1,\cdots,n) \tag{3.1}$$

となる。式(3.1)は2項式の n 乗，$(px+q)^n$ を展開したときの x^k の係数に等しいために**二項分布**†(binomial distribution)とよばれる。

また，確率分布関数は

$$F(r)=\sum_{k=0}^{r}B_{n,p}(k)=\sum_{k=0}^{r}{}_n\mathrm{C}_kp^kq^{n-k} \tag{3.2}$$

† 正確には確率密度関数を示すが，慣用的に分布という言葉が用いられている。

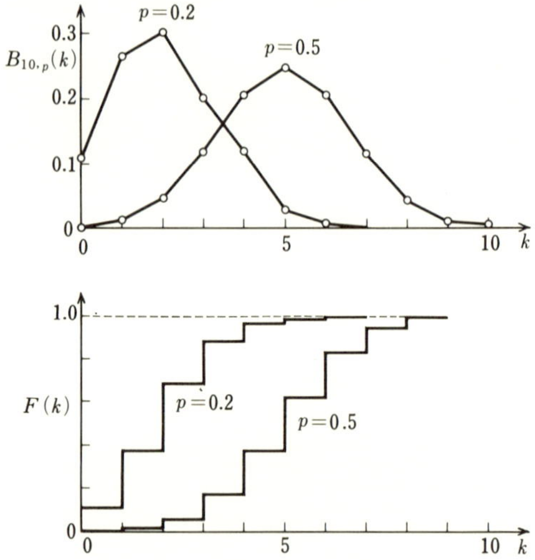

図 3.1　二項分布の確率密度と分布関数（$n=10$の場合）

で与えられる。ここで，$_nC_k=\dfrac{n!}{k!(n-k)!}$ である。

式(3.2)で $r=n$ の場合を考えよう。

$$P_n=\sum_{k=0}^{n} {_nC_k}p^kq^{n-k}=(p+q)^n=1 \tag{3.3}$$

となり，式(3.1)，$B_{n,p}(k)$ が確率密度関数であることがわかる。

［**例題 3.1**］　二項分布 $B_{n,p}(k)$ の平均と分散はそれぞれ np, npq となることを示せ。

平均値は

$$\boldsymbol{E}[k]=\sum_{k=0}^{n} kB_{n,p}(k)=\sum_{k=0}^{n} k{_nC_k}p^kq^{n-k}$$

ところで，式(3.3)を p について偏微分し再び p を掛けると

$$\sum_{k=0}^{n} k{_nC_k}p^{k-1}q^{n-k}p=n(p+q)^{n-1}p \tag{3.4}$$

したがって，

$$\boldsymbol{E}[k]=n(p+q)^{n-1}p=np$$

次に，二乗平均は

$$\boldsymbol{E}[k^2]=\sum_{k=0}^{n} k^2{_nC_k}p^kq^{n-k}$$

式(3.4)を p について偏微分し両辺に p を掛けると

$$\begin{aligned}\sum_{k=0}^{n} k^2{_nC_k}p^kq^{n-k}&=n(n-1)(p+q)^{n-2}p^2+n(p+q)^{n-1}p\\&=n(n-1)p^2+np\end{aligned}$$

したがって，分散は

$$\boldsymbol{V}[k]=\boldsymbol{E}[k^2]-\{\boldsymbol{E}[k]\}^2=n(n-1)p^2+np-(np)^2$$
$$=np(1-p)$$
$$=npq$$

［**例題 3.2**］　電子素子 LSI (large-scale integration) の製造過程における不良率が 1.0% である。この LSI を 100 個つめた箱の中に不良品が 3 個以上ある確率はいくらか。

$$P=1.0-\sum_{k=0}^{2} B_{100,0.01}(k)$$
$$=1.0-\{(0.99)^{100}+{}_{100}\mathrm{C}_1\cdot(0.99)^{99}\cdot 0.01+{}_{100}\mathrm{C}_2\cdot(0.99)^{98}\cdot(0.01)^2\}$$
$$=0.0794$$

3.2　大数の法則

二項分布で変数 k を $t=\dfrac{k}{n}\ (0\leq t\leq 1)$ と変数変換した後の分布 $p_n(t)$ について考えよう。2.5.1 項を参照すれば

$$p_n(t)\Delta t=B_{n,p}(k)\Delta k \qquad \left(\Delta t=\frac{1}{n}\Delta k\right)$$

であり，

$$p_n(t)=B_{n,p}(k)\frac{\Delta k}{\Delta t}=nB_{n,p}(k) \tag{3.5}$$

ここで，$\boldsymbol{E}[k]=np$, $\boldsymbol{V}[k]=npq$ であるから，2.5 節の式(2.94)と(2.95)により $p_n(t)$ の平均，分散は

$$\left.\begin{aligned} \boldsymbol{E}[t]&=\frac{1}{n}\boldsymbol{E}[k]=p \\ \boldsymbol{V}[t]&=\frac{1}{n^2}\boldsymbol{V}[k]=\frac{pq}{n} \end{aligned}\right\} \tag{3.6}$$

となる。式(3.6)からは，大きな n で $p_n(t)$ が分散零で平均値 p に集中し

$$\lim_{n\to\infty} p_n(t)=\delta(t-p)$$

となることがわかる。これは n が大きくなるにつれて成功の平均回数がその確率 p に極めて近づくこと，すなわち，確率の直感的概念を表しており，ベルヌーイ試行に対する大数の弱法則という。

一般的に，n 個の独立な確率変数 $\boldsymbol{x}_1, \boldsymbol{x}_2, \cdots, \boldsymbol{x}_n$ があるとしよう。各々の確率変数 $\boldsymbol{x}_i$ は平均 m，分散 σ^2 の同一の分布に従うとする。このとき

$$\boldsymbol{y}_n=\frac{\boldsymbol{x}_1+\boldsymbol{x}_2+\cdots+\boldsymbol{x}_n}{n}$$

で定義された新しい確率変数 $\boldsymbol{y}_n$ は任意の $\varepsilon>0$ に対して

$$\lim_{n\to\infty} P\{|y_n - m| < \varepsilon\} = 1 \tag{3.7}$$

となる。これを**大数の弱法則**(the weak law of large number)という。この法則は確率変数 $\boldsymbol{y}_n$ の系列 $\{\boldsymbol{y}_n\}$ が一定値 m に**確率収束**(converge in probability)することを表している。

3.3 幾何分布

ベルヌーイ試行において，ある事象 A の起こる確率が p である場合 k 回目に初めてこの事象 A が起こる確率は $q^{k-1}p$ である。

$$G_p(k) = q^{k-1}p \qquad (q = 1-p,\ k = 1, 2, \cdots) \tag{3.8}$$

で表される分布を**幾何分布**(geometric distribution)という。幾何級数(等比級数)の各項から成るので幾何分布とよばれる。

ここで，式(3.8)のすべての k について和をとると

$$\sum_{k=1}^{\infty} G_p(k) = \sum_{k=1}^{\infty} q^{k-1}p = \frac{p}{1-q} = 1 \tag{3.9}$$

したがって，$G_p(k)$ は確率密度関数である。

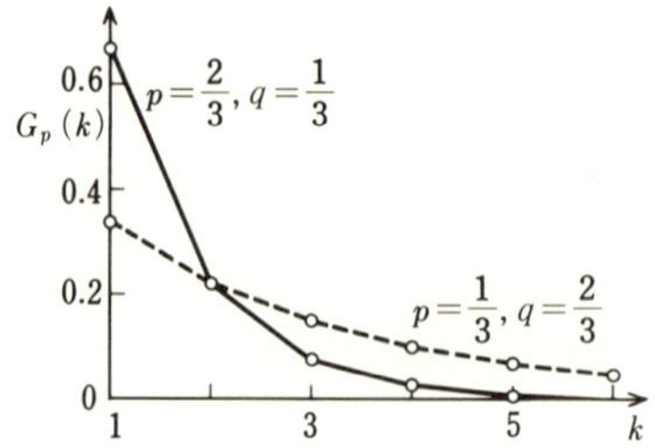

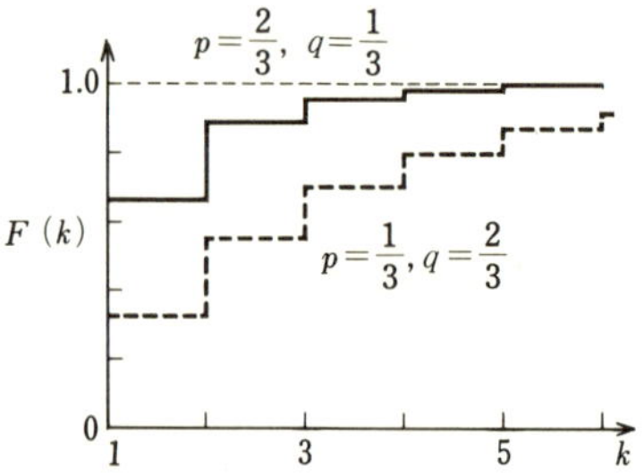

図 3.2 幾何分布の確率密度と分布関数

［例題 3.3］ 幾何分布の平均，分散はそれぞれ $\frac{1}{p}, \frac{q}{p^2}$ であることを示せ。

$$\boldsymbol{E}[k]=\sum_{k=1}^{\infty} kG_p(k)=\sum_{k=1}^{\infty} kq^{k-1}p$$

ここで，式(3.9)を q で偏微分した後の関係

$$\sum_{k=1}^{\infty}(k-1)q^{k-2}p=\frac{p}{(1-q)^2}$$

を用いると

$$\boldsymbol{E}[k]=\frac{p}{(1-q)^2}=\frac{1}{p}$$

次に，先の

$$\sum_{k=1}^{\infty} kq^{k-1}p=\frac{p}{(1-q)^2}$$

の両辺に q を掛けた後，再び q で偏微分すると

$$\sum_{k=1}^{\infty} k^2q^{k-1}p=\frac{2pq}{(1-q)^3}+\frac{p}{(1-q)^2}=\frac{(1+q)p}{(1-q)^3}$$

となるから

$$\boldsymbol{E}[k^2]=\frac{1+q}{p^2}$$

したがって，分散は

$$\begin{aligned}\boldsymbol{V}[k]&=\boldsymbol{E}[k^2]-\{\boldsymbol{E}[k]\}^2\\&=\frac{1+q}{p^2}-\frac{1}{p^2}\\&=\frac{q}{p^2}\end{aligned}$$

［例題 3.4］　n 個のかぎの束のうち1つだけがドアに合う。複元抜取りでかぎを試すとき，r 回目にドアが初めて開く確率はいくらか。

$p=\dfrac{1}{n}$, $q=\dfrac{n-1}{n}$ であるから

$$G_{\frac{1}{n}}(r)=\left(1-\frac{1}{n}\right)^{r-1}\frac{1}{n}$$

3.4　ポアソン分布

長さ n の電線に n 羽の鳥が止まる場合を考えよう。ただし，どこに止まるかは等確率で，単位長あたり平均1羽であるとする。

長さ λ の特定の線分上に k 羽止まる確率は，二項分布で $p=\dfrac{\lambda}{n}$ の場合であるから

$$B_{n,\frac{\lambda}{n}}(k)={}_n\mathrm{C}_k\left(\frac{\lambda}{n}\right)^k\left(1-\frac{\lambda}{n}\right)^{n-k} \tag{3.10}$$

で与えられる。いま，λ を一定に保って $n\to\infty$ の無限に長い電線に無限に多くの鳥が止まることを考えると，式(3.10)は

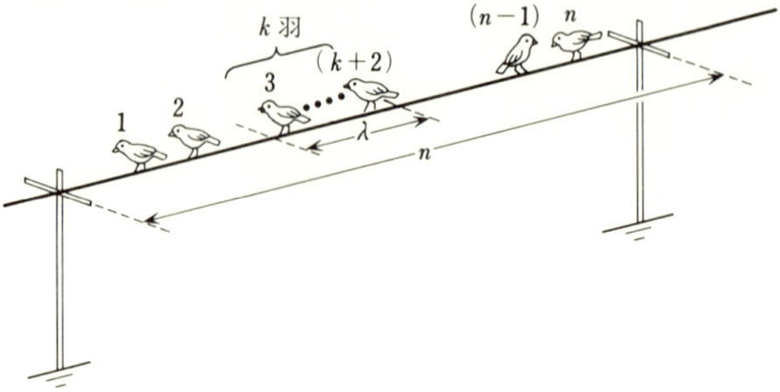

図 3.3 電線にたわむれる鳥とポアソン分布

$$
\begin{aligned}
\lim_{n\to\infty} B_{n,\frac{\lambda}{n}}(k) &= \lim_{n\to\infty} \frac{n!}{k!(n-k)!}\left(\frac{\lambda}{n}\right)^{k}\left(1-\frac{\lambda}{n}\right)^{n-k} \\
&= \lim_{n\to\infty}\left[\frac{\lambda^k}{k!}\left(\frac{n}{n}\frac{n-1}{n}\cdots\frac{n-k+1}{n}\right)\cdot\right. \\
&\qquad \left.\left(1-\frac{\lambda}{n}\right)^{-k}\left\{\left(1-\frac{\lambda}{n}\right)^{-\frac{n}{\lambda}}\right\}^{-\lambda}\right] \\
&= \frac{\lambda^k e^{-\lambda}}{k!}
\end{aligned}
\qquad (3.11)
$$

となる。ただし,

$$
\lim_{t\to\infty}\left(1+\frac{1}{t}\right)^{t} = e \qquad (3.12)
$$

の関係を用いた。式(3.11)で定義される分布はパラメータ λ を有する**ポアソン分布**(Poisson distribution)といい

$$
p_\lambda(k) = \frac{\lambda^k e^{-\lambda}}{k!} \qquad (k=0, 1, 2, \cdots) \qquad (3.13)
$$

と書く。また,

$$
\sum_{k=0}^{\infty} p_\lambda(k) = \sum_{k=0}^{\infty} \frac{\lambda^k e^{-\lambda}}{k!} = \left(\sum_{k=0}^{\infty}\frac{\lambda^k}{k!}\right)e^{-\lambda} = e^{\lambda}e^{-\lambda} = 1
$$

よって, $p_\lambda(k)$ は確率密度関数である。

この例でわかるように, ポアソン分布が適用されるのは次のような場合である。すなわち, ある特定の事象が起こる確率 p はきわめて小さいが, 試行回数 n が非常に多いためにその事象が何回かは起こるとき, その生起回数の分布として現れる。

ここでは, 空間分布の例としてポアソン分布を説明した。天空の星や材料中のボイド(空隙)の分布はこれに属する。ポアソン分布の真価は時間的に推移する過程(確率過程)の理論において発揮される。この例には放射性元素の崩壊,

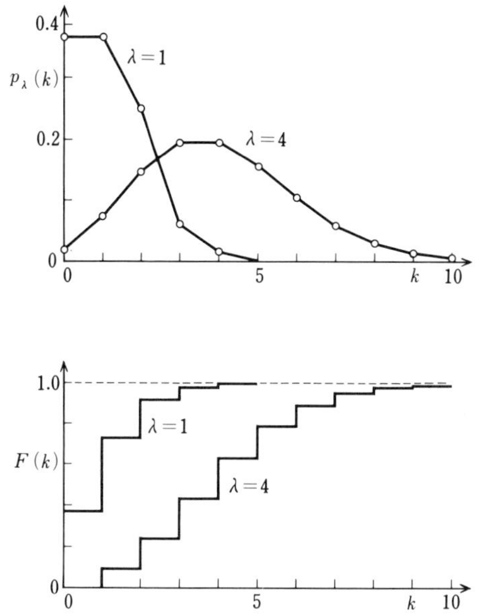

図 3.4　ポアソン分布の確率密度と分布関数

電話の呼び，ショット雑音などがあげられる(4.6 節参照)。

［例題 3.5］　ポアソン分布の平均，分散はともに λ であることを示せ。

指数関数のテイラー展開形

$$e^{\lambda}=\sum_{k=0}^{\infty}\frac{\lambda^k}{k!}$$

の両辺を λ で微分した後，再び λ を掛けると

$$\lambda e^{\lambda}=\sum_{k=0}^{\infty}k\frac{\lambda^k}{k!} \qquad (3.14)$$

式(3.14)を用いれば平均は

$$\boldsymbol{E}[k]=\sum_{k=0}^{\infty}kp_{\lambda}(k)=\sum_{k=0}^{\infty}k\frac{\lambda^k e^{-\lambda}}{k!}=\lambda e^{\lambda}e^{-\lambda}=\lambda$$

となる。

式(3.14)を再び λ について微分し，両辺に $\lambda e^{-\lambda}$ を掛けると

$$\lambda^2+\lambda=\sum_{k=0}^{\infty}k^2\frac{\lambda^k e^{-\lambda}}{k!}$$

上式は $\boldsymbol{E}[k^2]$ にほかならない。したがって，分散は

$$\begin{aligned}\boldsymbol{V}[k]&=\boldsymbol{E}[k^2]-\{\boldsymbol{E}[k]\}^2\\&=\lambda^2+\lambda-\lambda^2\\&=\lambda\end{aligned}$$

［例題 3.6］ ある観測において，1観測値に雑音が入る確率はいずれの時でも 0.002 である。5 000 回の観測を行うとき雑音が 2 回以上入る確率はいくらか。

$p=0.002,\ q=0.998$ で，$n=5\,000$ は十分大きな数であるからポアソン分布を用いて近似する。$\lambda=5\,000\times0.002=10$ より

$$P=\sum_{k=2}^{5\,000} p_{10}(k)=1-\sum_{k=0}^{1} p_{10}(k)$$
$$=1.0-e^{-10}-10e^{-10}\simeq0.99950$$

一方，正確な計算は二項分布を用いて

$$P=1-\sum_{k=0}^{1} B_{5000,\ 0.002}(k)$$
$$=1.0-0.998^{5000}-5\,000\times0.002\times0.998^{4999}$$
$$\simeq0.99950$$

両結果がよく一致していることに注意されたい。

［例題 3.7］ ゆらぎ n_0 個の気体分子が体積 V_0 の容器に入っている。(i) ある瞬間に $V\ll V_0$ の体積 V 中に n 個の分子が存在する確率を求めよ。ここで，$\boldsymbol{E}[n]=\langle n\rangle$ と書く。次に，(ii) n_0 が十分大きく $n_0\gg n$ の場合，および，(iii) n_0 と n がともに十分大きく $(n-\langle n\rangle)\ll\langle n\rangle$ の場合について，それぞれの確率密度を求めよ。

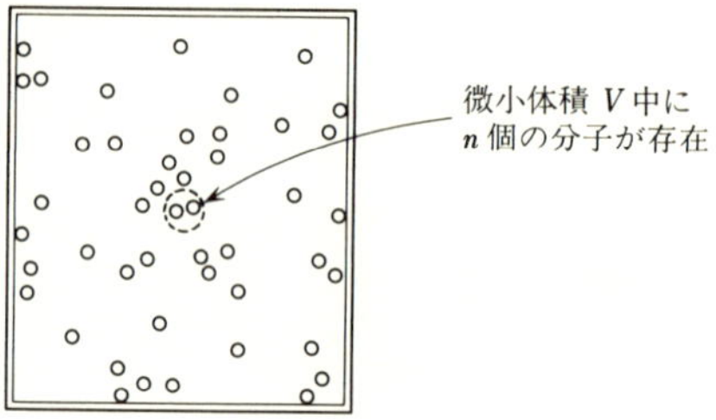

図 3.5 体積 V_0 の容器に入っている n_0 個の気体分子はゆらぎを生ずる

(i) 1個の分子が体積 V に入る確率は V/V_0 である。n 個の分子が体積 V に入り，残りの (n_0-n) 個が V_0 にある確率は二項分布に従うから

$$p_{(\mathrm{i})}(n)={}_{n_0}\mathrm{C}_n\left(\frac{V}{V_0}\right)^n\left(1-\frac{V}{V_0}\right)^{n_0-n}$$

(ii) 総数 n_0 が十分大きく $n\ll n_0$ の場合，n の平均値 $\langle n\rangle=n_0(V/V_0)$ が一定なら式(3.11)で述べたようにポアソン分布

$$p_{(\mathrm{ii})}(n)=\frac{(\langle n\rangle)^n e^{-\langle n\rangle}}{n!}$$

となる。

(iii) $p_{(\mathrm{ii})}(n)$ の対数をとり，n が十分大きいからスターリングの公式

$$\ln n! \simeq n \ln n - n$$

を用いて展開すると

$$\begin{aligned}\ln p_{(\mathrm{ii})}(n) &= n \ln\langle n\rangle - \langle n\rangle - \ln n! \\ &= n \ln \frac{\langle n\rangle}{n} + (n - \langle n\rangle) = -n \ln\left(1 + \frac{n - \langle n\rangle}{\langle n\rangle}\right) + (n - \langle n\rangle) \\ &\simeq -\{\langle n\rangle + (n - \langle n\rangle)\}\left\{\frac{n - \langle n\rangle}{\langle n\rangle} - \frac{1}{2}\left(\frac{n - \langle n\rangle}{\langle n\rangle}\right)^2 + \cdots\right\} + (n - \langle n\rangle) \\ &\simeq -\frac{(n - \langle n\rangle)^2}{2\langle n\rangle} + O\left\{\left(\frac{n - \langle n\rangle}{\langle n\rangle}\right)^2\right\}\end{aligned}$$

よって，n は 3.6 節で述べる正規分布

$$p_{(\mathrm{iii})}(n) = C \exp\left\{-\frac{(n - \langle n\rangle)^2}{2\langle n\rangle}\right\}$$

に従うことになる。

以上，容器内の気体分子数の空間分布を 3 つの場合について調べた。その結果，系が平衡状態からはっきり区別できるほどの非平衡状態に自然に遷移する各々の場合の確率，$p_{(\mathrm{i})}$, $p_{(\mathrm{ii})}$, $p_{(\mathrm{iii})}$ はきわめて小さいが完全に零ではないことがわかる。統計力学では系の平均値からのずれの尺度を与える量として**ゆらぎ**(fluctuation) δ

$$\delta = \frac{\{\boldsymbol{V}[n]\}^{1/2}}{\boldsymbol{E}[n]} \tag{3.15}$$

を用いる。例えば，n がポアソン分布に従う(ii)の場合，そのゆらぎは

$$\delta_{(\mathrm{ii})} = \frac{\sqrt{\langle n\rangle}}{\langle n\rangle} = \frac{1}{\sqrt{\langle n\rangle}}$$

となる。ここで，$\langle n\rangle$ は $n_0 \gg \langle n\rangle$ の条件を満たした小さな数であり，ゆらぎは $1 > \delta_{(\mathrm{ii})} \gg 0$ の大きな量となる。一方，(iii)の場合は(ii)と同様 $\delta_{(\mathrm{iii})} = \langle n\rangle^{-1/2}$ となるが $\langle n\rangle \gg 1$ のためにそのゆらぎは小さい。

3.5 指数分布

確率密度関数が任意の正の定数 λ を用いて

$$p(x) = \begin{cases} \lambda e^{-\lambda x} & (x \geq 0) \\ 0 & (x < 0) \end{cases} \tag{3.16}$$

で表される場合，母数 λ の**指数分布**(exponential distribution)に従うという。分布関数は

$$F(x) = \begin{cases} 1 - e^{-\lambda x} & (x \geq 0) \\ 0 & (x < 0) \end{cases} \tag{3.17}$$

となる。また，指数分布の平均，分散は

$$\boldsymbol{E}[x] = \frac{1}{\lambda}, \qquad \boldsymbol{V}[x] = \frac{1}{\lambda^2}$$

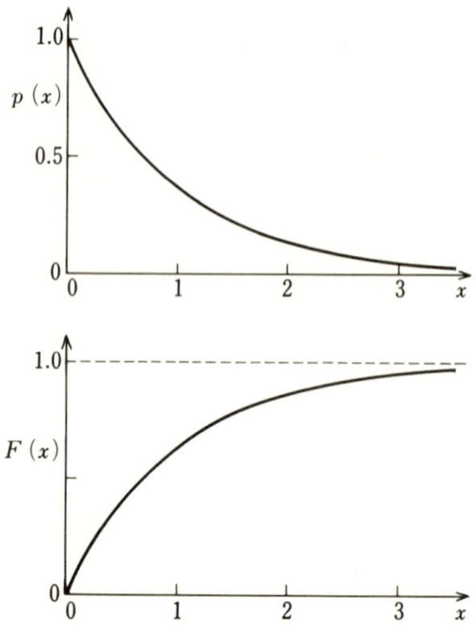

図 3.6 指数分布の確率密度と分布関数 ($\lambda=1$ の場合)

で与えられる。

［例題 3.8］ 気体分子の自由行程の分布 ランダム運動をしている気体分子の運動において，相次ぐ衝突間の距離が x 以上となる確率は式(3.16)の確率密度をもつことを示せ。

衝突が距離 $(0, x)$ 内で生ずる確率を $G(x)$ としよう。すると，$(x, x+\mathrm{d}x)$ 内で起こる衝突数は $\{1-G(x)\}$ と $\mathrm{d}x$ に比例するから比例定数を $a>0$ として

$$G(x+\mathrm{d}x)-G(x)=a\{1-G(x)\}\mathrm{d}x$$

と書ける。よって，

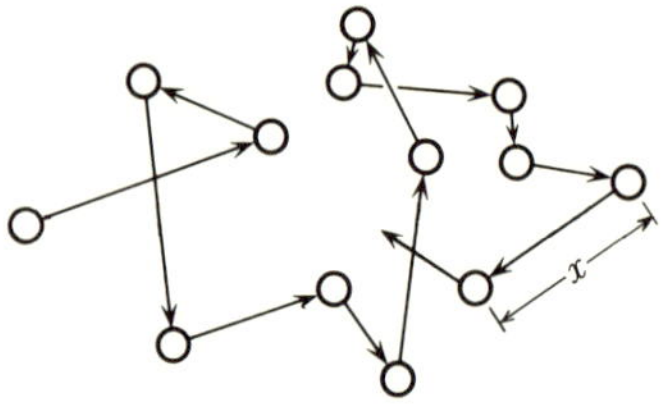

図 3.7 ある気体分子のランダム(熱)運動の軌跡例(○印は衝突点を表す。相次ぐ衝突間の距離は密度(3.16)をもつ)

$$\frac{-1}{1-G(x)} \cdot \frac{G(x+\mathrm{d}x)-G(x)}{\mathrm{d}x} = -a$$

したがって，

$$\frac{-1}{1-G(x)} \frac{\mathrm{d}G(x)}{\mathrm{d}x} = -a$$

両辺積分して，

$$\ln\{1-G(x)\} = -ax$$

あるいは，

$$G(x) = 1-e^{-ax}$$

結局，確率密度は

$$p(x) = \frac{\mathrm{d}}{\mathrm{d}x} G(x) = ae^{-ax}$$

となり，指数分布の密度をもつことがわかる。

［例題 3.9］ 平均寿命と故障率 総数 n 個のトランジスタについて寿命試験を行う。いま，試験開始後 t 時間のうちに寿命がきた個数(**累積故障数**) $n_f(t)$ と総数 n との比の平均値

$$F(t) = \boldsymbol{E}[n_f(t)/n] \tag{3.18}$$

を**故障率関数**(failure rate function)という。$F(t)$ は t と共に漸増し，$0 \leq F(t) \leq 1$ であるから分布関数と考え，形式的に，

$$f(t) = \mathrm{d}F(t)/\mathrm{d}t \tag{3.19}$$

で故障密度関数を定義すると，**平均寿命**(mean lifetime)は

$$\tau = \int_0^\infty tf(t)\mathrm{d}t \tag{3.20}$$

となる。また，しばしば(**瞬時**)**故障率**(failure rate)として

$$\lambda(t) = \frac{f(t)}{1-F(t)} \tag{3.21}$$

が使用される。$\lambda \mathrm{d}t$ は $(t, t+\mathrm{d}t)$ 間に故障する平均個数とその時点で残存している個数の平均との比を表す。

また，寿命の密度分布関数 $f(t)$ が指数分布である場合，故障率は時間に依存せず

$$\lambda(t) = \frac{\lambda e^{-\lambda t}}{1-(1-e^{-\lambda t})} = \lambda \ (\text{一定値})$$

となる。

3.6 正規分布

二項分布 $B_{n,p}(k)$ で確率変数 k をこの分布の平均 np と分散の平方根 $\sqrt{npq}$ を用いて

$$t = \frac{k-np}{\sqrt{npq}} \tag{3.22}$$

と標準化し，$n \to \infty$ とした場合の t の分布 $p_n(t)$ について考えよう。

$p_n(t)$ と $B_{n,p}(k)$ の間には

$$p_n(t)\Delta t = B_{n,p}(k)\Delta k$$

の関係があり，Δt は式(3.22)より $\Delta t = \Delta k/\sqrt{npq}$ となるから，$p_n(t)$ は

$$\begin{aligned} p_n(t) &= B_{n,p}(k)\frac{\Delta k}{\Delta t} \\ &= \frac{n!}{k!(n-k)!}p^k q^{n-k} n^{1/2} p^{1/2} q^{1/2} \end{aligned}$$

ここで，スターリングの公式(Stirling's formula)によれば十分大きな n における $n!$ の漸近形は

$$n! \simeq \sqrt{2\pi n}\, n^n e^{-n} \tag{3.23}$$

と書けるから

$$\begin{aligned} p_n(t) &\simeq \frac{\sqrt{2\pi}\, n^{n+\frac{1}{2}} e^{-n} n^{\frac{1}{2}} p^{k+\frac{1}{2}} q^{n-k+\frac{1}{2}}}{\sqrt{2\pi}\, k^{k+\frac{1}{2}} e^{-k} \sqrt{2\pi}(n-k)^{n-k+\frac{1}{2}} e^{-n+k}} \\ &= \frac{1}{\sqrt{2\pi}}\left(\frac{np}{k}\right)^{k+\frac{1}{2}}\left(\frac{nq}{n-k}\right)^{n-k+\frac{1}{2}} \end{aligned}$$

さらに，式(3.22)から

$$\frac{k}{np} = 1 + \left(\frac{q}{np}\right)^{1/2} t$$

$$\frac{n-k}{nq} = 1 - \left(\frac{p}{nq}\right)^{1/2} t$$

であり，

$$p_n(t) = \frac{1}{\sqrt{2\pi}}\left(1+\sqrt{\frac{q}{np}}t\right)^{-np-\sqrt{npq}t-\frac{1}{2}}\left(1-\sqrt{\frac{p}{nq}}t\right)^{-nq+\sqrt{npq}t-\frac{1}{2}}$$

を得る。次に，$n \to \infty$ における $p_n(t)$ の漸近形を求めるために，上式の両辺の対数をとってみよう。

$$\begin{aligned} \ln p_n(t) = \ln\frac{1}{\sqrt{2\pi}} &- \left(np + \sqrt{npq}\,t + \frac{1}{2}\right)\ln\left(1+\sqrt{\frac{q}{np}}t\right) \\ &- \left(nq - \sqrt{npq}\,t + \frac{1}{2}\right)\ln\left(1-\sqrt{\frac{p}{nq}}t\right) \end{aligned}$$

ここで，右辺第2，3項の対数項は $n \to \infty$ で次のようにテイラー展開できる。

$$\left.\begin{aligned} \ln\left(1+\sqrt{\frac{q}{np}}t\right) &\simeq \sqrt{\frac{q}{np}}t - \frac{1}{2}\frac{q}{np}t^2 + O(n^{-3/2}) \\ \ln\left(1-\sqrt{\frac{p}{nq}}t\right) &\simeq -\sqrt{\frac{p}{nq}}t - \frac{1}{2}\frac{p}{nq}t^2 + O(n^{-3/2}) \end{aligned}\right\}$$

したがって，$n\to\infty$ における $\ln p_n(t)$ の漸近形は

$$\lim_{n\to\infty}\ln p_n(t)=\ln\frac{1}{\sqrt{2\pi}}-\left(np+\sqrt{npq}\,t+\frac{1}{2}\right)\left(\sqrt{\frac{q}{np}}t-\frac{1}{2}\frac{q}{np}t^2+O(n^{-3/2})\right)$$
$$-\left(nq-\sqrt{npq}\,t+\frac{1}{2}\right)\left(-\sqrt{\frac{p}{nq}}t-\frac{1}{2}\frac{p}{nq}t^2+O(n^{-3/2})\right)$$
$$=\ln\frac{1}{\sqrt{2\pi}}-\frac{1}{2}t^2+O(n^{-1/2})$$

以上は，煩雑な展開手続きを踏んだ結果であるが，$p_n(t)$ の漸近形は $O(n^{-1/2})$ 以下の項を無視して，

$$\lim_{n\to\infty}p_n(t)=\frac{1}{\sqrt{2\pi}}e^{-\frac{1}{2}t^2} \tag{3.24}$$

と与えられる。式(3.24)で表される確率密度関数を**標準正規分布**とよび $N(0, 1)$ と書く場合がある。

$$p(t)=\frac{1}{\sqrt{2\pi}}e^{-\frac{1}{2}t^2}=N(0,1) \tag{3.25}$$

要約すると，“確率変数 k が二項分布に従うとき，$(k-np)/\sqrt{npq}$ の標準化を行った確率変数の分布は $n\to\infty$ に従って標準正規分布 $N(0,1)$ に近づく”ことになる。この極限定理は，**ド・モアブル＝ラプラスの定理**(de Moivre-Laplace's theorem)として知られている。

一般的に，確率密度関数が

$$p(x)=\frac{1}{\sqrt{2\pi\sigma^2}}e^{-\frac{(x-m)^2}{2\sigma^2}} \tag{3.26}$$

をもつとき，平均 m，分散 σ^2 の**正規分布**(normal distribution)をなすという。

m と σ^2 は分布を決めるパラメータであり母数ともいう。パラメータ m は $p(x)$ の形には影響を与えず $p(x)$ を x 軸に沿って移動させる働きがあり，σ^2 は曲線の広がりを変える働きをもつ。正規分布は**ガウス分布**(Gaussian distribution)ともよばれ，その確率密度(3.26)は $N(m, \sigma^2)$ とも書かれる。

分布のパラメータ m と σ^2 がどのような値をとろうとも $|x-m|\leq 3\sigma$ を満たす確率は，

$$\int_{m-3\sigma}^{m+3\sigma}p(x)\mathrm{d}x=0.9973 \tag{3.27}$$

となる。この関係を「**3σの法則**」といい，正規分布に属する母集団(population)から標本を抽出する場合，その集団の期待値 m から 3σ 以上異なる値をサンプルする可能性は事実上ほとんどなく，0.3% 以下となることを表してい

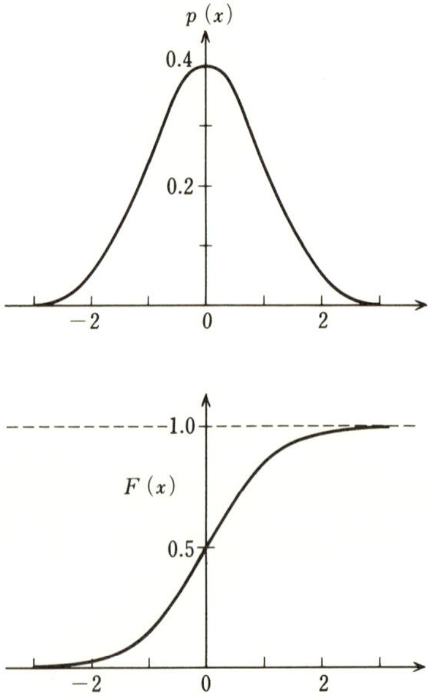

図 3.8 標準正規分布の確率密度と分布関数

る。

多次元分布の例として2次元確率変数$(\boldsymbol{x}, \boldsymbol{y})$が2次元正規分布をもつ場合について考えよう。2次元正規分布の確率密度関数$p(x, y)$は

$$p(x, y)=\frac{1}{2\pi\sigma_1\sigma_2\sqrt{1-r^2}}e^{-\frac{1}{2(1-r^2)}\left[\frac{(x-m_1)^2}{\sigma_1{}^2}-2r\frac{(x-m_1)(y-m_2)}{\sigma_1\sigma_2}+\frac{(y-m_2)^2}{\sigma_2{}^2}\right]} \quad (3.28)$$

で与えられる。ここで，パラメータ$m_1, m_2, \sigma_1, \sigma_2$および$r$は定数であり，$r$は$-1<r<1$を満たす。2次元分布と1次元分布の関係を理解するために$p(x, y)$をyについて$-\infty<y<\infty$で積分しよう。

$$\begin{aligned} p(x)&=\int_{-\infty}^{\infty}p(x, y)\mathrm{d}y \\ &=\frac{1}{2\pi\sigma_1\sigma_2\sqrt{1-r^2}}e^{-\frac{(x-m_1)^2}{2\sigma_1{}^2}}\int_{-\infty}^{\infty}e^{-\frac{1}{2(1-r^2)}\left[\frac{(y-m_2)}{\sigma_2}-\frac{r(x-m_1)}{\sigma_1}\right]^2}\mathrm{d}y \\ &=\frac{1}{\sqrt{2\pi\sigma_1{}^2}}e^{-\frac{(x-m_1)^2}{2\sigma_1{}^2}}=N(m_1, \sigma_1{}^2) \end{aligned}$$

ここで，上式に現れる定積分項については例題3.10を参照のこと。式(3.28)において変数xとyは対称であり，同様にして，

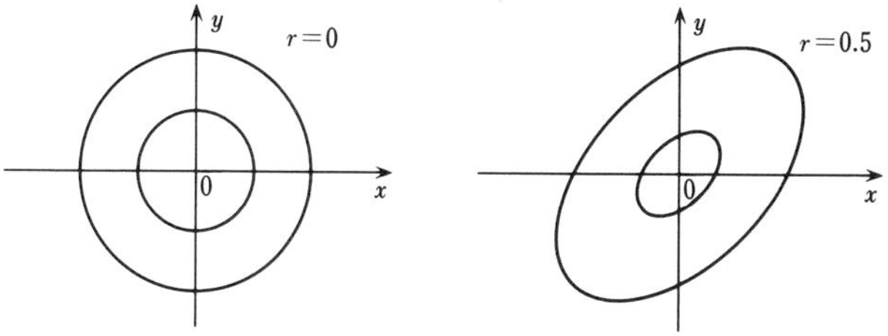

図 3.9 2次元正規分布の等確率線($m_1=m_2=0,\ \sigma_1{}^2=\sigma_2{}^2=1$ の場合)

$$p(y)=\int_{-\infty}^{\infty}p(x,y)\mathrm{d}x=N(m_2,\sigma_2{}^2)$$

を得る。したがって，$p(x)$ と $p(y)$ はともに1次元正規分布の確率密度を表し，パラメータ m_1, m_2 と $\sigma_1{}^2, \sigma_2{}^2$ はそれぞれ両密度の平均と分散であることがわかる。

観測誤差の分布や熱雑音など確率変数が正規分布に従う場合は多い。このように物理的ならびに工学的諸問題において正規分布がよく出現する理由は3.11節に述べる中心極限定理の項で理解されよう。

[例題 3.10] 式(3.26)は確率密度関数となっていることを示せ。

式(3.26)の $-\infty<x<\infty$ にわたる積分値が1となることを証明すればよい。

$t=(x-m)/\sqrt{2\sigma^2}$ と変数変換すると

$$I=\int_{-\infty}^{\infty}\frac{1}{\sqrt{2\pi\sigma^2}}\exp\left\{-\frac{(x-m)^2}{2\sigma^2}\right\}\mathrm{d}x$$
$$=2\int_0^{\infty}\frac{1}{\sqrt{2\pi\sigma^2}}\exp(-t^2)\sqrt{2\sigma^2}\mathrm{d}t=\frac{2}{\sqrt{\pi}}\int_0^{\infty}\exp(-t^2)\mathrm{d}t$$

ここで，次の二重積分を考える。

$$I^2=\left(\frac{2}{\sqrt{\pi}}\right)^2\int_0^{\infty}e^{-t^2}\mathrm{d}t\int_0^{\infty}e^{-s^2}\mathrm{d}s$$

直交座標(s,t)から極座標(r,θ)に座標変換すると，$\mathrm{d}s\mathrm{d}t=r\mathrm{d}r\mathrm{d}\theta$ で

$$s=r\cos\theta,\qquad t=r\sin\theta$$

より，

$$I^2=\frac{4}{\pi}\int_0^{\infty}\int_0^{\infty}e^{-(t^2+s^2)}\mathrm{d}t\mathrm{d}s$$
$$=\frac{4}{\pi}\int_0^{\pi/2}\int_0^{\infty}re^{-r^2}\mathrm{d}r\mathrm{d}\theta$$
$$=\frac{4}{\pi}\int_0^{\pi/2}\left[-\frac{1}{2}e^{-r^2}\right]_0^{\infty}\mathrm{d}\theta=\frac{4}{\pi}\int_0^{\pi/2}\frac{1}{2}\mathrm{d}\theta$$
$$=1$$

I は実数であり $I=1$, すなわち, $p(x)$ は $\int_{-\infty}^{\infty} p(x)\mathrm{d}x=1$ を満たし, 確率密度である。

［例題 3.11］ マクスウェルの速度分布則　絶対温度 T で熱平衡状態にある質量 m の気体分子の速度分布は平均 0, 分散 kT/m の正規分布 $N(0, kT/m)$ に従い, 1次元では分子速度を v_x とするとその密度は

$$g(v_x)=\left(\frac{m}{2\pi kT}\right)^{1/2} e^{-\frac{m v_x^2}{2kT}} \qquad (3.29)$$

となる。ただし k はボルツマン定数である。この速度分布則は**マクスウェル分布**(Maxwellian distribution)とよばれている。

ここで, 3次元のマクスウェル分布 $g(v_x, v_y, v_z)$ をまず求めよ。続いて, この3次元の分布を用いて速さのゆらぎを求めよ。

熱平衡状態における各分子は完全な無秩序運動を行っており, 各方向の速度成分, v_x, v_y, v_z は互いに独立となる。したがって, 3次元密度関数 $g(v_x, v_y, v_z)$ は

$$\begin{aligned} g(v_x, v_y, v_z) &= g(v_x)g(v_y)g(v_z) \\ &= \left(\frac{m}{2\pi kT}\right)^{3/2} \exp\left(-\frac{mv^2}{2kT}\right) \end{aligned}$$

となる。ここで, $v^2=v_x^2+v_y^2+v_z^2$ である。この例から先の2次元正規分布の確率密度, 式(3.28)におけるパラメータ r は確率変数 $\boldsymbol{x}$ と $\boldsymbol{y}$ が独立なら0に等しいことがわかる。

次に, 3次元速さ分布の平均と二乗平均は

$$\boldsymbol{E}[v]=\int v g(v_x, v_y, v_z) 4\pi v^2 \mathrm{d}v=\left(\frac{8}{\pi}\frac{kT}{m}\right)^{1/2}$$

$$\boldsymbol{E}[v^2]=\int v^2 g(v_x, v_y, v_z) 4\pi v^2 \mathrm{d}v=\frac{3kT}{m}$$

したがって, 分子の速さのゆらぎ δ_v は

$$\delta_v=\frac{\{\boldsymbol{E}[v^2]-(\boldsymbol{E}[v])^2\}^{1/2}}{\boldsymbol{E}[v]}=\frac{\left(\dfrac{3kT}{m}-\dfrac{8kT}{\pi m}\right)^{1/2}}{\left(\dfrac{8kT}{\pi m}\right)^{1/2}}\simeq 0.422$$

熱運動に基づくゆらぎの別の例として**熱雑音**(thermal noise)がある。図3.10のような抵抗体の内部では十分に多くの伝導電子が熱運動をしているためにそのゆらぎとして抵抗体の両端に不規則な電位差が生ずる。これを熱雑音とかジョンソン雑音(Johnson noise)という。この雑音電圧 $V(t)$ は時間 t に対して, $V(t)=N(0, \sigma^2)$ の正規分布をすることが知られている。熱雑音は熱運動に基づくからこれを低減させる方法は抵抗体の温度を下げる以外にないことになる。

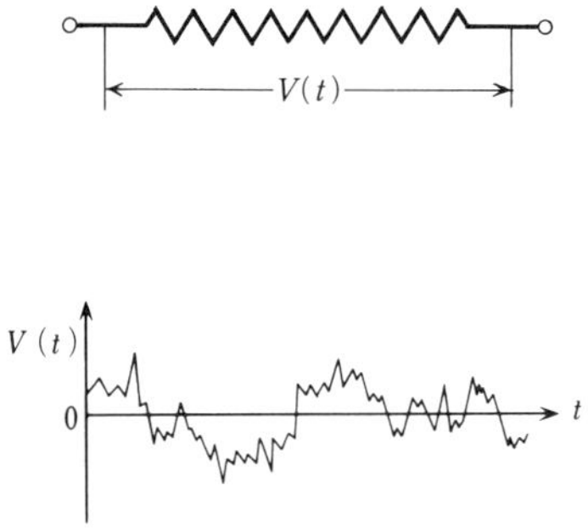

図 3.10 抵抗体の両端に生ずる熱雑音電圧

3.7 一様分布

3.7.1 1次元一様分布

確率変数 $\boldsymbol{x}$ が $[a, b]$ 上に**一様分布**(uniform distribution)する場合の確率密度関数は

$$p(x)=\begin{cases} \dfrac{1}{b-a} & (a \leq x \leq b) \\ 0 & (x<a,\ b<x) \end{cases} \tag{3.30}$$

で，平均，分散は

$$\boldsymbol{E}[\boldsymbol{x}]=\frac{a+b}{2}, \qquad \boldsymbol{V}[\boldsymbol{x}]=\frac{(a-b)^2}{12}$$

また，確率分布関数 $F(x)$ は

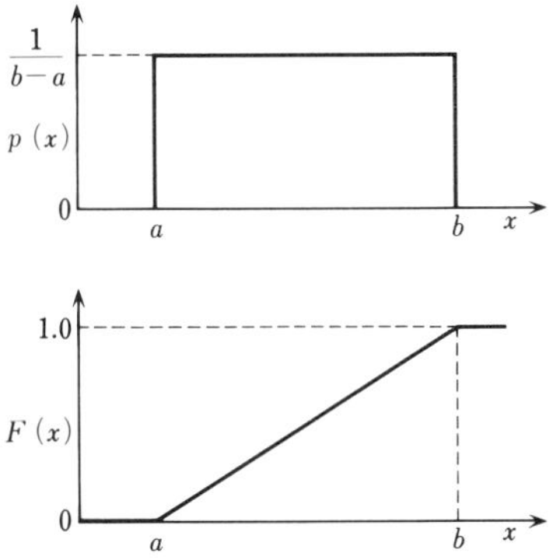

図 3.11 1次元一様分布の密度と分布関数

$$F(x)=\begin{cases} 0 & (x<a) \\ \dfrac{x-a}{b-a} & (a\leq x\leq b) \\ 1 & (b<x) \end{cases} \tag{3.31}$$

3.7.2 球面上の一様分布

球座標 (r, θ, φ) を用い $r=1$ の単位球面上に一様分布する点の確率密度関数 $p(\theta, \varphi)$ を求めよう。球面上の $(1, \theta, \varphi)$ における微小表面積 $\mathrm{d}S$ はその微小立体角 $\mathrm{d}\Omega$ に等しく

$$\mathrm{d}S=\sin\theta\,\mathrm{d}\theta\mathrm{d}\varphi \qquad (0\leq\theta\leq\pi,\ 0\leq\varphi\leq 2\pi) \tag{3.32}$$

座標 θ と φ は独立であるから，それぞれの確率密度関数を $p_\theta(\theta)$, $p_\varphi(\varphi)$ と表すと

$$p(\theta, \varphi)\mathrm{d}\theta\mathrm{d}\varphi=p_\theta(\theta)\mathrm{d}\theta\ p_\varphi(\varphi)\mathrm{d}\varphi \tag{3.33}$$

と書ける。ただし，$p_\theta(\theta)$, $p_\varphi(\varphi)$ は

$$\int_0^\pi p_\theta(\theta)\mathrm{d}\theta=1, \qquad \int_0^{2\pi} p_\varphi(\varphi)\mathrm{d}\varphi=1 \tag{3.34}$$

を満たす。式(3.32)と式(3.33)から

$$p_\theta(\theta)\mathrm{d}\theta=\frac{\displaystyle\int_{0\,\varphi}^{2\pi}\mathrm{d}S}{\displaystyle\int_0^\pi\int_0^{2\pi}\mathrm{d}S}=\frac{2\pi\sin\theta\,\mathrm{d}\theta}{4\pi}=\frac{1}{2}\sin\theta\,\mathrm{d}\theta$$

同様にして

$$p_\varphi(\varphi)\mathrm{d}\varphi=\frac{\displaystyle\int_{0\,\theta}^{\pi}\mathrm{d}S}{\displaystyle\int_0^\pi\int_0^{2\pi}\mathrm{d}S}=\frac{2\mathrm{d}\varphi}{4\pi}=\frac{1}{2\pi}\mathrm{d}\varphi$$

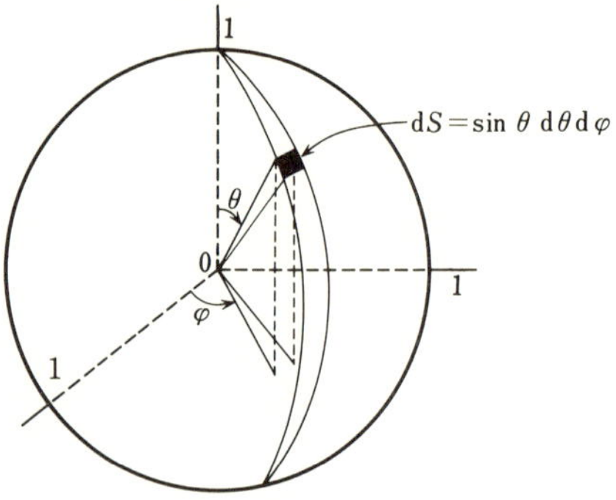

図 3.12 単位球上の微小面積 $\mathrm{d}S$

したがって，球面上に一様分布する確率密度関数は

$$p(\theta,\varphi)=p_\theta(\theta)p_\varphi(\varphi)$$

$$\begin{cases} p_\theta(\theta)=\dfrac{1}{2}\sin\theta & (0\leq\theta\leq\pi) \\ p_\varphi(\varphi)=\dfrac{1}{2\pi} & (0\leq\varphi\leq 2\pi) \end{cases} \tag{3.35}$$

で与えられる。

［例題 **3.12**］ **任意分布をもつ一様乱数の発生法**　普通，コンピュータは[0, 1]間に一様分布する乱数列(random number sequence) $\{\gamma\}$ を発生する機能をもっている。この**一様乱数列** $\{\gamma\}$ を用いて単位球面上に一様分布する乱数列を作れ。

一般的に確率密度関数を $p(x)$, $a\leq x\leq b$ とすると分布関数 $F(x)$ は定義より

$$F(x)=\int_a^x p(x)\mathrm{d}x$$

で，$F(x)$ は明らかに $F(a)=0$, $F(b)=1$ と 0 から 1 まで単調増加する。この性質を利用して，［0, 1］間の一様乱数を γ とすれば

$$\int_a^x p(x)\mathrm{d}x=\gamma \tag{3.36}$$

を満たす x は常に唯一存在する。この $x=F^{-1}(\gamma)$ を求めれば確率密度 $p(x)$ に従う乱数が求まる(この方法を逆関数法という)。

さて，球面上の一様分布の確率密度，式(3.35)を式(3.36)に代入して

$$\int_0^\theta \frac{1}{2}\sin\theta\,\mathrm{d}\theta=\gamma \quad\longrightarrow\quad \cos\theta=1-2\gamma$$

$$\int_0^\varphi \frac{1}{2\pi}\mathrm{d}\varphi=\gamma \quad\longrightarrow\quad \varphi=2\pi\gamma$$

を得る。結局，$\{\gamma\}$ を［0, 1］間の一様乱数列とすると

$$\{\theta,\varphi\}=\{\cos^{-1}(1-2\gamma),\,2\pi\gamma\} \tag{3.37}$$

は球面上に一様分布する乱数列となる。

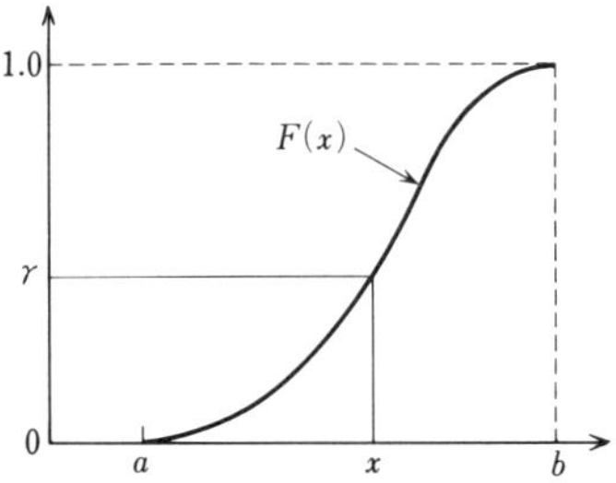

図 3.13　逆関数法による乱数 $x=F^{-1}(\gamma)$ の発生法

3.8　ガンマ分布

確率密度分布が

$$p(x)=\begin{cases}\dfrac{\lambda}{\Gamma(\alpha)}(\lambda x)^{\alpha-1}e^{-\lambda x} & (x\geq 0)\\ 0 & (x<0)\end{cases} \tag{3.38}$$

で与えられる分布を次数 α, 母数 λ の**ガンマ分布**(gamma distribution)という。$\alpha>0, \lambda>0$ で, α は形状パラメータ(shape parameter), λ は尺度パラメータ(scale parameter)ともよばれる。$\Gamma(\alpha)$ はガンマ関数で

$$\Gamma(\alpha)=\int_0^\infty e^{-x}x^{\alpha-1}\mathrm{d}x \qquad (\alpha>0) \tag{3.39}$$

で定義され,

$$\Gamma(\alpha+1)=\alpha\Gamma(\alpha) \tag{3.40}$$

$$\Gamma\left(\frac{1}{2}\right)=\sqrt{\pi}$$

の関係をもつ。

ガンマ分布の平均と分散はそれぞれ

$$\boldsymbol{E}[\boldsymbol{x}]=\alpha/\lambda, \qquad \boldsymbol{V}[\boldsymbol{x}]=\alpha/\lambda^2$$

となる。

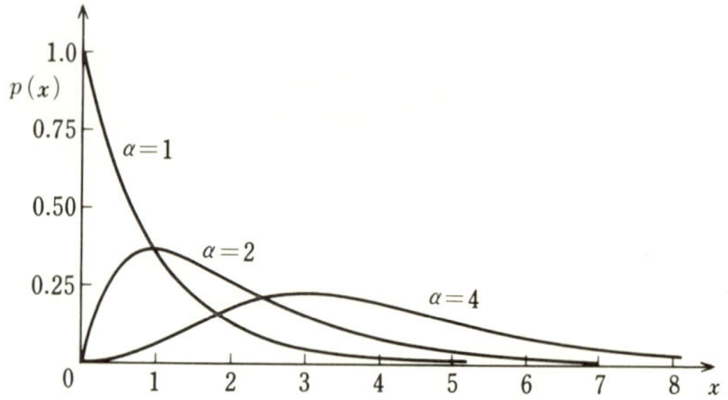

図 3.14　ガンマ分布の確率密度 ($\lambda=1$ の場合)

[**例題 3.13**]　ガンマ分布の形状パラメータ (α) と尺度パラメータ ($1/\lambda$) を適当な値に選ぶと, (i) 指数分布, (ii) 自由度 n の χ^2 分布, (iii) アーラン分布がそれぞれ出現する。すなわち,

(i)　式(3.38)で $\alpha=1$ とおくと指数分布の確率密度, 式(3.16)を得る。

(ii)　$\alpha=n/2, \lambda=1/2$ の場合は**自由度 n の χ^2 分布**(chi-square distribution)の確

率密度

$$p(x)=\begin{cases} \dfrac{1}{2^{n/2}\Gamma(n/2)}x^{\frac{n}{2}-1}e^{-\frac{x}{2}} & (x\geq 0) \\ 0 & (x<0) \end{cases} \tag{3.41}$$

となる(例題 2.17 参照)。

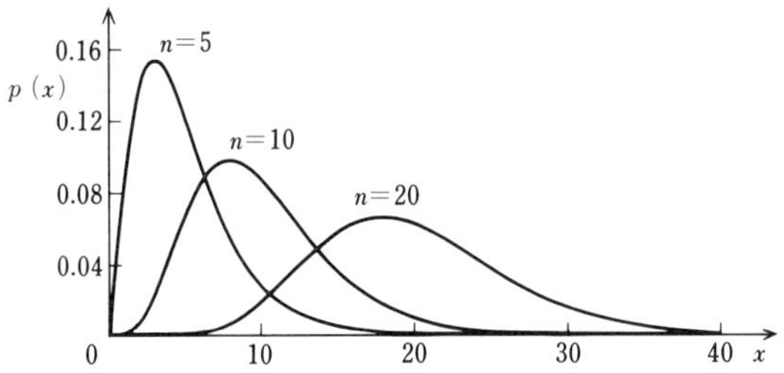

図 3.15　χ^2 分布の確率密度

(iii)　α と λ の間に $\lambda=\mu\alpha$ の関係があり，α が自然数であれば **アーラン分布** (Erlangian distribution)

$$p(x)=\begin{cases} \dfrac{(\mu\alpha)}{(\alpha-1)!}(\mu\alpha x)^{\alpha-1}e^{-\mu\alpha x} & (x>0) \\ 0 & (x<0) \end{cases} \tag{3.42}$$

が得られる。アーラン分布は 6.1 節の待ち行列過程で重要な働きをする。

3.9　ワイブル分布

電気電子材料，部品や機械の寿命を表す確率分布として，**ワイブル分布** (Weibull distribution)がある。この分布の確率密度は

$$p(x)=\begin{cases} \dfrac{\alpha x^{\alpha-1}}{\lambda}\exp\left(-\dfrac{x^{\alpha}}{\lambda}\right) & (x\geq 0) \\ 0 & (x<0) \end{cases} \tag{3.43}$$

で与えられる。$\alpha>0, \lambda>0$ で α, λ は，それぞれ，形状，尺度パラメータという。ワイブル分布の平均と分散は

$$\boldsymbol{E}[\boldsymbol{x}]=\lambda^{1/\alpha}\Gamma\left(1+\frac{1}{\alpha}\right)$$

$$\boldsymbol{V}[\boldsymbol{x}]=\lambda^{2/\alpha}\left[\Gamma\left(1+\frac{2}{\alpha}\right)-\left\{\Gamma\left(1+\frac{1}{\alpha}\right)\right\}^2\right]$$

となる。

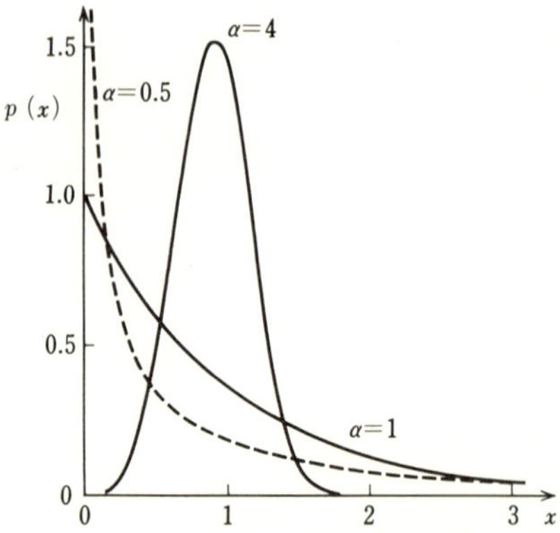

図 3.16　ワイブル分布の確率密度 ($\lambda=1$ の場合)

［**例題 3.14**］　寿命の密度関数がワイブル分布に従う場合，物理的に相異なった3種類の故障率が表現できることを示せ。

ワイブル分布の分布関数 $F(t)$ は

$$F(t)=\int_0^t p(x)\mathrm{d}x=1-\exp\left(-\frac{t^{\alpha}}{\lambda}\right)$$

であるから，故障率 $f(t)$ は式(3.21)より

$$\begin{aligned} f(t) &\equiv \frac{p(t)}{1-F(t)} \\ &= \frac{\alpha t^{\alpha-1}}{\lambda} \end{aligned} \tag{3.44}$$

したがって，寿命は α の大きさにより，(a) **初期故障形** ($\alpha<1$)，(b) **偶発故障形** ($\alpha=1$)，(c) **摩耗故障形** ($\alpha>1$) の3種類の物理的に異なった形に分類できる。

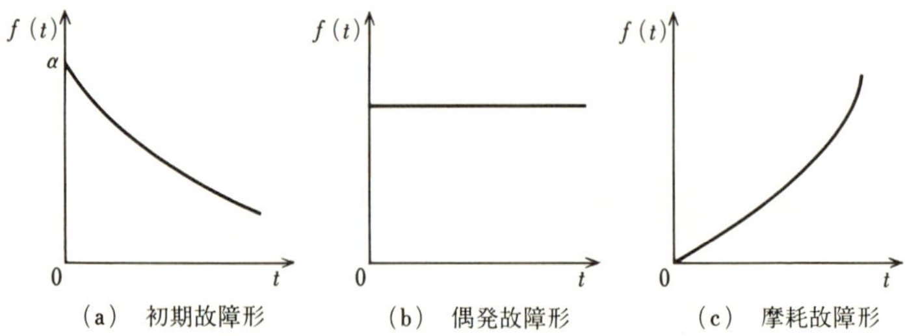

図 3.17　故障率の3つのタイプ

3.10 特性関数

第2章で学んだように独立な確率変数の和の確率分布則を求めるには，たたみ込み演算とよばれる煩雑な計算を必要とした。また，本章ではこれまで各確率分布に従う確率変数の平均や分散の計算に独特な方法が使われる場合があった。特性関数という概念を使うとこれらの計算を簡単な微分，積分の演算で置き換えることができる。

確率密度分布 $p(x)$ をもった確率変数 $\boldsymbol{x}$ の**特性関数**(characteristic function) $\varphi(t)$ とは確率変数 e^{itx} の期待値のことであり

$$\varphi(t)=\boldsymbol{E}[e^{itx}]=\int_{-\infty}^{\infty}e^{itx}p(x)\mathrm{d}x \tag{3.45}$$

で与えられる。ここで，$i=\sqrt{-1}$ で e^{itx} のパラメータ t は実数である。$\varphi(t)$ は関数 $p(x)$ のフーリエ変換(Fourier transform)ともよばれる。

もし確率密度関数が離散的確率変数 $\boldsymbol{x}_k$ の密度 p_k であれば特性関数は

$$\varphi(t)=\sum_k e^{itk}p_k \tag{3.46}$$

となる。すべての実数 t について $|e^{itx}|=1$ であるから，式(3.45)の積分は任意の確率密度関数に対して存在し，有限値をとる。以下，特性関数の重要な性質について述べよう。

〈性質 1〉 特性関数は $-\infty<t<\infty$ において一様連続で

$$\varphi(0)=1, \quad |\varphi(t)|\leq 1 \tag{3.47}$$

〈性質 2〉 a，b を定数として確率変数 $\boldsymbol{y}$ が $\boldsymbol{y}=a\boldsymbol{x}+b$ となる場合，$\boldsymbol{y}$ と $\boldsymbol{x}$ の特性関数 φ_y と φ_x の間には

$$\varphi_y(t)=\varphi_x(at)e^{ibt} \tag{3.48}$$

の関係がある。

式(3.48)は $\varphi_y(t)=\boldsymbol{E}[e^{it(ax+b)}]=e^{itb}\boldsymbol{E}[e^{itax}]=e^{itb}\varphi_x(at)$ から明らかである。

〈性質 3〉 2つの独立な確率変数 $\boldsymbol{x}$ と $\boldsymbol{y}$ の和の特性関数は各々の変数の特性関数の積

$$\varphi_{x+y}(t)=\varphi_x(t)\varphi_y(t) \tag{3.49}$$

に等しい。

証明は

$$\varphi_{x+y}(t)=\boldsymbol{E}[e^{it(x+y)}]=\boldsymbol{E}[e^{itx}]\boldsymbol{E}[e^{ity}]=\varphi_x(t)\varphi_y(t)$$

この関係は3個以上の確率変数の和の場合にも容易に拡張でき

る。

〈**性質 4**〉 確率変数 $\boldsymbol{x}$ が n 次の絶対モーメントをもつならば変数 $\boldsymbol{x}$ の特性関数は n 回微分可能で，$k \leq n$ のとき

$$\varphi^{(k)}(0)=i^k \boldsymbol{E}[\boldsymbol{x}^k] \tag{3.50}$$

式(3.50)を証明しよう。$\varphi(t)$ の定義式(3.45)を t で k 回微分し

$$\varphi^{(k)}(t)=i^k\int_{-\infty}^{\infty}x^k e^{itx}p(x)\mathrm{d}x$$

$t=0$ とおくと

$$\varphi^{(k)}(0)=i^k\int_{-\infty}^{\infty}x^k p(x)\mathrm{d}x=i^k\boldsymbol{E}[\boldsymbol{x}^k]$$

ここで，

$$|\varphi^{(k)}(0)|=\left|\int_{-\infty}^{\infty}x^k p(x)\mathrm{d}x\right| \leq \left|\int_{-\infty}^{\infty}|x|^k p(x)\mathrm{d}x\right|$$

で，仮定から上式右辺は有限確定であるから $\varphi^{(k)}(0)$ は有限値をもつ。

次に，特性関数の対数で定義される**キュムラント母関数**(cumulant generating function)

$$K(t)=\ln\varphi(t) \tag{3.51}$$

の性質を考えよう。キュムラント母関数の微分から

$$K'(t)=\frac{\varphi'(t)}{\varphi(t)}$$

$$K^{(2)}(t)=\frac{\varphi^{(2)}(t)\varphi(t)-\{\varphi'(t)\}^2}{\{\varphi(t)\}^2}$$

ここで，$t=0$ のときの $K'(0)$, $K^{(2)}(0)$ を求める。$\varphi(0)=1$ と式(3.50)より

$$\begin{aligned}K'(0)&=\varphi'(0)=i\boldsymbol{E}[\boldsymbol{x}]\\K^{(2)}(0)&=\varphi^{(2)}(0)-\{\varphi'(0)\}^2\\&=i^2\boldsymbol{E}[\boldsymbol{x}^2]-\{i\boldsymbol{E}[\boldsymbol{x}]\}^2\\&=i^2\boldsymbol{V}[\boldsymbol{x}]\end{aligned}$$

したがって，確率変数 $\boldsymbol{x}$ の平均，分散はキュムラント母関数の導関数から容易に求めることができ

$$\boldsymbol{E}[\boldsymbol{x}]=\frac{K'(0)}{i} \tag{3.52}$$

$$\boldsymbol{V}[\boldsymbol{x}]=-K^{(2)}(0) \tag{3.53}$$

を得る。

［**例題 3.15**］ ポアソン分布に従う確率変数 k の特性関数 $\varphi(t)$ を求めよ。また，$\varphi(t)$ から平均値と分散を求めよ。

ポアソン分布の密度は式(3.13)より

$$p_\lambda=\frac{\lambda^k e^{-\lambda}}{k!} \qquad (k=0,1,2,\cdots)$$

特性関数は

$$\varphi(t)=\sum_{k=0}^{\infty} e^{itk}p_\lambda=e^{-\lambda}\sum_{k=0}^{\infty}\frac{(\lambda e^{it})^k}{k!}$$
$$=e^{-\lambda}e^{\lambda e^{it}}=e^{\lambda(e^{it}-1)}$$

キュムラント母関数は

$$K(t)=\ln\varphi(t)=\lambda(e^{it}-1)$$

$K(t)$ を微分して

$$K'(t)=\lambda i e^{it}, \qquad K^{(2)}(t)=\lambda i^2 e^{it}$$

したがって，式(3.52)，(3.53)から平均と分散は

$$\boldsymbol{E}[k]=\frac{K'(0)}{i}=\frac{\lambda i}{i}=\lambda$$
$$\boldsymbol{V}[k]=-K^{(2)}(0)=\lambda$$

と求まる。この平均，分散は先に3.4節で求めた結果に一致する。

［**例題 3.16**］ 2つの独立な確率変数 $\boldsymbol{x}_1, \boldsymbol{x}_2$ が正規分布 $N(m_1, \sigma_1{}^2)$ と $N(m_2, \sigma_2{}^2)$ をもつとき，その和 $\boldsymbol{x}=\boldsymbol{x}_1+\boldsymbol{x}_2$ も正規分布 $N(m_1+m_2, \sigma_1{}^2+\sigma_2{}^2)$ をなすことを示せ。

まず，正規分布に従う確率変数 $\boldsymbol{x}_1$ の特性関数を求めよう。

$$\varphi_1(t)=\int_{-\infty}^{\infty}e^{itx_1}\frac{1}{\sqrt{2\pi\sigma_1{}^2}}e^{-\frac{(x_1-m_1)^2}{2\sigma_1{}^2}}\mathrm{d}x_1$$
$$=\frac{1}{\sqrt{2\pi\sigma_1{}^2}}\int_{-\infty}^{\infty}e^{itx_1-\frac{(x_1-m_1)^2}{2\sigma_1{}^2}}\mathrm{d}x_1$$

ここで，変数変換 $z=-it\sigma_1+(x_1-m_1)/\sigma_1$ を行うと

$$itx_1-\frac{(x_1-m_1)^2}{2\sigma_1{}^2}=it(\sigma_1 z+it\sigma_1{}^2+m_1)-\frac{1}{2}(z+it\sigma_1)^2$$
$$=im_1t-\frac{\sigma_1{}^2t^2}{2}-\frac{z^2}{2}$$

したがって，

$$\varphi_1(t)=\frac{1}{\sqrt{2\pi\sigma_1{}^2}}e^{im_1t-\frac{\sigma_1{}^2t^2}{2}}\int_{-\infty-it\sigma_1}^{\infty-it\sigma_1}e^{-\frac{z^2}{2}}\sigma_1\mathrm{d}z$$
$$=e^{im_1t-\frac{\sigma_1{}^2t^2}{2}} \tag{3.54}$$

を得る。ここで，任意の実数 α について次の積分公式が成り立つことを用いた。

$$\int_{-\infty-i\alpha}^{\infty-i\alpha}e^{-\frac{z^2}{2}}\mathrm{d}z=\sqrt{2\pi}$$

次に，特性関数の〈性質3〉，式(3.49)に従い，$\boldsymbol{x}_1+\boldsymbol{x}_2$ の特性関数は

$$\varphi_x(t)=\varphi_1(t)\varphi_2(t)$$
$$=\exp\left\{it(m_1+m_2)-\frac{(\sigma_1{}^2+\sigma_2{}^2)t^2}{2}\right\}$$

を得る。これは平均が (m_1+m_2)，分散が $(\sigma_1{}^2+\sigma_2{}^2)$ に等しい正規分布の特性関数である。結局，$\boldsymbol{x}_1$ と $\boldsymbol{x}_2$ の和の分布も正規分布に従うことになる。

［**例題 3.17**］ 正規分布 $N(0,\sigma^2)$ の特性関数はやはり正規分布で $N(0,1/\sigma^2)$ となることを示せ。

先の例題3.16を参照し，$m=0$ とすれば式(3.54)から $N(0,\sigma^2)$ の特性関数が $N(0,1/\sigma^2)$ であることがわかる。

さて，特性関数 $\varphi(t)$ が他の分野で関数 $p(x)$ のフーリエ変換とよばれていることを述べた。一般的に，このフーリエ変換が存在すればある条件の下でこの逆変換が存在し，$\varphi(t)$ から $p(x)$ が求まる。すなわち，確率密度関数 $p(x)$ が δ 関数を含まず，分布関数に跳躍がなければ

$$p(x)=\frac{1}{2\pi}\int_{-\infty}^{\infty}e^{-itx}\varphi(t)\mathrm{d}t \tag{3.55}$$

となる。ここで，$\int|\varphi(t)|\mathrm{d}t<\infty$ とする。

［**例題 3.18**］ 離散的確率変数の特性関数(式(3.46))の絶対積分 $\int_{-\infty}^{\infty}|\varphi(t)|\mathrm{d}t$ は収束しない。確率変数が離散値を有する場合の逆変換はどうなるか。

逆変換は存在しないがフーリエ変換にならって

$$p(x)=\frac{1}{2\pi}\int_{-\infty}^{\infty}e^{-itx}\sum_k e^{itk}p_k\,\mathrm{d}t$$
$$=\frac{1}{2\pi}\int_{-\infty}^{\infty}\sum_k p_k e^{-i(x-k)t}\mathrm{d}t$$
$$=\sum_k p_k\delta(x-k) \tag{3.56}$$

と約束すれば，連続分布に対する場合と同じ取扱いが可能となる。

［**例題 3.19**］ 逆変換を用いて〈性質3〉の確率密度関数 $p(x+y)$ を求めよ。

$$\varphi_z(t)=\varphi_x(t)\varphi_y(t)$$

であるから，逆変換は

$$p(z)=\frac{1}{2\pi}\int_{-\infty}^{\infty}e^{-itz}\varphi_z(t)\mathrm{d}t$$
$$=\frac{1}{2\pi}\int_{-\infty}^{\infty}e^{-itz}\varphi_x(t)\varphi_y(t)\mathrm{d}t$$
$$=\frac{1}{2\pi}\int_{-\infty}^{\infty}e^{-itz}\mathrm{d}t\int_{-\infty}^{\infty}e^{itx}p(x)\mathrm{d}x\int_{-\infty}^{\infty}e^{ity}p(y)\mathrm{d}y$$
$$=\frac{1}{2\pi}\int_{-\infty}^{\infty}p(x)\mathrm{d}x\int_{-\infty}^{\infty}p(y)\mathrm{d}y\int_{-\infty}^{\infty}e^{-i(z-x-y)t}\mathrm{d}t$$

ここで，式(3.56)を使えば，

$$p(z)=\int_{-\infty}^{\infty}p(x)\int_{-\infty}^{\infty}p(y)\delta(z-x-y)\mathrm{d}y$$
$$=\int_{-\infty}^{\infty}p(x)p(z-x)\mathrm{d}x \qquad (3.57)$$

式(3.57)の積分は**たたみ込み積分**(convolution)とよばれる。

ところで，$\phi(t)=\varphi(t/i)$ で定義される**モーメント母関数**(moment generating function)

$$\phi(t)=\int_{-\infty}^{\infty}e^{tx}p(x)\mathrm{d}x=\boldsymbol{E}[e^{tx}] \qquad (3.58)$$

が特性関数に代って用いられる場合がある。$\phi(t)$ の (k) 回微分をとると

$$\phi^{(k)}(t)=\int_{-\infty}^{\infty}x^k e^{tx}p(x)\mathrm{d}x$$

ここで，$t=0$ を考えると

$$\phi^{(k)}(0)=\int_{-\infty}^{\infty}x^k p(x)\mathrm{d}x=m_k \qquad (3.59)$$

を得る。これは第2章で学んだ原点の回りの k 次のモーメント m_k にほかならない。したがって，モーメント母関数の (k) 次微分からは k 次のモーメントが直接求まることになる。

[例題 3.20]　特性関数 $\varphi(t)$ は t が小さい範囲では低次のモーメント m_k を用いて近似できることを示せ。

$\varphi(t)$ を $t=0$ の回りにテイラー展開すると

$$\varphi(t)=\varphi(0)+\frac{\varphi^{(1)}(0)}{1!}t+\frac{\varphi^{(2)}(0)}{2!}t^2+\cdots$$

ここで，$\varphi(0)=1$ で，$\varphi^{(k)}(0)$ が式(3.50)で与えられるから

$$\varphi(t)=1+\sum_k\frac{(it)^k}{k!}m_k \qquad (3.60)$$

と展開される。

3.11　中心極限定理

n 個の独立な確率変数を $\boldsymbol{x}_1, \boldsymbol{x}_2, \cdots, \boldsymbol{x}_n$ とし各々の確率変数は平均0，分散 σ^2 の同じ正規分布 $N(0, \sigma^2)$ に従うものとする。このとき，確率変数の和 $\boldsymbol{y}=\boldsymbol{x}_1+\boldsymbol{x}_2+\cdots+\boldsymbol{x}_n$ の分布は $N(0, n\sigma^2)$ となることを学んだ(例題3.16)。また，適当にスケーリングした確率変数 $\boldsymbol{z}=(\boldsymbol{x}_1+\boldsymbol{x}_2+\cdots+\boldsymbol{x}_n)/\sigma\sqrt{n}$ の分布は平均0，分散1の標準正規分布 $N(0, 1)$ となる。正規分布に限らずとも，無限に多数の同じ分布をもった確率変数について適当な標準化を行うと，確率密度が

$N(0,1)$ に従うことを明示するのが中心極限定理である。

そこで，一般的に，n 個の独立な確率変数 $\boldsymbol{x}_1, \boldsymbol{x}_2, \cdots, \boldsymbol{x}_n$ はすべて平均 m，分散 σ^2 の同一の分布に従うとする。このとき，

$$\boldsymbol{y}_n = \frac{(\boldsymbol{x}_1 + \boldsymbol{x}_2 + \cdots + \boldsymbol{x}_n) - nm}{\sigma\sqrt{n}} \qquad (n=1, 2, 3, \cdots) \tag{3.61}$$

で定義された確率変数 $\boldsymbol{y}$ の確率分布について考えよう。まず，$\boldsymbol{x}_n' = \boldsymbol{x}_n - m$ と変数変換すれば

$$\boldsymbol{y}_n = \frac{\boldsymbol{x}_1' + \boldsymbol{x}_2' + \cdots + \boldsymbol{x}_n'}{\sigma\sqrt{n}}$$

で，確率変数 $\boldsymbol{x}_n'(n=1, 2, 3, \cdots)$ はそれぞれ平均 0，分散 σ^2 をもつ。

さて，$\boldsymbol{x}_n'(n=1, 2, 3, \cdots)$ の特性関数を $\varphi_{x'}(t)$ とすると，$\boldsymbol{y}_n$ の特性関数は 3.10 節の〈性質 3〉，〈性質 4〉から

$$\varphi_y(t) = \{\varphi_{x'}(t)\}^n$$

となる。特性関数のモーメントによる展開(例題 3.20，式(3.60))によれば

$$\varphi_y(t) = \left\{1 - \frac{1}{2}\frac{t^2}{n} + O\left(\frac{1}{n}\right)\right\}^n$$

したがって，十分大きな n に対して

$$\begin{aligned}\lim_{n\to\infty} \varphi_y(t) &= \lim_{n\to\infty} \left\{\left(1 - \frac{t^2}{2n}\right)^{-\frac{2n}{t^2}}\right\}^{-\frac{t^2}{2}} \\ &= e^{-\frac{t^2}{2}}\end{aligned} \tag{3.62}$$

式(3.62)は $n \to \infty$ で $\boldsymbol{y}_n$ の分布の特性関数が標準正規分布のそれに収束することを示している。$\boldsymbol{y}_n$ の分布の特性関数の収束で，その分布関数の収束を置き換えられることが知られており，次の**中心極限定理**(central limit theorem)

$$\lim_{n\to\infty} P(a \leq y_n \leq b) = \frac{1}{\sqrt{2\pi}}\int_a^b e^{-\frac{x^2}{2}} \mathrm{d}x \tag{3.63}$$

が成立する。換言すると“ $\boldsymbol{y}_n$ の確率密度は $N(0,1)$ の標準正規分布に収束する”ことになる。この様子を例示したのが図 3.18 で，$\boldsymbol{x}_1, \boldsymbol{x}_2, \boldsymbol{x}_3, \cdots$ が $\lambda=1$ の指数分布 $e^{-x}(x>0)$ をもつ場合について式(3.61)で与えられる $\boldsymbol{y}_n$ の分布と，$\boldsymbol{y}_n$ と同じ平均 m，分散 σ^2 を有する正規分布 $N(m, \sigma^2)$ を 3 種類の n (=1, 3, 10) に対して示した。n が増すにつれて $\boldsymbol{y}_n$ の分布が正規分布に漸近していくのがわかる。

先に，極限定理の 1 つとして大数の弱法則について述べた(3.2 節)。大数の弱法則は確率変数が有限な分散の存在を特に必要とせず，中心極限定理よりも一般的な法則である。

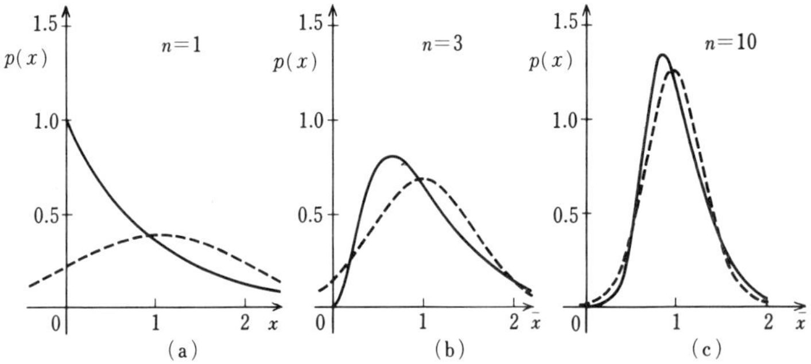

図 3.18 $p(x)=e^{-x}$ は n の増加と共に正規分布に近づく（中心極限定理）

［**例題 3.21**］ 平均 m, 分散 σ^2 の同一の分布に従う n 個の独立な確率変数 $\boldsymbol{x}_1$, $\boldsymbol{x}_2, \cdots, \boldsymbol{x}_n$ がある。このとき

$$\boldsymbol{z}_n=\boldsymbol{x}_1+\boldsymbol{x}_2+\cdots+\boldsymbol{x}_n$$

で定義された確率変数 $\boldsymbol{z}_n$ は $n\to\infty$ で正規分布 $N(nm, n\sigma^2)$ に従うことを示せ。

新しい確率変数 $\boldsymbol{x}'=\boldsymbol{x}-m$ を導入すると $\boldsymbol{x}'$ は平均 0, 分散 σ^2 をもつ。$\boldsymbol{z}_n$ の特性関数は

$$\varphi_z(t)=\{\varphi_{x'}(t)\}^n=\left\{1-\frac{\sigma^2t^2}{2}+O(t^3)\right\}^n$$

ここで，$n\to\infty$ をとると

$$\lim_{n\to\infty}\varphi_z(t)=\lim_{n\to\infty}\left\{\left(1-\frac{\sigma^2t^2}{2}\right)^{-\frac{2}{\sigma^2t^2}}\right\}^{-\frac{n\sigma^2t^2}{2}}$$
$$=e^{-\frac{n\sigma^2t^2}{2}}$$

したがって，$\sum_{i=1}^{n}\boldsymbol{x}_i'$ の分布は $N(0, n\sigma^2)$ になるから $\sum_{i=1}^{n}\boldsymbol{x}_i$ の分布は $N(nm, n\sigma^2)$ となる。

［**例題 3.22**］ **モンテカルロ法の誤差** 計算機シミュレーションのうちで乱数を用いて確率現象あるいは確定現象を模擬する方法を一般的に**モンテカルロ法** (Monte Carlo method) という。このモンテカルロ法の誤差を考察せよ。

ある未知量 $\boldsymbol{y}$ を平均 m, 分散 σ^2 の確率変数 $\boldsymbol{x}$（乱数とよぶ）を n 個用いて求めるとしよう。いま，n が十分大であるとき $\sum_{i=1}^{n}\boldsymbol{x}_i$ の分布は中心極限定理に従い正規分布 $N(nm, n\sigma^2)$ で近似できる（例題 3.21 参照）。「3σ の法則」（式(3.27)）によれば

$$P\left\{\left|\sum_{i=1}^{n}x_i-nm\right|<3\sqrt{n}\sigma\right\}\sim 0.997$$

あるいは，

$$P\left\{\left|\frac{1}{n}\sum_{i=1}^{n}x_i-m\right|<\frac{3\sigma}{\sqrt{n}}\right\}\sim 0.997 \tag{3.64}$$

の関係が得られる。したがって，シミュレーションのために n 個の乱数 x_i を用いたとき，x_i が式(3.64)の左辺の不等式を満たさない限り $\{x_i\}$ はほぼ確実に真の分布に従う乱数ではない。この場合 得られた結果 $\boldsymbol{y}$ は信頼できないことになる。

なお，式(3.64)からシミュレーションの誤差は $n^{-1/2}$ に比例して減少することに注意しよう。

演習問題

3.1 確率密度分布が

$$p(x)=\frac{1}{\pi}\frac{1}{1+(x-\mu)^2},\quad -\infty<x<\infty$$

で与えられる分布を**コーシー分布**(Cauchy distribution)と呼ぶ。コーシー分布の確率分布 $F(x)$ を求めよ。

3.2 条件付確率密度関数 $p(y\,|\,x)$ が平均 μ, 分散 σ^2/x の正規分布をもつ(μ, σ^2/x は x に独立で，$x>0$ である)。

(a) $p(y\,|\,x)$ を求めよ。

(b) $\boldsymbol{E}(y\,|\,x)$, $\boldsymbol{V}(y\,|\,x)$ を求めよ。

3.3 二項分布の確率密度関数 $B_{n,p}(k)$ の特性関数 $\varphi(t)$ を求めよ。

3.4 企業における製品の品質管理(QC)現場では，最近「**6$\boldsymbol{\sigma}$ の法則**」が適用されている。このとき製品の欠陥率を求めよ。

3.5 電子メールが 24 時間の間にランダムに 1200 通届いた。同じ環境の下で，1 分の間に 5 通届く確率を求めよ。

3.6 温度 T で，熱平衡状態にあるフォトカソードから t 秒間あたり n 個の光電子がランダムに放出されている。この電子放出はパラメータ λt (λ は正の定数)のポアソン分布に従い，i 番目の電子のもつエネルギー $\boldsymbol{x}_i$ は平均が $3kT/2$ で分散が $3(kT)^2/2$ のマクスウェル分布に従う。このとき $\boldsymbol{E}[\sum \boldsymbol{x}_i]$ と $\boldsymbol{V}[\sum \boldsymbol{x}_i]$ を求めよ。

3.7 強電離プラズマ(strongly ionized plasma)における電子やイオンの速度分布 $g(\boldsymbol{v})$ は温度 T のマクスウェル分布(Maxwell distribution)

$$g_M(\boldsymbol{v})=\left(\frac{m}{2\pi kT}\right)^{3/2}\exp\left(-\frac{mv^2}{2kT}\right)$$

に従う。速度 $\boldsymbol{v}$ の平均と分散を求めよ。ただし，$g_M(\boldsymbol{v})$ は確率密度関数である。

3.8 特性関数 $\varphi(t)$ を用いて次の確率密度関数の平均と分散を求めよ。

(1) 指数密度関数 $p(x)=\lambda e^{-\lambda x}$

(2) アーラン密度関数(Erlang density)

$$p(x)=\frac{\lambda^n}{(n-1)!}x^{n-1}e^{-\lambda x}$$

3.9　確率変数 $\boldsymbol{x}$ は $[-\pi/2, \pi/2]$ に分布する一様分布に従う。いま新しい確率変数

$$\boldsymbol{y}=\sin \boldsymbol{x}$$

の確率密度関数 $p_y(y)$ を特性関数 $\varphi(t)$ を用いる手法から求めよ。

3.10　二項分布に従う離散確率変数の特性関数 $\varphi(t)$ を導出せよ。
次に，$\varphi(t)$ から平均と分散を求めよ。

3.11　0と1の値をとる離散的確率変数 $\boldsymbol{x}$ がある。1をとる確率が p，0をとる確率が q であるとき，$\boldsymbol{x}$ の特性関数を定義に従い求めよ。

3.12　関数 $\exp(-\lambda x)$ に従う乱数列 $\{x\}$ を，一様乱数列 $\{\gamma\}$ からつくると x はどのような関数となるか。

3.13　$[a, b]$ 間で一様な確率密度をもつ確率変数 $\boldsymbol{x}$ がある。
（1）　確率変数 $\boldsymbol{x}_1$ の平均と分散を算出せよ。
（2）　$\boldsymbol{x}_1$ と同じ確率密度をもつ独立な確率変数 $\boldsymbol{x}_2$ がある。新しい確率変数 $\boldsymbol{y}=\boldsymbol{x}_1+\boldsymbol{x}_2$ の確率密度を求めよ。
（3）　同様に $\boldsymbol{x}_1, \boldsymbol{x}_2$ と同じ確率密度をもつ独立な確率変数 $\boldsymbol{x}_3$ がある。$\boldsymbol{z}=\boldsymbol{y}+\boldsymbol{x}_3$ の確率密度を求めよ。
（4）　(1)～(3)で求めた確率密度関数の形から**中心極限定理**を論ぜよ。

3.14　確率密度が幾何分布に従う確率変数 $\boldsymbol{x}$ がある。
（1）　確率変数 $\boldsymbol{x}$ の特性関数 $\varphi(t)$ を求めよ。
（2）　この $\varphi(t)$ を用いて平均 $\boldsymbol{E}$ と分数 $\boldsymbol{V}$ を計算せよ。

4

確率過程

4.1 確率過程とは

確率的法則に支配されながら時間と共に経過し変動する現象は**確率過程**(stochastic process)とか**不規則過程**(random process)，あるいは，**時系列**(time series)とよばれる。最も簡単な確率過程は，時刻 t_n での確率変数 $\boldsymbol{x}(t_n)$ の値が過去や未来の $\boldsymbol{x}(t)$ の値に完全に独立な過程であり，

$$p(\boldsymbol{x}_1, t_1 : \boldsymbol{x}_2, t_2 : \cdots : \boldsymbol{x}_n, t_n) = \prod_{k=1}^{n} p(\boldsymbol{x}_k, t_k) \tag{4.1}$$

の結合確率密度関数で表される。この過程は**ランダム系列**(random series)とよばれることがある。もっと特別な例に，確率密度 $p(\boldsymbol{x}_k, t_k)$ が時刻 t_k に独立で常に同じ確率の法則に支配される**ベルヌーイ試行の列**(Bernoulli trial series)がある。その次に簡単なのが(1次)**マルコフ過程** (Markov process)で，時刻 t_n における系の状態は t_{n-1} よりも前のそれによらず，したがって，

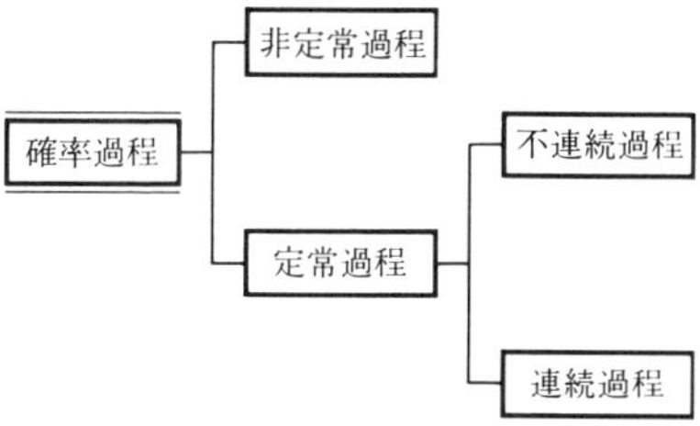

図 4.1 本章で述べる確率過程

t_{n-1} の系の状態の条件付確率として与えられ

$$p(\boldsymbol{x}_n, t_n \mid \boldsymbol{x}_{n-1}, t_{n-1} : \cdots : \boldsymbol{x}_1, t_1) = p(\boldsymbol{x}_n, t_n \mid \boldsymbol{x}_{n-1}, t_{n-1}) \quad (4.2)$$

と書かれる。

以上の例からわかるように，確率過程は時刻 t_n における状態 $\boldsymbol{x}(t_n)$ が t_n までの時間の状態にどのように関連しているかが問題となる。この関連の仕方の特徴によって確率過程はいろいろな型に分類される。本章では，電気・電子工学の諸分野で応用上有用であると思われる確率過程を中心に学ぶ。

さて，コイン投げの実験を考えよう。コイン投げでは表(H)と裏(T)の二通りの事象が出現する。いま，確率変数 $\boldsymbol{x}$ がとる値(**標本値**)をHに対して“1”，Tに対して“0”と決める。繰り返しコイン投げを行う場合には次のような時間的な系列が出来る。

時刻 t_k：$t_1, t_2, t_3, t_4, t_5, \cdots$
結果　：H, T, T, H, T, …
標本値：1, 0, 0, 1, 0, …

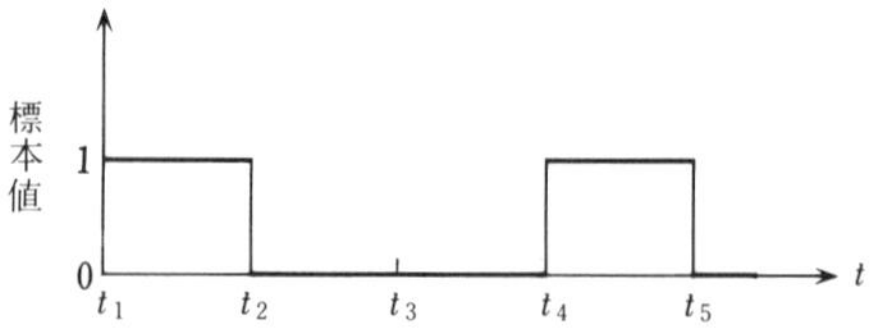

図 4.2　コイン投げによる標本値の時間経過

ある時点 t_k だけで $\boldsymbol{x}(t_k)$ を見ればこれは確率変数に違いないが時間的な経過として $\boldsymbol{x}(t_k)$ を $t_1, t_2, t_3, \cdots$ にわたって観測するとき，特に，これを確率過程という。1回のコイン投げでは**標本点**(sample point) s は s_1=H と s_2=T の2個であるが，5回のコイン投げから成る確率過程では標本点は

$$\begin{cases} s_1 = \text{“H, H, H, H, H”} \\ s_2 = \text{“H, H, H, H, T”} \\ s_3 = \text{“H, H, H, T, T”} \\ \vdots \quad \vdots \; \vdots \; \vdots \; \vdots \; \vdots \\ s_{32} = \text{“T, T, T, T, T”} \end{cases}$$

の $2^5=32$ 個になる。なお，各 t_k で $\boldsymbol{x}(t_k)$ の標本値を対応させたものを確率過程 $\boldsymbol{x}(t)$ の**標本関数**あるいは，**見本関数**(sample function)という。上の例で

は，32 個の標本点によって決まる 32 個の標本関数

$$\begin{cases} \boldsymbol{x}(s_1, t_k) : 1, 1, 1, 1, 1 \\ \boldsymbol{x}(s_2, t_k) : 1, 1, 1, 1, 0 \\ \boldsymbol{x}(s_3, t_k) : 1, 1, 1, 0, 0 \\ \quad\vdots \\ \boldsymbol{x}(s_{32}, t_k) : 0, 0, 0, 0, 0 \end{cases}$$

が存在することになる。また，すべての標本点の集合は**標本空間**とよばれる。

[例題 4.1] 1 個のサイコロを 5 回投げてつくった確率過程がもつ標本関数の個数を求めよ。

1 回のサイコロ投げでは標本点の個数が 6 個であるから，5 回では，$6^5 = 7\,776$ 個の標本点とこれに対応した標本関数がある。

4.2 定常過程

4.2.1 強定常過程と弱定常過程

確率的な自然現象や工学上の諸現象のなかには，その確率法則が時間的に変らないとみなせる場合が多い。これらの確率過程は定常過程として扱われる。

確率過程 $\boldsymbol{x}(t)$ のあらゆる確率分布，あるいは，この分布から求まる統計量が時間軸の原点の移動に対して独立であるとき，この確率過程 $\boldsymbol{x}(t)$ は**強定常過程**(strong stationary process)，または**狭義定常過程**であるという。換言すると，強定常過程の n 次の確率密度関数は任意の τ に対して

$$\begin{aligned} &p(x_1, t_1 : x_2, t_2 : \cdots : x_n, t_n) \\ &\quad = p(x_1, t_1+\tau : x_2, t_2+\tau : \cdots : x_n, t_n+\tau) \end{aligned} \tag{4.3}$$

を満たすことになる。これに対して，確率過程 $\boldsymbol{x}(t)$ の平均値が定数で，自己相関関数が時間間隔 τ にのみ依存し，

$$\left.\begin{aligned} &\boldsymbol{E}[\boldsymbol{x}(t)] = m \quad (\text{定数}) \\ &\boldsymbol{E}[\boldsymbol{x}(t)\boldsymbol{x}(t+\tau)] = R_{xx}(\tau) \end{aligned}\right\} \tag{4.4}$$

となる場合，$\boldsymbol{x}(t)$ は**弱定常過程**(weakly stationary process)，あるいは，**広義定常過程**であるという。平均値と自己相関関数は式(4.3)の密度分布から得られるから，強定常過程であれば弱定常過程となる。しかし，この逆は一般的には成り立たない。

[例題 4.2] $\boldsymbol{\theta}$ が $[0, 2\pi]$ に一様分布する確率変数であるとき，確率過程

$$\boldsymbol{x}(t) = \sin\,[\omega t + \boldsymbol{\theta}(k)]$$

は弱定常過程となることを示せ。

題意より，$\boldsymbol{\theta}$ の確率密度関数 $p(\theta)$ は

$$p(\theta)=\frac{1}{2\pi} \qquad (0\leq\theta\leq 2\pi)$$

である。よって，$\boldsymbol{x}(t)$ の平均は

$$\begin{aligned}\boldsymbol{E}[\boldsymbol{x}_k(t)]&=\int_0^{2\pi}\boldsymbol{x}(t)p(\theta)\mathrm{d}\theta\\&=\int_0^{2\pi}\sin(\omega t+\theta)\frac{1}{2\pi}\mathrm{d}\theta\\&=0\end{aligned}$$

また，$\boldsymbol{x}(t)$ の自己相関関数は

$$\begin{aligned}\boldsymbol{E}[\boldsymbol{x}(t)\,\boldsymbol{x}(t+\tau)]&=\int_0^{2\pi}\sin(\omega t+\theta)\sin(\omega(t+\tau)+\theta)\frac{1}{2\pi}\mathrm{d}\theta\\&=-\frac{1}{4\pi}\int_0^{2\pi}\{\cos(2\omega t+\omega\tau+2\theta)-\cos(-\omega\tau)\}\mathrm{d}\theta\\&=-\frac{1}{4\pi}\left\{\frac{1}{2}\Big[\sin(2\omega t+\omega\tau+2\theta)\Big]_0^{2\pi}-\cos(-\omega\tau)\Big[\theta\Big]_0^{2\pi}\right\}\\&=\frac{1}{2}\cos(\omega\tau)\end{aligned}$$

したがって，この確率過程は条件式(4.4)を満たしており，弱定常過程である。

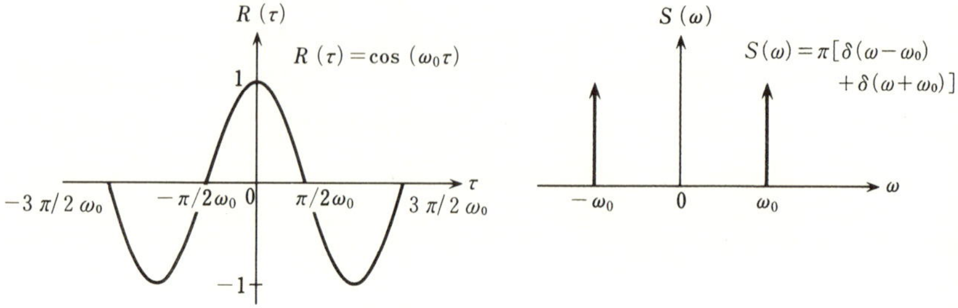

図 4.3　自己相関関数 $R_{xx}(\tau)$ とパワースペクトル $S(\omega)$

4.2.2　相関関数

定常確率過程に従う 2 つの過程 $\boldsymbol{x}(t)$, $\boldsymbol{y}(t)$ を考えよう。いま，時刻 t におけるそれぞれの確率密度関数を $p(x, t)$, $p(y, t)$ とすると，定義により，$\boldsymbol{x}(t)$, $\boldsymbol{y}(t)$ の平均値は時刻 t に無関係な定数

$$\boldsymbol{E}[\boldsymbol{x}(t)]=\int_{-\infty}^{\infty}xp(x, t)\mathrm{d}x=m_x$$

$$\boldsymbol{E}[\boldsymbol{y}(t)]=\int_{-\infty}^{\infty}yp(y, t)\mathrm{d}y=m_y$$

となる。また，**自己相関関数**(auto-correlation function)も t に無関係で，任意

の τ に対して，$x_1=\boldsymbol{x}(t)$, $x_2=\boldsymbol{x}(t+\tau)$ とするとき，結合確率密度関数 $p(x_1, t : x_2, t+\tau)$ を用いて

$$\boldsymbol{E}[\boldsymbol{x}(t)\boldsymbol{x}(t+\tau)]=\int_{-\infty}^{\infty}\int_{-\infty}^{\infty}x_1x_2p(x_1,\ t : x_2,\ t+\tau)\mathrm{d}x_1\mathrm{d}x_2=R_{xx}(\tau)$$

同様に，

$$\boldsymbol{E}[\boldsymbol{y}(t)\boldsymbol{y}(t+\tau)]=\int_{-\infty}^{\infty}\int_{-\infty}^{\infty}y_1y_2p(y_1,\ t : y_2,\ t+\tau)\mathrm{d}y_1\mathrm{d}y_2=R_{yy}(\tau) \qquad (4.5)$$

と書ける。

さらに，**相互相関関数**(cross-correlation function)も t に独立で

$$\boldsymbol{E}[\boldsymbol{x}(t)\boldsymbol{y}(t+\tau)]=\int_{-\infty}^{\infty}\int_{-\infty}^{\infty}x_1y_2p(x_1,\ t : y_2,\ t+\tau)\mathrm{d}x_1\mathrm{d}y_2=R_{xy}(\tau) \qquad (4.6)$$

となる。

［**例題 4.3**］ 定常過程 $\boldsymbol{x}(t)$ の自己相関関数 $R_{xx}(\tau)$ は τ の偶関数

$$R_{xx}(\tau)=R_{xx}(-\tau) \qquad (4.7)$$

であり，相互相関関数 $R_{xy}(\tau)$ は偶関数でも奇関数でもなく

$$R_{xy}(\tau)=R_{yx}(-\tau) \qquad (4.8)$$

となることを示せ。また，相互相関関数は次の不等式

$$|R_{xy}(\tau)|^2\leq R_{xx}(0)R_{yy}(0) \qquad (4.9)$$

を満たすことを示せ。

定義により，

$$\begin{aligned}R_{xx}(\tau)&=\boldsymbol{E}[\boldsymbol{x}(t)\boldsymbol{x}(t+\tau)]\\&=\boldsymbol{E}[\boldsymbol{x}(t'-\tau)\boldsymbol{x}(t')] \qquad (t'=t+\tau \text{ とおくと})\\&=\boldsymbol{E}[\boldsymbol{x}(t')\boldsymbol{x}(t'-\tau)]\\&=R_{xx}(-\tau)\end{aligned}$$

同様に，

$$\begin{aligned}R_{xy}(\tau)&=\boldsymbol{E}[\boldsymbol{x}(t)\boldsymbol{y}(t+\tau)]\\&=\boldsymbol{E}[\boldsymbol{x}(t'-\tau)\boldsymbol{y}(t')]\\&=\boldsymbol{E}[\boldsymbol{y}(t')\boldsymbol{x}(t'-\tau)]\\&=R_{yx}(-\tau)\end{aligned}$$

任意の実数 a, b に対して確率過程 $a\boldsymbol{x}(t)+b\boldsymbol{y}(t+\tau)$ の二乗平均を考えよう。

$$\begin{aligned}\boldsymbol{E}[\{a\boldsymbol{x}(t)+b\boldsymbol{y}(t+\tau)\}^2]&=a^2\boldsymbol{E}[\boldsymbol{x}(t)^2]+2ab\boldsymbol{E}[\boldsymbol{x}(t)\boldsymbol{y}(t+\tau)]+b^2\boldsymbol{E}[\boldsymbol{y}(t+\tau)^2]\\&=a^2R_{xx}(0)+2abR_{xy}(\tau)+b^2R_{yy}(0)\end{aligned}$$

$b\neq 0$ と仮定すると，明らかに

$$\left(\frac{a}{b}\right)^2R_{xx}(0)+2\left(\frac{a}{b}\right)R_{xy}(\tau)+R_{yy}(0)\geq 0$$

となる。したがって，(a/b) の 2 次関数の判別式は常に負，または，零であるから

$$R_{xy}(\tau)^2-R_{xx}(0)R_{yy}(0)\leq 0$$

を得る。また，式(4.5)から，$R_{xx}(0), R_{yy}(0)\geq 0$ が導かれる。

4.2.3 パワースペクトル

種々の確率分布の統計的な量がその密度関数のフーリエ変換の一種である特性関数から簡単に計算されることを第3章で学んだ。このようにフーリエ変換はしばしば有用な手段となり，また，重要な情報を与えることが知られている。確率過程の議論においてもフーリエ変換は重要な働きをする。

まず，確率過程 $\boldsymbol{x}(t)$ の自己相関関数 $R_{xx}(\tau)$ のフーリエ変換

$$S_{xx}(\omega)=\int_{-\infty}^{\infty} R_{xx}(\tau)e^{-i\omega\tau}\mathrm{d}\tau \tag{4.10}$$

を考えよう。この $S_{xx}(\omega)$ は $R_{xx}(\tau)$ が絶対積分可能で

$$\int_{-\infty}^{\infty}|R_{xx}(\tau)|\mathrm{d}\tau<\infty$$

であれば存在し，確率過程 $\boldsymbol{x}(t)$ の**スペクトル密度**(spectral density)とか**パワースペクトル密度**(power spectral density)とよばれる。また，パワースペクトル $S_{xx}(\omega)$ のフーリエ逆変換

$$R_{xx}(\tau)=\frac{1}{2\pi}\int_{-\infty}^{\infty} S_{xx}(\omega)e^{i\omega\tau}\mathrm{d}\omega \tag{4.11}$$

は自己相関関数の**スペクトル表示**という。パワースペクトル $S_{xx}(\omega)$ の物理的意味を把握するために式(4.11)で $\tau=0$ とおこう。このとき，

$$\frac{1}{2\pi}\int_{-\infty}^{\infty} S_{xx}(\omega)\mathrm{d}\omega=R_{xx}(0)=\boldsymbol{E}[\boldsymbol{x}(t)^2]\geq 0$$

となるから，$S_{xx}(\omega)/2\pi$ の全面積が $\boldsymbol{x}(t)$ の二乗平均(平均パワー)に等しいことがわかる。したがって，$\boldsymbol{x}(t)$ のパワーを全角周波数にわたって分解したとき，その成分が $(\omega, \omega+\mathrm{d}\omega)$ 間に存在する大きさが $S_{xx}(\omega)\mathrm{d}\omega$ であり，$S_{xx}(\omega)$ の特性からパワーの集中の度合を知ることができるわけである。

自己相関関数 $R_{xx}(\tau)$ は偶関数であるから(例題4.3参照)，パワースペクトル $S_{xx}(\omega)$ は

$$\begin{aligned} S_{xx}(\omega)&=\int_{-\infty}^{\infty} R_{xx}(\tau)\cos\omega\tau\,\mathrm{d}\tau \\ &=2\int_{0}^{\infty} R_{xx}(\tau)\cos\omega\tau\,\mathrm{d}\tau \end{aligned} \tag{4.12}$$

とも書ける。同様に，$S_{xx}(\omega)$ も非負の偶関数であり(例題4.4参照)，

$$\begin{aligned} R_{xx}(\tau)&=\frac{1}{2\pi}\int_{-\infty}^{\infty} S_{xx}(\omega)\cos\omega\tau\,\mathrm{d}\omega \\ &=\frac{1}{\pi}\int_{0}^{\infty} S_{xx}(\omega)\cos\omega\tau\,\mathrm{d}\omega \end{aligned} \tag{4.13}$$

となる。

次に，2 つの定常確率過程 $\boldsymbol{x}(t)$, $\boldsymbol{y}(t)$ の相互相関関数 $R_{xy}(\tau)$ のフーリエ変換

$$S_{xy}(\omega)=\int_{-\infty}^{\infty} R_{xy}(\tau)e^{-i\omega\tau}\mathrm{d}\tau \tag{4.14}$$

のことを**相互スペクトル密度**(cross-spectral density)，あるいは，**相互パワースペクトル密度**(cross-power spectral density)とよんでいる。式(4.14)の逆変換は

$$R_{xy}(\tau)=\frac{1}{2\pi}\int_{-\infty}^{\infty} S_{xy}(\omega)e^{i\omega\tau}\mathrm{d}\omega \tag{4.15}$$

で与えられる。式(4.15)で $\tau=0$ とすると，

$$\frac{1}{2\pi}\int_{-\infty}^{\infty} S_{xy}(\omega)\mathrm{d}\omega=R_{xy}(0)=\boldsymbol{E}[\boldsymbol{x}(t)\boldsymbol{y}(t)]$$

の関係があることがわかる。もし，ある電気回路の端子電圧を $\boldsymbol{x}(t)$，流れる電流を $\boldsymbol{y}(t)$ とすれば，上式はこの回路で消費されるパワーの平均値に等しいことを示している。

[例題 4.4] スペクトル密度 $S_{xx}(\omega)$ と相互スペクトル密度 $S_{xy}(\omega)$ はそれぞれ

$$\left.\begin{aligned} S_{xx}(\omega)&=S_{xx}(-\omega) \\ S_{xy}(\omega)&=S_{yx}(-\omega) \end{aligned}\right\} \tag{4.16}$$

の関係を有することを示せ。

例題 4.3 で述べたように，$R_{xx}(\tau)=R_{xx}(-\tau)$ であるから

$$\begin{aligned} S_{xx}(\omega)&=\int_{-\infty}^{\infty} R_{xx}(\tau)e^{-i\omega\tau}\mathrm{d}\tau \\ &=\int_{-\infty}^{\infty} R_{xx}(-\tau)e^{i\omega\tau}\mathrm{d}\tau=S_{xx}(-\omega) \end{aligned}$$

同様に，

$$\begin{aligned} S_{xy}(\omega)&=\int_{-\infty}^{\infty} R_{xy}(\tau)e^{-i\omega\tau}\mathrm{d}\tau \\ &=\int_{-\infty}^{\infty} R_{yx}(-\tau)e^{i\omega\tau}\mathrm{d}\tau=S_{yx}(-\omega) \end{aligned}$$

となる。

[例題 4.5] 自己相関関数がデルタ関数 $R_{xx}(\tau)=\delta(\tau-a)$ であるとき，パワースペクトルを求めよ。ただし，デルタ関数は

$$\int_{\alpha}^{\beta} f(\tau)\delta(\tau-a)\mathrm{d}\tau\equiv f(a) \qquad (\alpha<a<\beta) \tag{4.17}$$

で定義される偶関数である。

フーリエ逆変換の式(4.11)にフーリエ変換式(4.10)を代入すると

$$R_{xx}(\tau)=\frac{1}{2\pi}\int_{-\infty}^{\infty}S_{xx}(\omega)e^{i\omega\tau}\mathrm{d}\omega$$
$$=\frac{1}{2\pi}\int_{-\infty}^{\infty}\left[\int_{-\infty}^{\infty}R_{xx}(\tau')e^{-i\omega\tau'}\mathrm{d}\tau'\right]e^{i\omega\tau}\mathrm{d}\omega$$
$$=\frac{1}{2\pi}\int_{-\infty}^{\infty}R_{xx}(\tau')\left[\int_{-\infty}^{\infty}e^{i\omega(\tau-\tau')}\mathrm{d}\omega\right]\mathrm{d}\tau'$$

となるから，デルタ関数の定義式(4.17)と比較して

$$\delta(\tau-\tau')=\frac{1}{2\pi}\int_{-\infty}^{\infty}e^{i\omega(\tau-\tau')}\mathrm{d}\omega$$
$$=\frac{1}{2\pi}\int_{-\infty}^{\infty}[e^{-i\omega\tau'}]e^{i\omega\tau}\mathrm{d}\omega$$

とおける。したがって，$\delta(\tau-a)$のフーリエ変換は

$$S_{xx}(\omega)=e^{-i\omega a'}$$

となる。まとめると，

$$\left.\begin{aligned}e^{-i\omega a}&=\int_{-\infty}^{\infty}\delta(\tau-a)e^{-i\omega\tau}\mathrm{d}\tau\\ \delta(\tau-a)&=\frac{1}{2\pi}\int_{-\infty}^{\infty}e^{i\omega(\tau-a)}\mathrm{d}\omega\end{aligned}\right\}\qquad(4.18)$$

$a=0$ の場合の $R_{xx}(\tau)$ と $S_{xx}(\omega)$ を図 4.4(i)に示す。

[例題 4.6] ある定常雑音過程のパワースペクトル密度 $S_{xx}(\omega)$ がすべての角周波数に対して

$$S_{xx}(\omega)=a \qquad (\text{定数})$$

となる場合，この過程を**白色雑音過程**(white noise process)とよぶ。白色雑音のうち，帯域が図 4.4(g)のように制限された帯域制限白色雑音の自己相関関数を求めよ。

題意より，中心角周波数を ω_0，帯域を $2\pi B$ とすれば，

$$S_{xx}(\omega)=\begin{cases}a & (0\leq\omega_0-\pi B\leq|\omega|\leq\omega_0+\pi B)\\ 0 & (\text{その他の }\omega)\end{cases}$$

式(4.13)から，

$$R_{xx}(\tau)=\frac{1}{\pi}\int_{\omega_0-\pi B}^{\omega_0+\pi B}a\cos\omega\tau\,\mathrm{d}\omega$$
$$=\frac{a}{\pi}\left[\frac{\sin\omega\tau}{\tau}\right]_{\omega_0-\pi B}^{\omega_0+\pi B}$$
$$=\frac{a}{\pi\tau}\{\sin(\omega_0+\pi B)\tau-\sin(\omega_0-\pi B)\tau\}$$
$$=2aB\left(\frac{\sin\pi B\tau}{\pi B\tau}\right)\cos\omega_0\tau \qquad (4.19)$$

となる。この $R_{xx}(\tau)$ を図示したのが図 4.4(g)である。

	$R_{xx}(\tau)$	$S_{xx}(\omega)$
(a) 指数形	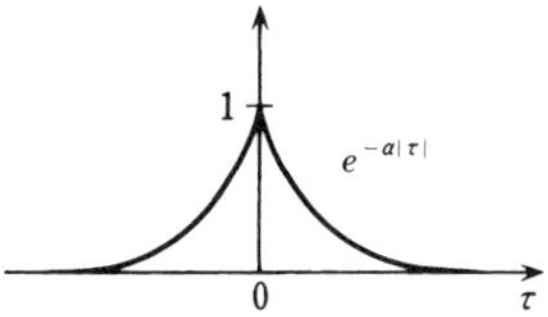	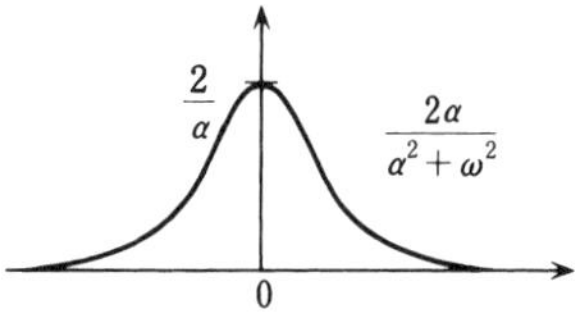
(b) 正規形	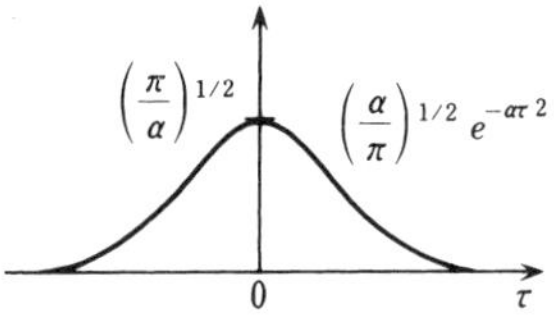	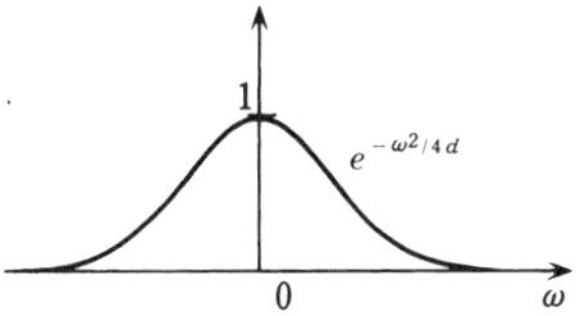
(c) 三角形	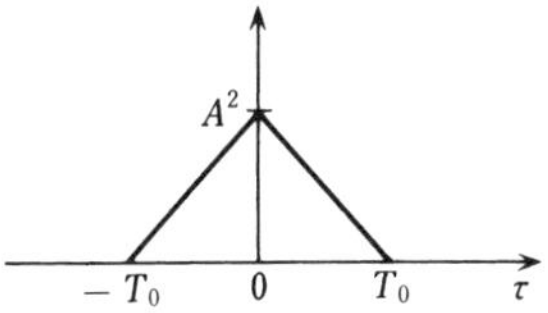	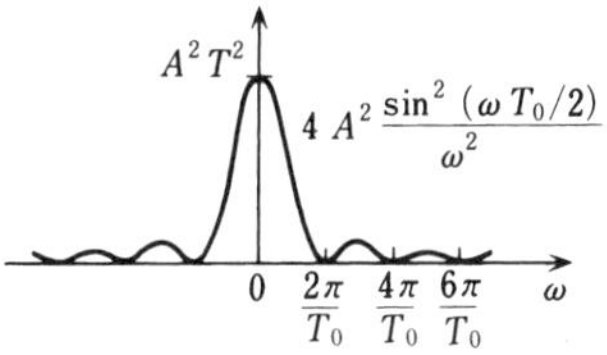
(d) 余弦形	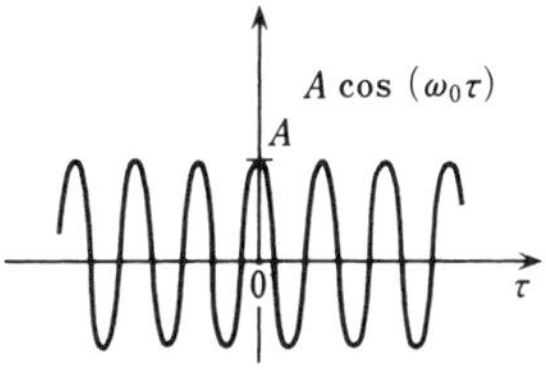	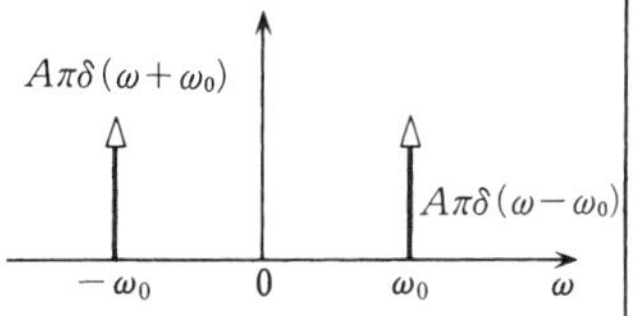
(e) 指数余弦形	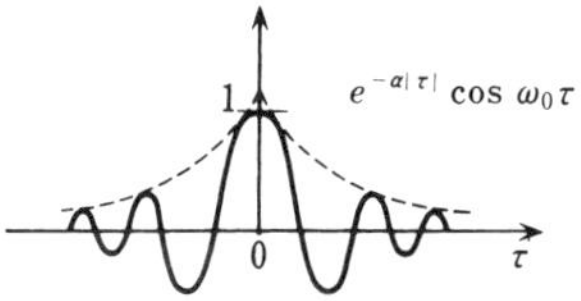	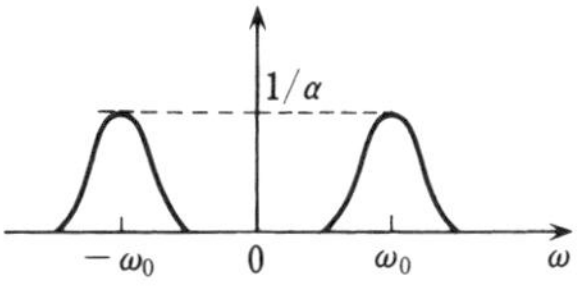

(次頁へ続く)

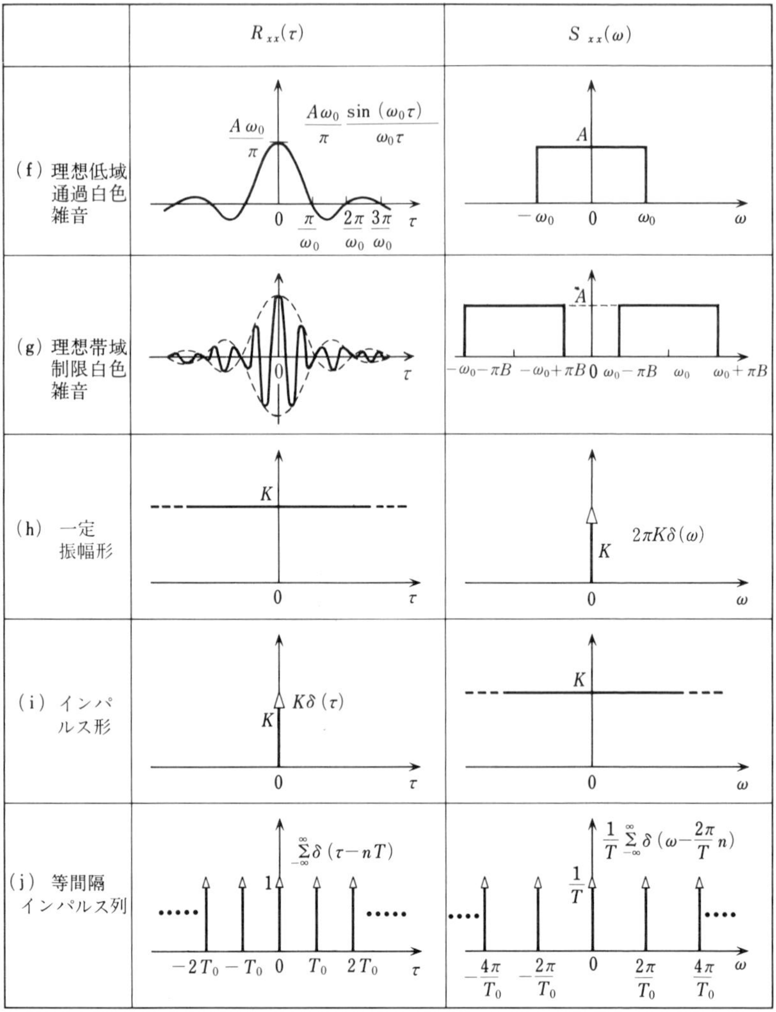
$R_{xx}(\tau)$
$S_{xx}(\omega)$
(f) 理想低域通過白色雑音
$\frac{A\omega_0}{\pi}$
$\frac{A\omega_0}{\pi}\frac{\sin(\omega_0\tau)}{\omega_0\tau}$
0 $\frac{\pi}{\omega_0}$ $\frac{2\pi}{\omega_0}$ $\frac{3\pi}{\omega_0}$ τ
A
$-\omega_0$ 0 ω_0 ω
(g) 理想帯域制限白色雑音
0 τ
A
$-\omega_0-\pi B$ $-\omega_0+\pi B$ 0 $\omega_0-\pi B$ ω_0 $\omega_0+\pi B$
(h) 一定振幅形
K
0 τ
$2\pi K\delta(\omega)$
K
0 ω
(i) インパルス形
$K\delta(\tau)$
K
0 τ
K
0 ω
(j) 等間隔インパルス列
$\sum_{-\infty}^{\infty}\delta(\tau-nT)$
1
$-2T_0$ $-T_0$ 0 T_0 $2T_0$ τ
$\frac{1}{T}\sum_{-\infty}^{\infty}\delta\left(\omega-\frac{2\pi}{T}n\right)$
$\frac{1}{T}$
$-\frac{4\pi}{T_0}$ $-\frac{2\pi}{T_0}$ 0 $\frac{2\pi}{T_0}$ $\frac{4\pi}{T_0}$ ω

図 4.4　代表的過程の自己相関関数とパワースペクトル

4.3　正規過程

定常確率過程の代表的な例に定常正規確率過程がある。確率過程 $\boldsymbol{x}(t)$ を任意の時刻 $t_1, t_2, \cdots, t_n$ で観測したとき，$\boldsymbol{x}(t_1), \boldsymbol{x}(t_2), \cdots, \boldsymbol{x}(t_n)$ の n 次元確率密度関数 $p(x_1, t_1 : x_2, t_2 : \cdots : x_n, t_n)$ が正規分布をもつならば，$\boldsymbol{x}(t)$ は**正規過程**(normal process)とか**ガウス過程**(Gaussian process)といわれる。正規過程は，粒子の拡散等，自然現象によく出現するばかりでなく，熱雑音のモデルなど実用上も大変に重要な過程である。ところで，正規分布の密度は平均値 $\boldsymbol{E}[\boldsymbol{x}(t)] = m$ と分散 $\boldsymbol{V}[\boldsymbol{x}(t)] = \sigma^2$ のみで完全に記述され，ある時刻 t における密度分布 $p(x, t)$ は

$$p(x, t) = \frac{1}{\sqrt{2\pi\sigma^2}} e^{-\frac{(x-m)^2}{2\sigma^2}} \tag{4.20}$$

で与えられる(3.6節参照)。したがって，定常正規過程では，特に，弱定常過程が同時に，強定常過程となる。

[例題 **4.7**]　抵抗体の内部では十分に多くの伝導電子が熱運動を行っているため，そのゆらぎとして抵抗体の両端に不規則な電位差が生ずる。これを**熱雑音**(thermal noise)，または，**ジョンソン雑音**(Johnson noise)という。さて，抵抗体の抵抗を R，温度を T とすれば，この雑音電圧 $\boldsymbol{n}(t)$ はパワースペクトル $S_{xx}(\omega) = 2kTR$ を有する白色正規確率過程として扱える。このとき，周波数帯域，$|\omega - \omega_0| \leq \pi B$ (ω_0, B は定数)をもった電圧計で観測した雑音過程の確率密度関数 $p(x, t)$ を求めよ。

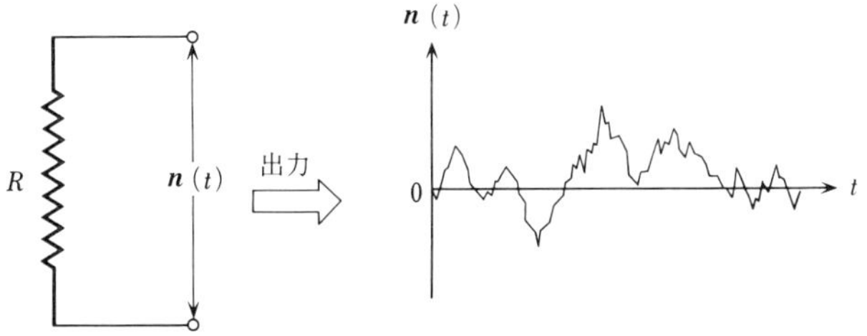

図 4.5　抵抗体に発生する熱雑音過程

先の例題4.6で学んだように，この電圧計で観測される帯域制限形白色雑音の自己相関関数は

$$R_{xx}(\tau) = 4kTRB\left(\frac{\sin \pi B\tau}{\pi B\tau}\right) \cos \omega_0 \tau$$

で与えられる。このときの出力，二乗雑音電圧は R_{xx} の項で

$$\boldsymbol{E}[\boldsymbol{n}(t)^2] = R_{xx}(0)$$

と書ける。また，この雑音過程は正規過程であるから，ある時刻 t に雑音の振幅が値 x をとる確率密度関数 $p(x, t)$ は式(4.20)で $m=0$ とおいて得られる。したがって，二乗雑音電圧は $p(x, t)$ の項で

$$
\begin{aligned}
\boldsymbol{E}[\boldsymbol{n}(t)^2] &= \int x^2 p(x, t)\mathrm{d}x \\
&= \int x^2 \frac{1}{\sqrt{2\pi\sigma^2}} e^{-\frac{x^2}{2\sigma^2}}\mathrm{d}x \\
&= \sigma^2
\end{aligned}
$$

とも書ける。よって，σ^2 は

$$
\begin{aligned}
\sigma^2 &= R_{xx}(0) \\
&= \left[4kTRB\left(\frac{\sin \pi B\tau}{\pi B\tau}\right)\cos \omega_0\tau\right]_{\tau=0} \\
&= \left[4kTRB\frac{\dfrac{\mathrm{d}}{\mathrm{d}\tau}(\sin \pi B\tau\cdot\cos \omega_0\tau)}{\dfrac{\mathrm{d}}{\mathrm{d}\tau}\pi B\tau}\right]_{\tau=0} \\
&= 4kTRB
\end{aligned}
$$

となるから，$p(x, t)$ は具体的に

$$
p(x, t) = \frac{1}{\sqrt{2\pi 4kTRB}} e^{-\frac{x^2}{8kTRB}}
$$

と求まる。

4.4　単純ランダムウォーク

ベルヌーイの試行の例としてコイン投げの実験を行い，コインの表が出れば $+d$，裏が出れば $-d$ だけ z 軸上を時間間隔 T で移動する動点の離散的運動を考えよう（図 4.6 参照）。任意の時間ステップ k における確率密度関数 $p(x_k)$ は

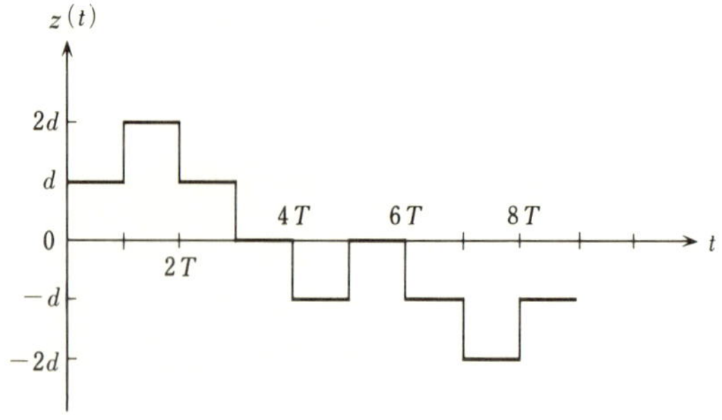

図 4.6　1次元単純ランダムウォークを行う動点の軌跡例

$$p(x_k)=\frac{1}{2}\{\delta(x_k-d)+\delta(x_k+d)\} \tag{4.21}$$

で与えられる。各々のステップは互いに独立であるから n ステップ後の確率密度は

$$p(x_1, x_2, \cdots, x_n)=\prod_{k=1}^{n} p(x_k)$$

となる。さて，n ステップ後の動点の位置 z_n は離散的な確率過程となり，$\boldsymbol{x}_k=\pm d$ として

$$\begin{aligned} \boldsymbol{z}_n &= \boldsymbol{x}_1+\boldsymbol{x}_2+\cdots+\boldsymbol{x}_n \\ &= \boldsymbol{z}_{n-1}+\boldsymbol{x}_n \qquad (n\geq 1,\ \boldsymbol{z}_0=0) \end{aligned} \tag{4.22}$$

で表される。この過程を**単純ランダムウォーク**(simple random walk)，あるいは，**乱歩(酔歩)**などという。この過程の n ステップ後の平均値は

$$\begin{aligned} \boldsymbol{E}[\boldsymbol{z}_n] &= \sum_{k=1}^{n} \boldsymbol{E}[\boldsymbol{x}_k] \\ &= \sum_{k=1}^{n}\left\{\frac{1}{2}d+\frac{1}{2}(-d)\right\}=0 \end{aligned} \tag{4.23}$$

であり，分散は

$$\begin{aligned} \boldsymbol{V}[\boldsymbol{z}_n] &= \boldsymbol{E}[\{\boldsymbol{z}_n-\boldsymbol{E}[\boldsymbol{z}_n]\}^2] \\ &= \boldsymbol{E}[\boldsymbol{z}_n{}^2] \\ &= \sum_{k=1}^{n} \boldsymbol{E}[\boldsymbol{x}_k{}^2] \\ &= \sum_{k=1}^{n}\left\{\frac{1}{2}d^2+\frac{1}{2}(-d)^2\right\}=nd^2 \end{aligned} \tag{4.24}$$

となる。単純ランダムウォークでは時間の経過に従いその平均値は一定値，零を有するが，分散は次第に増大しランダム化されることを示している。

この確率過程はある種の制御系にランダムウォークフィルタとして使用されている。その基本は図 4.7 に示す構成から成る。+1 の入力はカウンタを上に 1 ビット，また，−1 の入力はこれを下に 1 ビットそれぞれシフトさせる。カ

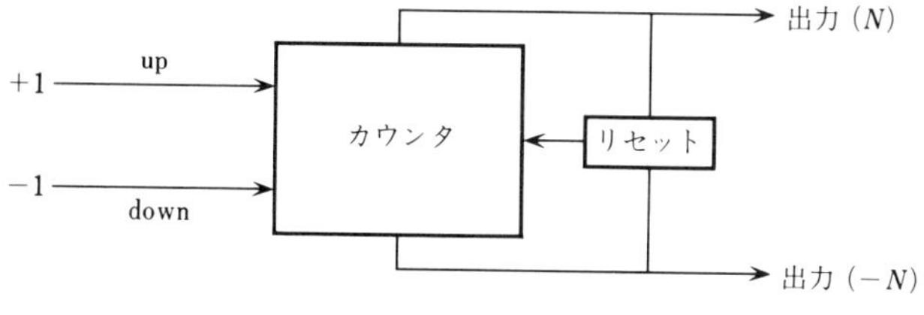

図 4.7 ランダムウォークフィルタ構成図

ウンタが N または $-N$ に到達すると出力を発し，カウンタは再び初期値，零にリセットされる働きをするものである。

[例題 4.8] 単純ランダムウォークでステップ数 n が十分大きい場合，正の向きに進む回数が k 回($k \leq n$)となる確率は正規確率密度 $N(n/2, n/4)$ で与えられることを示せ。

この場合の位置 z_n は

$$z_n = kd + (n-d) \times (-d)$$
$$= (2k-n)d$$

各歩行はベルヌーイの試行で決まるから，n ステップ後に $z_n = (2k-n)d$ となる確率は二項分布の確率密度で与えられ

$$P_r(z_n = (2k-n)d) = {}_n\mathrm{C}_k \left(\frac{1}{2}\right)^k \left(\frac{1}{2}\right)^{n-k}$$

$n \to \infty$ ならば，3.6 節に述べた de Moivre-Laplace の定理により

$$P_r \xrightarrow[n\to\infty]{} \frac{1}{\sqrt{n\pi/2}} \exp\left\{-\frac{(k-n/2)^2}{n/2}\right\} = N\left(\frac{n}{2}, \frac{n}{4}\right)$$

となる。$k = n/2$ が最大確率で生ずることがわかる。

4.5　ランダムウォーク過程から拡散過程へ

4.4 節では運動が離散的となるランダムウォークについて述べたが，自然界には連続的運動とみなせるランダムウォークも多く存在する。両者の関連を調べてみよう。

直線上を時間間隔 T のステップで $\pm d$ の距離だけ移動する 1 次元ランダムウォークを考え，(+)方向へ移動する確率を α，(−)方向へのそれを $\beta(=1-\alpha)$ としよう。4.4 節の単純ランダムウォークは $\alpha = \beta = 1/2$ の場合にあたることに注意しよう。時刻 $t=0$ に，原点 $z=0$ を出発した動点が n ステップ後 ($t = nT$) にある距離 z に来る確率 $p(z, t)$ をランダムウォーク(離散的な過程)から連続過程へ変換して求めよう。

$p(z, t)$ が次の差分方程式と初期条件

$$p(z, t+T) = \alpha p(z-d, t) + \beta p(z+d, t) \qquad (4.25)$$
$$p(0, 0) = 1$$
$$p(z, 0) = 0 \qquad (z \neq 0)$$

を満足することは図 4.8 から容易にわかる。ここで，式(4.25)の d と T を限りなく零に近づけた場合を考えよう。一般的に，テイラー展開によるとある関数 f は

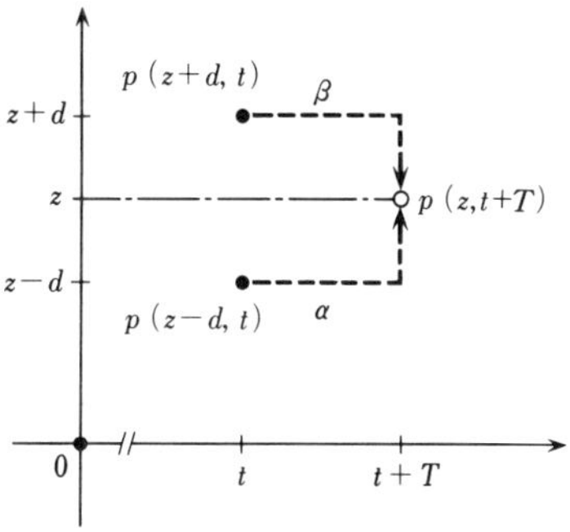

図 4.8 単純ランダムウォーク過程における推移経路

$$f(z\pm h)=f(z)\pm h\frac{\mathrm{d}f(z)}{\mathrm{d}z}+\frac{h^2}{2!}\frac{\mathrm{d}^2 f(z)}{\mathrm{d}z^2}+O(\pm h^3) \qquad (4.26)$$

と展開できる。$\alpha+\beta=1$ であることを考慮して式(4.25)を変形すると

$$p(z,\, t+T)-p(z,\, t)=\alpha\{p(z-d,\, t)-p(z,\, t)\}$$
$$+\beta\{p(z+d,\, t)-p(z,\, t)\}$$

ここで，$p(z,\, t)$ が z と t に関して 2 回微分可能であれば，左辺，右辺はそれぞれ，式(4.26)を用いて

$$T\frac{\partial p(z,\, t)}{\partial t}+\frac{T^2}{2}\frac{\partial^2 p(z,\, t)}{\partial t^2}+O(T^3)$$
$$=-\alpha d\frac{\partial p(z,\, t)}{\partial z}+\alpha\frac{d^2}{2}\frac{\partial^2 p(z,\, t)}{\partial z^2}+O(-d^3)$$
$$+\beta d\frac{\partial p(z,\, t)}{\partial z}+\beta\frac{d^2}{2}\frac{\partial^2 p(z,\, t)}{\partial z^2}+O(d^3) \qquad (4.27)$$

となる。さて，動点の $(0,\, t)$ 間における全移動量の平均と分散は $d,\, T$ のとり方によらず有限な値をもつはずであり，4.4 節の式(4.23)，(4.24)を参照して，

$$\begin{cases} \text{分散:} \quad \{1-(\alpha-\beta)^2\}d^2\dfrac{t}{T}=2\alpha\beta tD \qquad (D=d^2/T) \\ \text{平均:} \quad (\alpha-\beta)d\dfrac{t}{T}=\dfrac{(\alpha-\beta)t}{d}D=tc \end{cases} \qquad (4.28)$$

と書ける。ただし，$D,\, c$ は定数であり，それぞれ，D は**拡散係数**(diffusion coefficient)(無限小分散)，c は**移動係数**(drift coefficient)(無限小速度)とよばれる。

式(4.27)の両辺に $1/T$ を掛けて式(4.28)の関係を用いれば，$p(z,\, t)$ は極限において

$$\frac{\partial p(z,t)}{\partial t}=-c\frac{\partial p(z,t)}{\partial z}+\frac{1}{2}D\frac{\partial^2 p(z,t)}{\partial z^2} \tag{4.29}$$

の偏微分方程式を満足することになる。ここで，右辺第1項はドリフト項を表し $\alpha=\beta$ の対称性がある場合には消滅する。第2項は拡散項となる。式(4.29)は偏りのある拡散に対する**フォッカー・プランク方程式**(Fokker-Planck equation)とよばれる。結局，$p(z,t)$ は t に関して1回，z に関して2回微分可能であることが要請される。

[例題 4.9]　ウィナー過程　1827年に，R. Brown が液体の中で小さな粒子は絶えず不規則な運動をしているのを観測したことに端を発した**ブラウン運動**(Brownian motion)は移動係数 $c=0$ の Fokker-Planck 方程式(4.29)で記述され，ウィナー過程(Wiener process)ともよばれる。この過程の確率 $p(z,t)$ を求めよ。

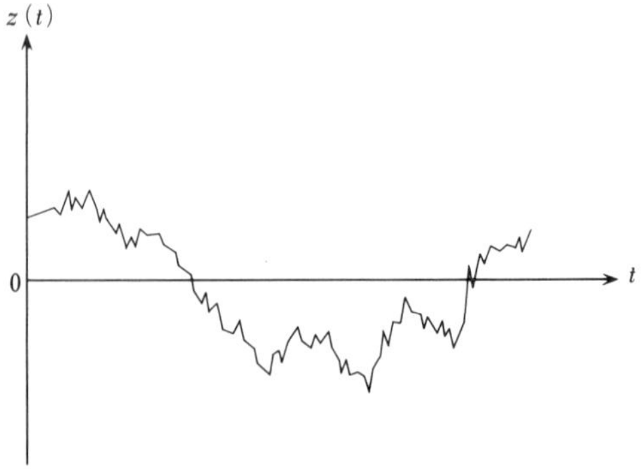

図 4.9　1次元ブラウン運動の例

$t=0$ での微粒子の位置を座標の原点に選ぼう。$c=0$，すなわち，ランダムウォークは対称であるから古典的な**拡散方程式**(diffusion equation)

$$\frac{\partial p(z,t)}{\partial t}=\frac{1}{2}D\frac{\partial^2 p(z,t)}{\partial z^2} \tag{4.30}$$

の解を，初期条件

$$p(z,0)=p_0(z) \qquad (-\infty<z<\infty) \tag{4.31}$$

のもとに境界のない自由空間の条件で解くことになる。

$p(z,t)$ を線形分離し，$p(z,t)=Z(z)T(t)$ を式(4.30)に代入すると

$$\frac{2}{D}\frac{1}{T}\frac{\partial T}{\partial t}=\frac{1}{Z}\frac{\partial^2 Z}{\partial z^2}=-a^2 \qquad (a^2>0 \text{ の定数})$$

となる。右辺の負の分離定数 $(-a^2)$ は解が時間的に有限値をもつことから要請される。したがって，解は積分定数を A, B として

$$p(z, t : a)=(A\cos az+B\sin az)e^{-\frac{a^2}{2}Dt}$$

式(4.30)は線形，同時であるから一般解は

$$p(z, t)=\int_0^\infty p(z, t ; a)\mathrm{d}a$$
$$=\int_0^\infty \{A(a)\cos az+B(a)\sin az\}e^{-\frac{a^2}{2}Dt}\mathrm{d}a \tag{4.32}$$

初期条件(4.31)より式(4.32)は

$$p(z, 0)=\int_0^\infty \{A(a)\cos az+B(a)\sin az\}\mathrm{d}a=p_0(z)$$

ここで，$A(a)$, $B(a)$ はフーリエ変換により

$$\left.\begin{aligned} A(a)&=\frac{1}{\pi}\int_{-\infty}^{\infty} p_0(v)\cos av\,\mathrm{d}v \\ B(a)&=\frac{1}{\pi}\int_{-\infty}^{\infty} p_0(v)\sin av\,\mathrm{d}v \end{aligned}\right\} \tag{4.33}$$

式(4.32)，(4.33)から

$$p(z, t)=\frac{1}{\pi}\int_0^\infty\left\{\int_{-\infty}^{\infty} p_0(v)\cos(az-av)e^{-\frac{a^2}{2}Dt}\mathrm{d}v\right\}\mathrm{d}a$$
$$=\frac{1}{\pi}\int_{-\infty}^{\infty} p_0(v)\left\{\int_0^\infty e^{-\frac{a^2}{2}Dt}\cos(az-av)\mathrm{d}a\right\}\mathrm{d}v$$
$$=\frac{1}{(2\pi Dt)^{1/2}}\int_{-\infty}^{\infty} p_0(v)e^{-\frac{(z-v)^2}{2Dt}}\mathrm{d}v \tag{4.34}$$

特に，初期条件がデルタ関数，$p_0(z)=\delta(z)$ の場合には，$p(z, t)$ は正規確率密度関数

$$p(z, t)=\frac{1}{(2\pi Dt)^{1/2}}e^{-\frac{z^2}{2Dt}}\equiv N(0, Dt) \tag{4.35}$$

を有する。図 4.10 は鋭い初期分布密度をもつ粒子群がウィナー過程に従うとき，時間と共に次第に拡張し広がっていく様子を示している。式(4.35)より，ウィナー過程は時間に依存して分散が変化する過程であり，非定常正規過程の一種である。

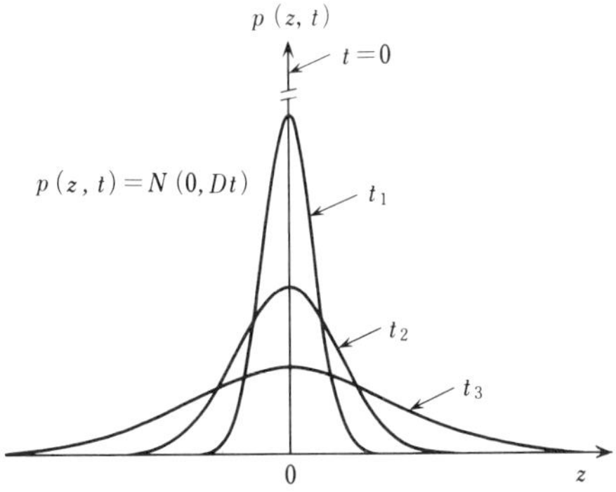

図 4.10　ウィナー過程の確率密度の時間変化 ($t_1<t_2<t_3$)

[例題 **4.10**]　ウィナー過程の自己相関関数 $R(t_1, t_2)$ を求めよ。

ウィナー過程は正規確率密度をもち，いま，初期条件として $\boldsymbol{z}(0)=0$ とすれば，$\boldsymbol{E}[\boldsymbol{z}(t)]=0$ で

$$\boldsymbol{V}[\boldsymbol{z}(t)]=\boldsymbol{E}[\boldsymbol{z}(t)^2]=Dt$$

となる。ここで，$t_1<t_2$ ならば，

$$\{\boldsymbol{z}(t_2)-\boldsymbol{z}(t_1)\} \text{ と } \boldsymbol{z}(t_1)$$

は互いに独立であり，

$$\begin{aligned}\boldsymbol{E}[\{\boldsymbol{z}(t_2)-\boldsymbol{z}(t_1)\}\boldsymbol{z}(t_1)] &= \boldsymbol{E}[\boldsymbol{z}(t_2)\boldsymbol{z}(t_1)-\boldsymbol{z}(t_1)^2] \\ &= \boldsymbol{E}[\boldsymbol{z}(t_1)\boldsymbol{z}(t_2)]-\boldsymbol{E}[\boldsymbol{z}(t_1)^2] \\ &= 0\end{aligned}$$

が成り立つ。

したがって，

$$\begin{aligned}R(t_1, t_2) &= \boldsymbol{E}[\boldsymbol{z}(t_1)\boldsymbol{z}(t_2)] \\ &= \boldsymbol{E}[\boldsymbol{z}(t_1)^2]=Dt_1\end{aligned}$$

$t_1>t_2$ の場合も同様であるから，まとめて

$$R(t_1, t_2)=\begin{cases} Dt_1 & (t_1<t_2) \\ Dt_2 & (t_1>t_2)\end{cases}$$

を得る。自己相関関数は時間間隔 (t_1-t_2) の関数ではない。したがって，ウィナー過程は非定常過程に属することに注意しよう。

4.6　ポアソン過程

地表のある点に入射する宇宙線の数とか放射性元素の崩壊の数などの自然現象や電話の呼び，夜間に有料道路の料金所を通過する車の数などの日常現象は離散的確率過程であり，ポアソン過程として知られている。

図 4.11 のように，$(0, t)$ 間における偶発事象を A とし，続く $(t, t+\Delta t)$ において特に k 回の偶発事象が起きる事象を B とする。このとき，確率過程 $\boldsymbol{x}(t)$ が次の 3 つの条件，

〈1〉　**独立性**(残留効果なし)　　$P(B)$ は時刻 t 以前に事象がどのように何回起こったかによらず，A と B は互いに独立で，$P(B|A)=P(B)$ となる。

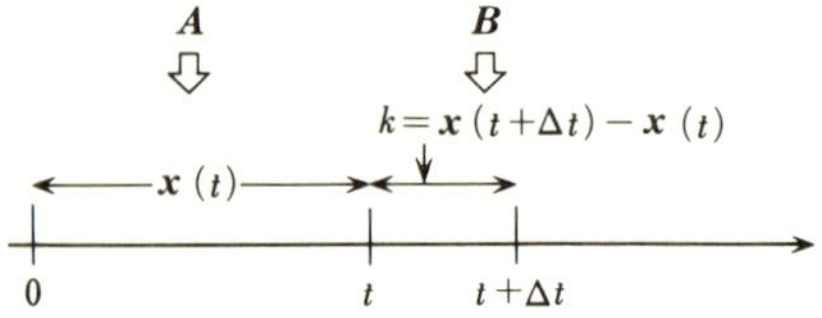

図 4.11

〈2〉 **定常性** $P(B)$ は時間の長さ $\Delta t\,(>0)$ と偶発事象の生起数 $k\,(>0)$ のみに依存し時刻 t に無関係である。

〈3〉 **稀少性** 長さ Δt の時間内に偶発事象が1回起こる確率は

$$P\{\boldsymbol{x}(t+\Delta t)-\boldsymbol{x}(t)=1\}=\lambda\Delta t+O(\Delta t) \qquad (\lambda>0)$$

であり，かつ，Δt の間に2回以上起こる確率は

$$P\{\boldsymbol{x}(t+\Delta t)-\boldsymbol{x}(t)\geq 2\}=O(\Delta t)$$

である。

を満足するとき，$\boldsymbol{x}(t)$ は**ポアソン過程**(Poisson process)に従うという。時間長 t の間に偶発事象が k 回 $(k=1, 2, \cdots)$ だけ起こる確率を

$$P\{\boldsymbol{x}(t)=k\}=p_k(t)$$

と記そう。

まず，偶発事象が $(0, t)$ 間に一度も起こらない確率 $p_0(t)$ を求めよう。〈1〉の独立性の仮定から

$$p_0(t+\Delta t)=p_0(t)p_0(\Delta t)$$

が，また，〈3〉の稀少性の仮定から

$$\begin{aligned} &p_0(\Delta t)+p_1(\Delta t)+p_2(\Delta t)+\cdots \\ &=p_0(\Delta t)+\lambda\Delta t+O(\Delta t) \\ &=1 \end{aligned}$$

が成り立つから

$$p_0(t+\Delta t)=p_0(t)(1-\lambda\Delta t)$$

あるいは

$$\frac{p_0(t+\Delta t)-p_0(t)}{\Delta t}=-\lambda p_0(t)$$

したがって，$p_0(t)$ は微分方程式

$$\frac{\mathrm{d}p_0(t)}{\mathrm{d}t}=-\lambda p_0(t)$$

の解として

$$p_0(t)=ce^{-\lambda t}$$

となる。ここで，時刻 $t=0$ において事象が起きないことは確実，$p_0(0)=1$，であり定数 $c=1$ となる。よって，

$$p_0(t)=e^{-\lambda t} \tag{4.36}$$

を得る。

次に，$p_k(t)(k>0)$ を求めよう。$p_k(t+\Delta t)$ は次の三通りの異なった仕方で起こる。

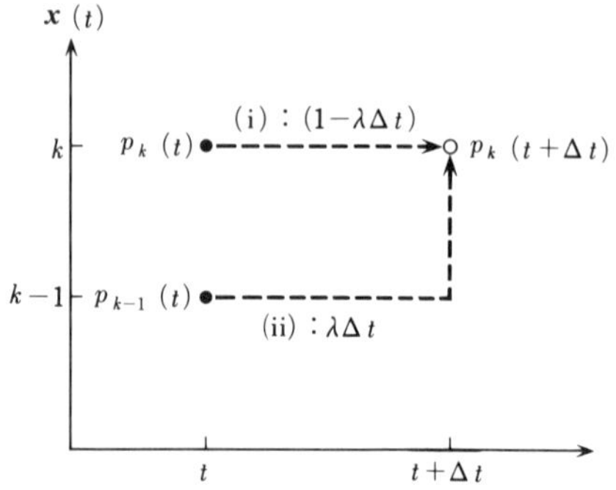

図 4.12　ポアソン過程における推移経路

（i）　$(0, t)$ で事象が k 回起こり，続く時間 Δt で何も起こらない。

⇨$p_k(t)$ と $p_0(\Delta t)$ は性質〈1〉から互いに独立であり，その確率は $p_k(t)p_0(\Delta t)$

（ii）　$(0, t)$ で事象が $(k-1)$ 回起こり，続く時間 Δt で1回だけ起こる。

⇨同様に，その確率は，$p_{k-1}(t)p_1(\Delta t)$

（iii）　$(0, t)$ で事象が $(k-i)$, $i=2, 3, \cdots$ 回起こり，続く時間 Δt で i 回だけ起こる。

⇨ 性質〈3〉から，$i \geq 2$ に対して $p_i(\Delta t) \to O(\Delta t)$ であるから，$\sum_{i=2}^{k} p_{k-i}(t)p_i(\Delta t) \to O(\Delta t)$

したがって，$p_k(t+\Delta t)$ は上の（i）～(iii)の3つの排反事象の和から

$$
\begin{aligned}
p_k(t+\Delta t) &= p_0(\Delta t)p_k(t)+p_1(\Delta t)p_{k-1}(t)+O(\Delta t) \\
&= (1-\lambda\Delta t)p_k(t)+\lambda\Delta t p_{k-1}(t)+O(\Delta t)
\end{aligned}
$$

と表される。ここで，性質〈3〉より，$p_0(\Delta t)=1-\lambda\Delta t$, $p_1(\Delta t)=\lambda\Delta t$ を用いた。まとめると，

$$
\frac{p_k(t+\Delta t)-p_k(t)}{\Delta t} = -\lambda p_k(t)+\lambda p_{k-1}(t)+\frac{O(\Delta t)}{\Delta t}
$$

$\Delta t \to 0$ とすれば，$O(\Delta t)/\Delta t \to 0$ となり極限が存在するから微分差分方程式

$$
\frac{\mathrm{d}}{\mathrm{d}t}p_k(t) = -\lambda p_k(t)+\lambda p_{k-1}(t) \qquad (k=1, 2, \cdots) \tag{4.37}
$$

が得られる（ただし，$p_k(0)=0$）。微分方程式(4.37)の解法には多少の工夫が必要で

$$p_k(t)=e^{-\lambda t}v_k(t) \tag{4.38}$$

とおこう。式(4.38)を式(4.37)に代入して

$$\frac{\mathrm{d}}{\mathrm{d}t}v_k(t)=\lambda v_{k-1}(t) \qquad (k=1, 2, \cdots) \tag{4.39}$$

ただし，式(4.36)から $v_0(t)=1$ で，初期条件は $v_k(0)=0$ となる。

式(4.39)を順次解いて，

$$\frac{\mathrm{d}}{\mathrm{d}t}v_1(t)=\lambda$$

から，$v_1(t)=\lambda t+C$ で，初期条件，$v_1(0)=0$ より $C=0$，よって，$v_1(t)=\lambda t$ である。

$$\begin{aligned}\frac{\mathrm{d}}{\mathrm{d}t}v_2(t)&=\lambda v_1(t)\\&=\lambda^2 t\end{aligned}$$

から，$v_2(t)=\frac{1}{2}\lambda^2 t^2+C$ で，$v_2(0)=0$ より，$v_2(t)=\frac{\lambda^2 t^2}{2!}$ である。

同様にして，

$$v_k(t)=\frac{\lambda^k t^k}{k!}$$

したがって，$p_k(t)$ は一般的に

$$p_k(t)=\frac{(\lambda t)^k}{k!}e^{-\lambda t} \qquad (k=1, 2, \cdots) \tag{4.40}$$

となる。これは各時間 t に対して確率変数 $\boldsymbol{x}(t)$ がパラメータ λt のポアソン分布に従うことを示している(3.4節参照)。

4.6.1　ポアソン過程の性質

〈**性質　1**〉　ポアソン過程では長さ t の時間間隔に k 回の偶発事象 $\boldsymbol{x}(t)=k$ が発生する確率 $p_k(t)$ は

$$p_k(t)=\frac{(\lambda t)^k}{k!}e^{-\lambda t} \tag{4.40}$$

である。

[**例題　4.11**]　ポアソン過程に従う確率変数 $\boldsymbol{x}(t)$ の平均，二乗平均，自己相関関数を求めよ。

ポアソン過程の特性関数 $\varphi(\theta\,;\,t)$ は3.10節の例題3.15で行ったように

$$\begin{aligned}\varphi(\theta\,;\,t)&=\boldsymbol{E}[e^{i\theta x(t)}]\\&=\sum_{k=0}^{\infty}\frac{(\lambda t)^k}{k!}e^{-\lambda t}e^{i\theta k}\\&=e^{\lambda t(e^{i\theta}-1)}\end{aligned}$$

となる。よって，特性関数の性質から

$$E[x(t)]=\frac{1}{i}\frac{\mathrm{d}}{\mathrm{d}\theta}\ln\varphi(\theta\,;\,t)$$
$$=\lambda t$$

したがって，偶発事象が起きた時刻を $t_1, t_2, \cdots$ とすると，$x(t)$ は図 4.13 に示すように各時刻 t_k で等しいジャンプを行い平均でいえば λt の直線となる。また，

$$V[x(t)]=-\frac{\mathrm{d}^2}{\mathrm{d}\theta^2}\ln\varphi(\theta\,;\,t)\,|_{\theta=0}=\lambda t$$

したがって，

$$E[x(t)^2]=V[x(t)]+\{E[x(t)]\}^2$$
$$=\lambda t+(\lambda t)^2$$

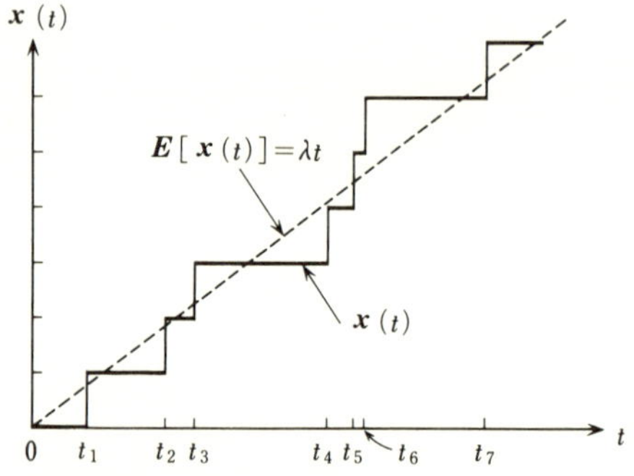

図 4.13 1次元ポアソン過程の例

次に，ポアソン過程では，$0<t_a<t_b$ のとき，$(0, t_a)$ 間の事象 $x(t_a)$ と (t_a, t_b) 間の $x(t_b)-x(t_a)$ は互いに独立であるから，自己相関関数は

$$\begin{aligned}R_{xx}(t_a, t_b)&=E[x(t_a)x(t_b)]\\&=E[x(t_a)\{x(t_b)-x(t_a)\}+x(t_a)^2]\\&=E[x(t_a)]E[x(t_b)-x(t_a)]+E[x(t_a)^2]\\&=\lambda t_a\cdot\lambda(t_b-t_a)+(\lambda t_a)^2+\lambda t_a\\&=\lambda t_a+\lambda^2 t_a t_b\end{aligned}$$

同様に，$t_b<t_a$ の場合には $R_{xx}(t_a, t_b)=\lambda t_b+\lambda^2 t_a t_b$ となるからまとめて，

$$R_{xx}(t_a, t_b)=\begin{cases}\lambda t_a+\lambda^2 t_a t_b & (t_a<t_b)\\ \lambda t_b+\lambda^2 t_a t_b & (t_a>t_b)\end{cases} \tag{4.41}$$

〈性質 2〉 ポアソン過程の下では，長さ t の時間間隔に偶発事象が全く起きない確率 $p_0(t)$ は

$$p_0(t)=e^{-\lambda t} \tag{4.36}$$

である。

〈**性質 3**〉 ポアソン過程では $t=0$ からはかって，初めて偶発事象が起こるまでの時間 t の確率密度 $f(t)$ は

$$f(t)=\lambda e^{-\lambda t} \tag{4.42}$$

である。同様に，相続いて起こる 2 つの事象の時間間隔がもつ確率密度も式(4.42)で与えられる。

[**例題 4.12**] 〈性質 3〉を証明せよ。

t の分布関数は

$$F(t)=\sum_{k=1}^{\infty}\frac{(\lambda t)^k}{k!}e^{-\lambda t}=1-e^{-\lambda t}$$

よって，確率密度 $f(t)$ は

$$f(t)=\frac{\mathrm{d}}{\mathrm{d}t}F(t)=\lambda e^{-\lambda t}$$

となる。

〈**性質 4**〉 $t=0$ からはかって，n 番目の偶発事象が起こるまでの時間の確率密度 $f_n(t)$ は

$$f_n(t)=\lambda\frac{(\lambda t)^{n-1}}{(n-1)!}e^{-\lambda t} \tag{4.43}$$

で与えられる。式(4.43)は 3.8 節で述べたガンマ分布の確率密度関数であることに注意しよう。

[**例題 4.13**] n 番目の偶発事象が発生するまでの時間の密度が式(4.43)で与えられ，その平均値は n/λ となることを示せ。

式(4.43)から

$$\begin{aligned}\boldsymbol{E}&=\int_0^{\infty} tf_n(t)\mathrm{d}t\\&=\int_0^{\infty}\frac{(\lambda t)^n}{(n-1)!}e^{-\lambda t}\mathrm{d}t\end{aligned}$$

$\lambda t=x$ とおくと

$$\begin{aligned}&=\int_0^{\infty}\frac{x^n}{(n-1)!}e^{-x}\frac{1}{\lambda}\mathrm{d}x\\&=\frac{1}{\lambda}\frac{1}{(n-1)!}\int_0^{\infty}e^{-x}x^n\mathrm{d}x\\&=\frac{1}{\lambda}\frac{1}{(n-1)!}\cdot n!\\&=\frac{n}{\lambda}\end{aligned}$$

ここで，

$$\Gamma(n+1)=\int_0^{\infty}e^{-x}x^n\mathrm{d}x=n!$$

を用いた。

［**例題 4.14**］　ランダム事象がポアソン過程に従って生起し，$(0, t)$ における全生起数が偶数のとき $\boldsymbol{x}(t)=a$，奇数のとき $\boldsymbol{x}(t)=-a\,(a>0)$ となるランダム信号がある。この過程 $\boldsymbol{x}(t)$ の平均と自己相関関数，および，パワースペクトルを求めよ。

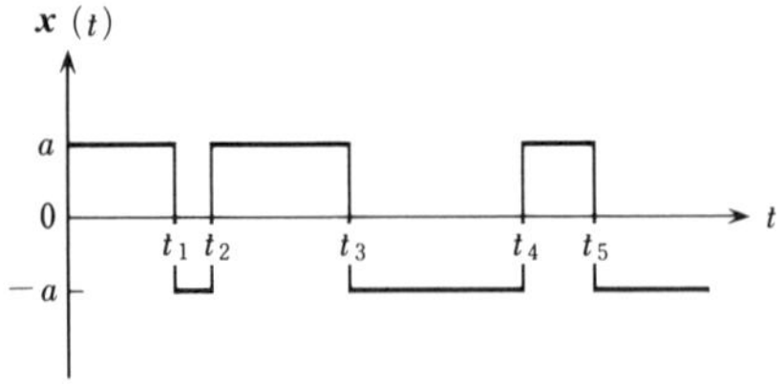

図 4.14　ポアソン過程に従うランダム信号

$(0, t)$ 間に偶数個の事象が起こる確率，すなわち，$P\{\boldsymbol{x}(t)=a\}$ は

$$p_0(t)+p_2(t)+\cdots+p_{2n}(t)+\cdots=e^{-\lambda t}\left[1+\frac{(\lambda t)^2}{2!}+\cdots+\frac{(\lambda t)^{2n}}{(2n)!}+\cdots\right]$$
$$=e^{-\lambda t}\cosh(\lambda t)$$

同様に，奇数個の事象が起こる確率，$P\{\boldsymbol{x}(t)=-a\}$ は

$$p_1(t)+p_3(t)+\cdots+p_{2n-1}(t)+\cdots=e^{-\lambda t}\left[\lambda t+\frac{(\lambda t)^3}{3!}+\cdots+\frac{(\lambda t)^{2n-1}}{(2n-1)!}+\cdots\right]$$
$$=e^{-\lambda t}\sinh(\lambda t)$$

したがって，平均値は

$$\begin{aligned}\boldsymbol{E}[\boldsymbol{x}(t)]&=aP\{\boldsymbol{x}(t)=a\}+(-a)P\{\boldsymbol{x}(t)=-a\}\\&=ae^{-\lambda t}\{\cosh(\lambda t)-\sinh(\lambda t)\}\\&=ae^{-2\lambda t}\end{aligned}$$

$\boldsymbol{x}(t), \boldsymbol{x}(t+\tau)$ が同符号なら $\boldsymbol{x}(t)\boldsymbol{x}(t+\tau)=a^2$ でその確率は $P\{\boldsymbol{x}(t)=a\}$，また，異符号であれば $\boldsymbol{x}(t)\boldsymbol{x}(t+\tau)=-a^2$ でその確率は $P\{\boldsymbol{x}(t)=-a\}$ であるから，自己相関関数は

$$\begin{aligned}R_{xx}(\tau)&=\boldsymbol{E}[\boldsymbol{x}(t)\boldsymbol{x}(t+\tau)]\\&=a^2P\{\boldsymbol{x}(t)=a\}-a^2P\{\boldsymbol{x}(t)=-a\}\\&=a^2e^{-\lambda\tau}\{\cosh(\lambda\tau)-\sinh(\lambda\tau)\}\\&=a^2e^{-2\lambda\tau}\end{aligned}$$

次に，パワースペクトルは

$$\begin{aligned}S_{xx}(\omega)&=\int_{-\infty}^{\infty}R_{xx}(\tau)e^{-i\omega\tau}\mathrm{d}\tau\\&=2\int_0^{\infty}a^2e^{-2\lambda\tau}e^{-i\omega\tau}\mathrm{d}\tau\\&=\frac{-2a^2}{i\omega+2\lambda}\left[e^{-(i\omega+2\lambda)\tau}\right]_0^{\infty}\end{aligned}$$

$$=\frac{2a^2}{i\omega+2\lambda}$$

実部をとって,

$$S_{xx}(\omega)=\frac{4a^2\lambda}{\omega^2+4\lambda^2}$$

となる($R_{xx}(\tau)$ と $S_{xx}(\omega)$ の形状は図 4.4(a)を参照のこと)。

4.6.2　計数管モデル

典型的なポアソン過程の観測例とこれに伴って附随的に出現する確率過程について述べる。フォトンがポアソン過程に従って光電子増倍板(チャネルプレート)に入射し, 増倍板からの出力パルスがカウンタで計数される場合を考えよう。この例は興味ある 3 つの確率過程を内包している。

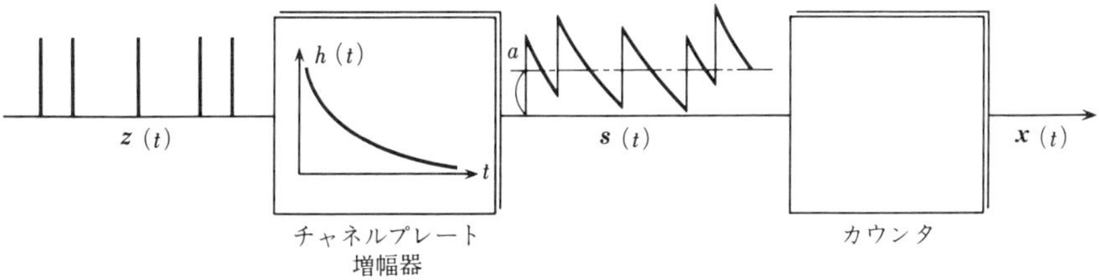

図 4.15　計数管モデル

(i)　フォトンの到着は物理的に見ればインパルス的に生ずるから, 各フォトンの到着時刻を t_k とすれば増倍板への入力は次の**ポアソンインパルス過程**

$$\boldsymbol{z}(t)=\sum_k \delta(t-t_k) \tag{4.44}$$

でモデル化される。

(ii)　増倍板がインパルス応答 $h(t)$ をもつ線形(すなわち, 加法的)システムである場合, その出力は

$$\begin{aligned}\boldsymbol{s}(t)&=\int \boldsymbol{z}(t-s)h(s)\mathrm{d}s=\int \boldsymbol{z}(s)h(t-s)\mathrm{d}s\\&=\int\sum_k \delta(s-t_k)h(t-s)\mathrm{d}s\\&=\sum_k h(t-t_k)\end{aligned} \tag{4.45}$$

となる。もちろん, $\boldsymbol{s}(t)$ も確率過程であり歴史的経緯から**一様ショット雑音過程**とよばれている。カウンタの出力 $\boldsymbol{x}(t)$ も当然 1 つの確率過程をなし, 図 4.16 のように増倍板出力 $\boldsymbol{s}(t)$ があるスレシュホード a を越えた場合にのみ

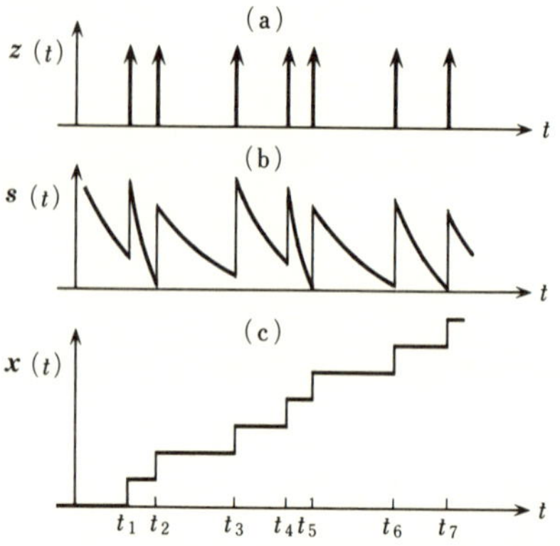

図 4.16　ポアソンインパルス過程(a)，ショット雑音過程 (b)，ポアソン過程 (c) の関連性

カウンタが動作するようにセットすれば，$\boldsymbol{x}(t)$ はポアソン過程となる。

[例題 4.15]　ポアソンインパルス過程の平均と自己相関関数を求めよ。

$\boldsymbol{z}(t)$ はポアソン過程 $\boldsymbol{x}(t)$ との間に，物理的に見て

$$\boldsymbol{z}(t)=\frac{\mathrm{d}}{\mathrm{d}t}\boldsymbol{x}(t)$$

の関係があるから，$\boldsymbol{E}[\boldsymbol{x}(t)]=\lambda t$ より

$$\begin{aligned}\boldsymbol{E}[\boldsymbol{z}(t)]&=\frac{\mathrm{d}}{\mathrm{d}t}\boldsymbol{E}[\boldsymbol{x}(t)]\\&=\frac{\mathrm{d}}{\mathrm{d}t}\lambda t=\lambda\end{aligned}\tag{4.46}$$

また，ポアソン過程の自己相関関数 $R_{xx}(t_a,\ t_b)$ は式(4.41)で与えられるから

$$\begin{aligned}R_{zz}(t_a,\ t_b)&=\boldsymbol{E}[\boldsymbol{z}(t_a)\boldsymbol{z}(t_b)]\\&=\frac{\partial^2}{\partial t_a\partial t_b}\boldsymbol{E}[\boldsymbol{x}(t_a)\boldsymbol{x}(t_b)]\\&=\frac{\partial^2}{\partial t_a\partial t_b}R_{xx}(t_a,\ t_b)\\&=\frac{\partial}{\partial t_a}\begin{Bmatrix}\lambda^2 t_a & (t_a<t_b)\\ \lambda+\lambda^2 t_a & (t_a>t_b)\end{Bmatrix}\\&=\frac{\partial}{\partial t_a}\{\lambda^2 t_a+\lambda u(t_a-t_b)\}\\&=\lambda^2+\lambda\delta(t_a-t_b)\end{aligned}\tag{4.47}$$

となる。ここで，$u(t_a-t_b)$ は単位ステップ関数(unit step function)で

$$u(t_a-t_b)=\begin{cases}1 & (t_a\geq t_b)\\ 0 & (t_a<t_b)\end{cases}\tag{4.48}$$

[例題 4.16] 一様ショット雑音過程の平均 $\boldsymbol{E}[\boldsymbol{s}(t)]$, 二乗平均 $\boldsymbol{E}[\boldsymbol{s}(t)^2]$ を求めよ。また，インパルス応答が $h(t)=e^{-\alpha t}u(t)$ である場合，$\boldsymbol{E}[\boldsymbol{s}(t)]$ と分散 $\boldsymbol{V}[\boldsymbol{s}(t)]$ を具体的に求めよ。

式(4.46)に注意すると平均は

$$\begin{aligned}\boldsymbol{E}[\boldsymbol{s}(t)]&=\boldsymbol{E}\left[\int_{-\infty}^{\infty}\boldsymbol{z}(t-s)h(s)\mathrm{d}s\right]\\&=\int_{-\infty}^{\infty}\boldsymbol{E}[\boldsymbol{z}(t-s)]h(s)\mathrm{d}s\\&=\lambda\int_{-\infty}^{\infty}h(s)\mathrm{d}s\end{aligned}\qquad(4.49)$$

式(4.47)に注意して二乗平均は

$$\begin{aligned}\boldsymbol{E}[\boldsymbol{s}(t)^2]&=\boldsymbol{E}\left[\int_{-\infty}^{\infty}\boldsymbol{z}(t-s)h(s)\mathrm{d}s\int_{-\infty}^{\infty}\boldsymbol{z}(t-s')h(s')\mathrm{d}s'\right]\\&=\int_{-\infty}^{\infty}\int_{-\infty}^{\infty}h(s)h(s')\boldsymbol{E}[\boldsymbol{z}(t-s)\boldsymbol{z}(t-s')]\mathrm{d}s\mathrm{d}s'\\&=\int_{-\infty}^{\infty}\int_{-\infty}^{\infty}h(s)h(s')\{\lambda^2+\lambda\delta(s'-s)\}\mathrm{d}s\mathrm{d}s'\\&=\lambda^2\left\{\int_{-\infty}^{\infty}h(s)\mathrm{d}s\right\}^2+\lambda\int_{-\infty}^{\infty}h(s)^2\mathrm{d}s\end{aligned}\qquad(4.50)$$

ここで，式(4.49)，(4.50)の関係は**キャンベルの定理**(Campbell's theorem)として知られている。

次に，$h(t)=e^{-\alpha t}u(t)$ を式(4.49)に代入して

$$\begin{aligned}\boldsymbol{E}[\boldsymbol{s}(t)]&=\lambda\int_{-\infty}^{\infty}e^{-\alpha s}u(s)\mathrm{d}s\\&=\lambda\int_{0}^{\infty}e^{-\alpha s}\mathrm{d}s\\&=\frac{\lambda}{\alpha}\end{aligned}$$

分散は式(4.49)，(4.50)から

$$\begin{aligned}\boldsymbol{V}[\boldsymbol{s}(t)]&=\boldsymbol{E}[\boldsymbol{s}(t)^2]-\{\boldsymbol{E}[\boldsymbol{s}(t)]\}^2\\&=\lambda^2\left\{\int_{-\infty}^{\infty}h(s)\mathrm{d}s\right\}^2+\lambda\int_{-\infty}^{\infty}h(s)^2\mathrm{d}s-\left\{\lambda\int_{-\infty}^{\infty}h(s)\mathrm{d}s\right\}^2\\&=\lambda\int_{-\infty}^{\infty}h(s)^2\mathrm{d}s\end{aligned}$$

上式に $h(s)=e^{-\alpha s}u(s)$ を代入して

$$\begin{aligned}\boldsymbol{V}[\boldsymbol{s}(t)]&=\lambda\int_{-\infty}^{\infty}e^{-2\alpha s}u(s)^2\mathrm{d}s\\&=\lambda\int_{0}^{\infty}e^{-2\alpha s}\mathrm{d}s\\&=\frac{\lambda}{2\alpha}\end{aligned}$$

を得る。

4.7 純出生過程

ポアソン過程の最も簡単な拡張として独立性の仮定を取り除いた過程が**純出生過程**(pure birth process)である。$(0, t)$ 間に偶発事象が k 回起き，引き続く $(t, t+\Delta t)$ 間で新たに1回の事象が生起する確率を k に依存した形で

$$\lambda_k \Delta t + O(\Delta t)$$

とする。このとき，$p_k(t)$ はポアソン過程で用いた考え方と同様にして

$$p_k(t+\Delta t) = (1-\lambda_k \Delta t) p_k(t) + \lambda_{k-1} \Delta t p_{k-1}(t) + O(\Delta t)$$

あるいは，微分差分方程式として

$$\left.\begin{aligned} &\frac{\mathrm{d}}{\mathrm{d}t} p_k(t) = -\lambda_k p_k(t) + \lambda_{k-1} p_{k-1}(t) \qquad (k=1, 2, \cdots) \\ &\frac{\mathrm{d}}{\mathrm{d}t} p_0(t) = -\lambda_0 p_0(t) \end{aligned}\right\} \tag{4.51}$$

を満たす。

さて，初期条件として，$t=0$ で状態数0の状態から純出生過程がはじまるとし，

$$p_0(0) = 1$$
$$p_k(0) = 0 \qquad (k \geq 1)$$

を仮定した場合を考えよう。式(4.51)より $p_0(t)$ は

$$p_0(t) = e^{-\lambda_0 t} \tag{4.52}$$

次に，$p_1(t)$ は式(4.51)に式(4.52)を代入して得られる非同次微分方程式

$$\frac{\mathrm{d}}{\mathrm{d}t} p_1(t) = -\lambda_1 p_1(t) + \lambda_0 e^{-\lambda_0 t}$$

の解として

$$\begin{aligned} p_1(t) &= e^{-\lambda_1 t}\left\{\int \lambda_0 e^{-\lambda_0 t} e^{\lambda_1 t} \mathrm{d}t + c\right\} \\ &= \frac{\lambda_0}{\lambda_1 - \lambda_0} e^{-\lambda_0 t} + c e^{-\lambda_1 t} \end{aligned}$$

となる。ここで，$p_1(0)=0$ より積分定数 c は $c = -\dfrac{\lambda_0}{\lambda_1 - \lambda_0}$ となるから

$$p_1(t) = \frac{\lambda_0}{\lambda_1 - \lambda_0}(e^{-\lambda_0 t} - e^{-\lambda_1 t}) \tag{4.53}$$

を得る。以下同様にして，

$$p_k(t) = \lambda_{k-1} e^{-\lambda_k t} \int_0^t e^{\lambda_k t} p_{k-1}(t) \mathrm{d}t \tag{4.54}$$

から順次求まる。

［例題　4.17］　細胞分裂や宇宙線シャワーによる新しい細胞や放射線が生成される場合，その構成員の間に相互作用がなく，しかも消滅もない過程が現れる。これを**ユール過程**（Yule process），あるいは，**ファリー過程**（Furry process）という。最初の個体数を n とするとき $p_k(t),\ k>n$ を求めよ。

仮定から，純出生過程で

$$\lambda_k = k\lambda$$

となる場合であるから，ユール過程の微分差分方程式は

$$\left.\begin{aligned}\frac{\mathrm{d}}{\mathrm{d}t}p_k(t)&=-k\lambda p_k(t)+(k-1)\lambda p_{k-1}(t) \qquad (k>n)\\ \frac{\mathrm{d}}{\mathrm{d}t}p_n(t)&=-n\lambda p_n(t)\end{aligned}\right\} \tag{4.55}$$

まず，$p_n(t)$ は

$$p_n(t)=e^{-n\lambda t} \tag{4.56}$$

となる。$p_{n+1}(t)$ に対しては式(4.56)を式(4.55)に代入した

$$\frac{\mathrm{d}}{\mathrm{d}t}p_{n+1}(t)=-(n+1)\lambda p_{n+1}(t)+n\lambda e^{-n\lambda t}$$

を解いて

$$\begin{aligned}p_{n+1}(t)&=e^{-(n+1)\lambda t}\left\{\int n\lambda e^{-n\lambda t}e^{(n+1)\lambda t}\mathrm{d}t+c\right\}\\ &=e^{-(n+1)\lambda t}(ne^{\lambda t}+c)\end{aligned}$$

ここで，初期条件 $p_{n+1}(0)=0$ より，$c=-n$ となるから，

$$p_{n+1}(t)=ne^{-n\lambda t}(1-e^{-\lambda t})$$

となる。同様に，$p_{n+2}(t)$ は

$$\begin{aligned}p_{n+2}(t)&=e^{-(n+2)\lambda t}\left\{\int n(n+1)\lambda e^{-n\lambda t}(1-e^{-\lambda t})e^{-(n+2)\lambda t}\mathrm{d}t+c\right\}\\ &=\frac{1}{2}n(n+1)e^{-(n+2)\lambda t}(e^{\lambda t}-1)^2\\ &=\frac{n(n+1)}{2!}\ e^{-n\lambda t}(1-e^{-\lambda t})^2\end{aligned}$$

となる。同様にして順次解法され，一般的に

$$p_k(t)={}_{k-1}\mathrm{C}_{k-n}e^{-n\lambda t}(1-e^{-\lambda t})^{k-n} \qquad (k\geq n) \tag{4.57}$$

を得る。

［例題　4.18］　電子が電界の印加された気体中で分子と衝突しランダム運動を行いながら電離増殖していく系を考えよう。いま，電子数密度が低ければ，この電子増殖過程は線形でユール過程に従うことになる。初期条件として $t=0$ で n 個の電子があるとするとき，時刻 t 後の電子数の平均，分散を求めよ。

式(4.55)から平均値 $\boldsymbol{E}[\boldsymbol{x}(t)]$ の時間変化 $E(t)$ を求めよう。

$$\begin{aligned}\frac{\mathrm{d}}{\mathrm{d}t}\boldsymbol{E}[\boldsymbol{x}(t)]&=\sum_{k=1}^{\infty}k\frac{\mathrm{d}}{\mathrm{d}t}p_k(t)\\ &=-\sum_{k=1}^{\infty}k^2\lambda p_k(t)+\sum_{k=1}^{\infty}(k-1)k\lambda p_{k-1}(t)\end{aligned}$$

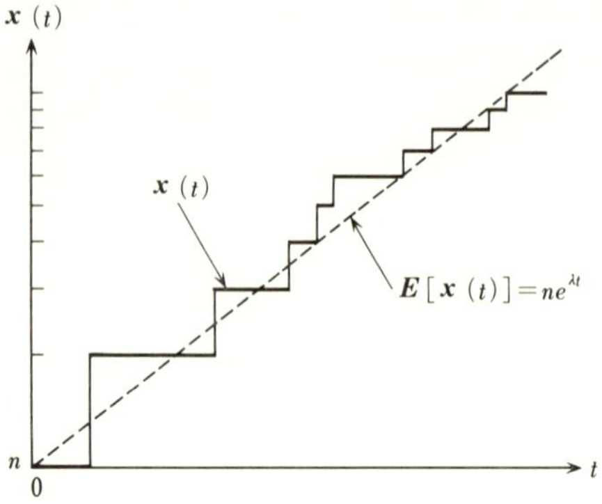

図 4.17　ユール過程に従う集団の推移例

$$=-\lambda\sum_{k=1}^{\infty} k^2p_k(t)+\lambda\sum_{k=1}^{\infty}(k-1)^2p_{k-1}(t)+\lambda\sum_{k=1}^{\infty}(k-1)p_{k-1}(t)$$
$$=-\lambda\boldsymbol{E}[\boldsymbol{x}(t)^2]+\lambda\boldsymbol{E}[\boldsymbol{x}(t)^2]+\lambda\boldsymbol{E}[\boldsymbol{x}(t)]$$

したがって，平均値 $E(t)$ に対する微分方程式

$$\frac{\mathrm{d}}{\mathrm{d}t}E(t)=\lambda E(t) \tag{4.58}$$

を得る。初期条件，$E(0)=n$ より式(4.58)の解は

$$E(t)=ne^{\lambda t} \tag{4.59}$$

となる。ところで，上記の**確率論的モデル**に対応した**決定論的モデル**の下では集団の増加率 λ が個体数 $x(t)$ に比例するから

$$\frac{\mathrm{d}}{\mathrm{d}t}x(t)=\lambda x(t) \tag{4.60}$$

が成立する。したがって，解は

$$x(t)=ne^{\lambda t}$$

となり，確率論的ユール過程の平均値(期待値)$E(t)$ に等しくなることに注意しよう。

次に，$\boldsymbol{E}[\boldsymbol{x}(t)^2]$ を求めよう。式(4.45)の両辺に k^2 を掛けて $n\leq k\leq\infty$ で和をとると

$$\frac{\mathrm{d}}{\mathrm{d}t}\boldsymbol{E}[\boldsymbol{x}(t)^2]=\frac{\mathrm{d}}{\mathrm{d}t}\sum_{k=n}^{\infty}k^2p_k(t)$$
$$=-\lambda\sum_{k=n}^{\infty}k^3p_k(t)+\lambda\sum_{k=n+1}^{\infty}k^2(k-1)p_{k-1}(t)$$
$$=-\lambda\sum_{k=n}^{\infty}k^3p_k(t)+\lambda\sum_{k=n+1}^{\infty}(k-1)^3p_{k-1}(t)$$
$$+2\lambda\sum_{k=n+1}^{\infty}(k-1)^2p_{k-1}(t)+\lambda\sum_{k=n+1}^{\infty}(k-1)p_{k-1}(t)$$
$$=2\lambda\boldsymbol{E}[\boldsymbol{x}(t)^2]+\lambda\boldsymbol{E}[\boldsymbol{x}(t)]$$

となる。したがって，式(4.59)を用いると $\boldsymbol{E}[\boldsymbol{x}(t)^2]$ に関する微分方程式

$$\frac{\mathrm{d}}{\mathrm{d}t}\boldsymbol{E}[\boldsymbol{x}(t)^2]=2\lambda\boldsymbol{E}[\boldsymbol{x}(t)^2]+\lambda ne^{\lambda t}$$

から，解は

$$\begin{aligned}\boldsymbol{E}[\boldsymbol{x}(t)^2]&=e^{2\lambda t}\left\{\int e^{-2\lambda t}\lambda ne^{\lambda t}\mathrm{d}t+c\right\}\\&=-ne^{\lambda t}+ce^{2\lambda t}\end{aligned}$$

初期条件より $\boldsymbol{E}[\boldsymbol{x}(0)^2]=n^2$ を用いて，積分定数 c が $c=n+n^2$ と求まる。

よって，

$$\boldsymbol{E}[\boldsymbol{x}(t)^2]=n(n+1)e^{2\lambda t}-ne^{\lambda t}$$

したがって，分散は

$$\begin{aligned}\boldsymbol{V}[\boldsymbol{x}(t)]&=\boldsymbol{E}[\boldsymbol{x}(t)^2]-\{\boldsymbol{E}[\boldsymbol{x}(t)]\}^2\\&=n(n+1)e^{2\lambda t}-ne^{\lambda t}-n^2e^{2\lambda t}\\&=ne^{\lambda t}(e^{\lambda t}-1)\end{aligned}\tag{4.61}$$

もし，$e^{\lambda t}\gg 1$ となる時刻 t では

$$\sigma=\boldsymbol{V}[\boldsymbol{x}(t)]^{1/2}\simeq\sqrt{n}e^{\lambda t}$$

となり，全電子数 $N(t)$ は平均値のまわりに分布し

$$N(t)\simeq n\left(1\pm\frac{1}{\sqrt{n}}\right)e^{\lambda t}\tag{4.62}$$

と表せる。式(4.62)からは初期個体数が多いほどそのばらつきは減少することがわかる。

4.8 出生死滅過程

酸素プラズマの電子は時間と共に電離衝突で増加すると共に電子付着衝突の結果減少する。この例のように，個体数の増殖ばかりでなく死滅を伴った過程は出生死滅過程(birth and death processes)とよばれる。

ある時刻 t で状態が k, $\boldsymbol{x}(t)=k$ にあるとき，引き続く $(t, t+\Delta t)$ 間に状態 $(k+1)$ へ推移する確率を

$$\lambda_k\Delta t+O(\Delta t)$$

とし，逆に，状態 $(k-1)$ へ移る推移確率を

$$\mu_k\Delta t+O(\Delta t),\qquad \mu_k>0\,;\,k\geq 1$$

とする。時刻 $(t+\Delta t)$ で $\boldsymbol{x}(t+\Delta t)=k$ となる推移は図 4.18 のように三通りの異なった経路で起こる。

（i） $(0, t)$ で状態が k にあり，続く時間 Δt で状態に変化が起こらない。

⇒この確率は，$p_k(t)(1-\lambda_k\Delta t-\mu_k\Delta t+O(\Delta t))$

（ii） $(0, t)$ で状態が $(k-1)$ にあり，$(t, t+\Delta t)$ で 1 回だけ出生の事象が起

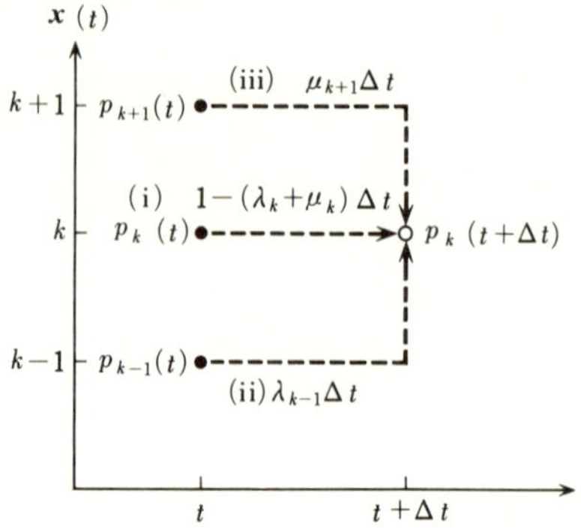

図 4.18　出生死滅過程における推移経路

こる。

⇒この確率は，$p_{k-1}(t)(\lambda_{k-1}\Delta t+O(\Delta t))$

(iii)　(0, t) で状態が ($k+1$) にあり，続く (t, $t+\Delta t$) で1回だけ消滅の事象が起こる。

⇒この確率は，$p_{k+1}(t)(\mu_{k+1}\Delta t+O(\Delta t))$

なお，(t, $t+\Delta t$) 間に2回以上の変化が起こることはないものとする。

したがって，$p_k(t)$ は上記(i)～(iii)の排反事象の和として

$$p_k(t+\Delta t)=(1-\lambda_k\Delta t-\mu_k\Delta t)p_k(t)+\lambda_{k-1}\Delta t\, p_{k-1}(t)+\mu_{k+1}\Delta t\, p_{k+1}(t)+O(\Delta t)$$

と表せる。まとめると，

$$\frac{p_k(t+\Delta t)-p_k(t)}{\Delta t}=-(\lambda_k+\mu_k)p_k(t)+\lambda_{k-1}p_{k-1}(t)+\mu_{k+1}p_{k+1}(t)+\frac{O(\Delta t)}{\Delta t}$$

となり，極限 $\Delta t\to 0$ をとると次の微分差分方程式

$$\frac{\mathrm{d}}{\mathrm{d}t}p_k(t)=-(\lambda_k+\mu_k)p_k(t)+\lambda_{k-1}p_{k-1}(t)+\mu_{k+1}p_{k+1}(t)\quad (k\geq 1)\qquad (4.63)$$

が得られる。ただし，状態が0にある場合，これ以上状態数が減少することはないから消滅確率は零となり $p_0(t)$ は

$$\frac{\mathrm{d}}{\mathrm{d}t}p_0(t)=-\lambda_0 p_0(t)+\mu_1 p_1(t)\qquad (k=0)\qquad (4.64)$$

となる。

初期条件は $t=0$ における状態数が n であれば

$$p_n(0)=1,\quad p_k(0)=0\qquad (k\neq n)$$

となる。出生死滅過程の特徴は式(4.63)からわかるように，状態数 k の確率 $p_k(t)$ が状態数 $(k-1)$ と $(k+1)$ の確率 $p_{k-1}(t)$ および $p_{k+1}(t)$ から決まる系となっていることで，その解法は容易ではない。

[例題 4.19] 出生死滅過程の下では $\lim_{t\to\infty} p_k(t)=p_k$ となる平衡状態の確率が存在することが知られている。この定常解 p_k を求めよ。また，この結果から定常解が存在するための必要条件を求めよ。

微分差分方程式(4.63)，(4.64)は定常状態の下で

$$\left.\begin{aligned} &-\lambda_0 p_0+\mu_1 p_1=0 \\ &-(\lambda_k+\mu_k)p_k+\lambda_{k-1}p_{k-1}+\mu_{k+1}p_{k+1}=0 \qquad (k=1,2,\cdots) \end{aligned}\right\} \tag{4.65}$$

を満たす。ここで，

$$z_k=-\lambda_k p_k+\mu_{k+1}p_{k+1} \qquad (k=0,1,\cdots)$$

とおくと，式(4.65)は

$$\left.\begin{aligned} &z_0=0 \\ &z_{k-1}-z_k=0 \qquad (k=1,2,\cdots) \end{aligned}\right\} \tag{4.66}$$

と簡単な漸化式の形になる。したがって，すべての k に対して

$$z_k=0 \qquad (k=0,1,2,\cdots)$$

であり，

$$\begin{aligned} p_k&=\frac{\lambda_{k-1}}{\mu_k}p_{k-1} \\ &=\frac{\lambda_0\lambda_1\cdots\lambda_{k-1}}{\mu_1\mu_2\cdots\mu_k}p_0 \qquad (k=1,2,\cdots) \end{aligned} \tag{4.67}$$

を得る。さて，ここで

$$\alpha_0=1$$

$$\alpha_k=\frac{\lambda_0\lambda_1\cdots\lambda_{k-1}}{\mu_1\mu_2\cdots\mu_k} \qquad (k=1,2,\cdots)$$

とおけば，確率 p_k は

$$\sum_{k=0}^{\infty} p_k=p_0\sum_{k=0}^{\infty}\alpha_k=1$$

の性質をもつ。したがって，$p_0=0$ の場合を除いて，定常解が存在するためには級数 $\sum_{k=0}^{\infty}\alpha_k$ が収束し

$$\sum_{k=0}^{\infty}\alpha_k=\frac{1}{p_0}$$

となることが必要である。

[例題 4.20] 出生死滅過程で，特に，各々の個体が増殖あるいは死滅する確率がそれぞれ定数 λ, μ であり，しかも，個体間に相互作用がなく

$$\lambda_k=k\lambda$$
$$\mu_k=k\mu$$

となる系は**フェラー・アーレイ過程**(Feller-Arley process)とよばれている。この過

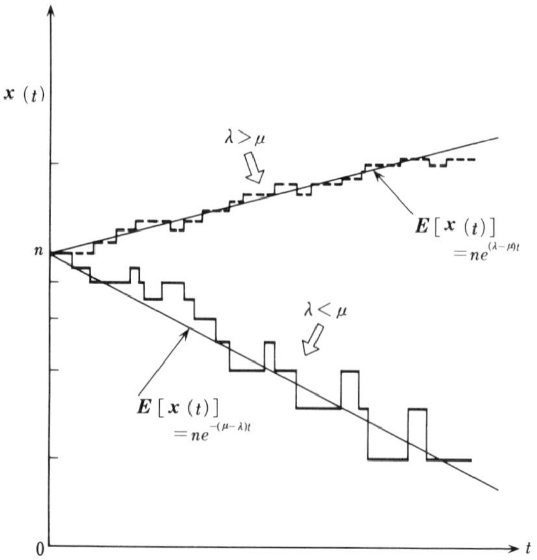

図 4.19 フェラー・アーレイ過程に従う集団の推移例

程の確率 $p_k(t)$ を求めよ。

条件よりこの過程の微分差分方程式は式(4.63), (4.64)から

$$\left.\begin{aligned}&\frac{\mathrm{d}}{\mathrm{d}t}p_0(t)=\mu p_1(t)\\&\frac{\mathrm{d}}{\mathrm{d}t}p_k(t)=-(\lambda+\mu)kp_k(t)+\lambda(k-1)p_{k-1}(t)+\mu(k+1)p_{k+1}(t)\quad(k=1,2,\cdots)\end{aligned}\right\}\tag{4.68}$$

となる。**母関数**(generating function)を用いて式(4.68)を解こう。$p_k(t)$ の母関数 $p(t,s)$ は

$$p(t,s)=\sum_{k=0}^{\infty}p_k(t)s^k \tag{4.69}$$

で定義される。

そこで, 式(4.68)の両辺に s^k を掛けて k に関して和をとると

$$\begin{aligned}\frac{\mathrm{d}}{\mathrm{d}t}\sum_{k=0}^{\infty}s^kp_k(t)&=\mu p_1(t)-(\lambda+\mu)\sum_{k=1}^{\infty}ks^kp_k(t)+\lambda\sum_{k=1}^{\infty}(k-1)s^kp_{k-1}(t)\\&\quad+\mu\sum_{k=1}^{\infty}(k+1)s^kp_{k+1}(t)\\&=\mu\sum_{k=0}^{\infty}(k+1)s^kp_{k+1}(t)-(\lambda+\mu)s\sum_{k=1}^{\infty}ks^{k-1}p_k(t)\\&\quad+\lambda s^2\sum_{k=1}^{\infty}(k-1)s^{k-2}p_{k-1}(t)\end{aligned}$$

したがって，

$$\frac{\partial}{\partial t}p(t, s)=\mu\frac{\partial}{\partial s}p(t, s)-(\lambda+\mu)s\frac{\partial}{\partial s}p(t, s)+\lambda s^2\frac{\partial}{\partial s}p(t, s)$$
$$=(s-1)(\lambda s-\mu)\frac{\partial}{\partial s}p(t, s) \tag{4.70}$$

式(4.70)の解は

$$p(t, s)=\psi(s)$$

で与えられる。ただし，$s(t)$ は方程式

$$\frac{\mathrm{d}s}{\mathrm{d}t}+(s-1)(\lambda s-\mu)=0$$

の 1 つの解である。$s-1=\dfrac{1}{u}$ とおくと

$$\frac{\mathrm{d}u}{\mathrm{d}t}+(\mu-\lambda)u=\lambda$$

となり，この解は

$$u(t)=e^{-(\mu-\lambda)t}\left\{\int\lambda e^{(\mu-\lambda)t}\mathrm{d}t+c\right\}$$

これから，

$$p(t, s)=\psi\left(\frac{e^{(\mu-\lambda)t}}{s-1}-\int_0^t\lambda e^{(\mu-\lambda)t}\mathrm{d}t\right)$$

$p(0, s)=s$ から $\psi(x)=1+\dfrac{1}{x}$ となる。

したがって，

$$p(t, s)=1+\frac{1}{\dfrac{e^{(\mu-\lambda)t}}{s-1}-\displaystyle\int_0^t\lambda e^{(\mu-\lambda)t}\mathrm{d}t} \tag{4.71}$$

を得る。ところで，母関数の定義式(4.69)から

$$p_k(t)=\frac{1}{k!}\frac{\partial^k}{\partial s^k}p(t, s)\Big|_{s=0}$$

であるから，

$$p_k(t)=\frac{\lambda^{k-1}(\lambda-\mu)^2e^{(\lambda-\mu)t}\{1-e^{(\lambda-\mu)t}\}^{k-1}}{\{\mu-\lambda e^{(\lambda-\mu)t}\}^{k+1}}\qquad(k=1, 2, \cdots) \tag{4.72}$$

となる。

［例題 4.21］　フェラー・アーレイ過程に加えて，外部から移入される個体が確率

$$\nu\Delta t+O(\Delta t)$$

で存在するとき**ケンドール過程**(Kendall process)という。この過程の微分差分方程式から時刻 t における平均の個体数 $\boldsymbol{E}[\boldsymbol{x}(t)]$ を求めよ。ただし，$t=0$ での個体数を n とする。

題意より式(4.68)を参考にして

$$\left.\begin{aligned}&\frac{\mathrm{d}}{\mathrm{d}t}p_0(t)=-\nu p_0(t)+\mu p_1(t)\\&\frac{\mathrm{d}}{\mathrm{d}t}p_k(t)=-[(\lambda+\mu)k+\nu]p_k(t)+[\lambda(k-1)+\nu]p_{k-1}(t)+\mu(k+1)p_{k+1}(t)\\&\qquad\qquad(k=1,2,\cdots)\end{aligned}\right\}\quad(4.73)$$

したがって，$\boldsymbol{E}[\boldsymbol{x}(t)]$ の時間変化は

$$\begin{aligned}\frac{\mathrm{d}}{\mathrm{d}t}\boldsymbol{E}[\boldsymbol{x}(t)]&=\sum_{k=0}^{\infty}k\frac{\mathrm{d}}{\mathrm{d}t}p_k(t)\\&=-\sum_{k=0}^{\infty}k[(\lambda+\mu)k+\nu]p_k(t)+\sum_{k=1}^{\infty}k[\lambda(k-1)+\nu]p_{k-1}(t)\\&\qquad+\sum_{k=0}^{\infty}k\mu(k+1)p_{k+1}(t)\\&=-\nu\sum_{k=0}^{\infty}kp_k(t)-(\lambda+\mu)\sum_{k=0}^{\infty}k^2p_k(t)+\lambda\sum_{k=1}^{\infty}(k-1)^2p_{k-1}(t)\\&\quad+\lambda\sum_{k=1}^{\infty}(k-1)p_{k-1}(t)+\nu\sum_{k=1}^{\infty}(k-1)p_{k-1}(t)+\nu\sum_{k=1}^{\infty}p_{k-1}(t)\\&\quad+\mu\sum_{k=0}^{\infty}(k+1)^2p_{k+1}(t)-\mu\sum_{k=0}^{\infty}(k+1)p_{k+1}(t)\\&=\lambda\boldsymbol{E}[\boldsymbol{x}(t)]-\mu\boldsymbol{E}[\boldsymbol{x}(t)]+\nu\end{aligned}$$

となる。よって，微分方程式

$$\frac{\mathrm{d}}{\mathrm{d}t}\boldsymbol{E}[\boldsymbol{x}(t)]=(\lambda-\mu)\boldsymbol{E}[\boldsymbol{x}(t)]+\nu \quad(4.74)$$

の解として，

（i） $\lambda\neq\mu$ の場合は

$$\begin{aligned}\boldsymbol{E}[\boldsymbol{x}(t)]&=e^{(\lambda-\mu)t}\left\{\int\nu e^{-(\lambda-\mu)t}\mathrm{d}t+c\right\}\\&=-\frac{\nu}{\lambda-\mu}+ce^{(\lambda-\mu)t}\end{aligned}$$

ここで，初期条件より $\boldsymbol{E}[\boldsymbol{x}(0)]=n$ であるから積分定数 c が決まり，結局，

$$\boldsymbol{E}[\boldsymbol{x}(t)]=\frac{\nu}{\lambda-\mu}(e^{(\lambda-\mu)t}-1)+ne^{(\lambda-\mu)t} \quad(4.75)$$

と求まる。

（ii） $\lambda=\mu$ の場合は，式(4.74)から

$$\boldsymbol{E}[\boldsymbol{x}(t)]=\nu t+n \quad(4.76)$$

を得る。

なお，$t\to\infty$ の極限状態を調べると式(4.75)，(4.76)から

$$\lim_{t\to\infty}\boldsymbol{E}[\boldsymbol{x}(t)]=\begin{cases}\infty & (\lambda\geq\mu)\\ \dfrac{\nu}{\mu-\lambda} & (\lambda<\mu)\end{cases} \quad(4.77)$$

となる。図 4.19 は $\nu=0$ の場合の例を示している。

[例題 4.22] CH_4/H_2 の熱プラズマにダイヤモンド基板を入れるとダイヤモンド薄膜を成長させることができる。このプラズマプロセスによるダイヤモンド薄膜堆積過程(thin film deposition process)は出生死滅過程で表せることを学ぼう。

堆積表面はダイヤモンド格子が成長しているサイト(確率 D)とアモルファスカーボンが n 分子堆積しているサイト(確率 C_n)から出来ており，プラズマから原子状のCとHが入射している。このとき，

(a) C原子の表面付着確率 (sticking probability) を k_s とする，

(b) H原子がアモルファスカーボンをエッチングする確率 (etching probability) を k_{et} とする，

(c) H原子がアモルファスカーボンをダイヤモンド格子へ変換する確率 (conversion probability) を k_c とする，

表面ではこの3つの過程が時間的に進行している。この堆積プロセスを表現する**発展方程式**(evolution equation)はレート方程式(rate equation)の形で書ける。

$$\frac{dD}{dt}=k_c\Gamma_H C_1-k_s\Gamma_c D-k_{et}\Gamma_H C_1 \tag{4.78}$$

$$\frac{dC_1}{dt}=-k_c\Gamma_H C_1+k_s\Gamma_c D-k_{et}\Gamma_H C_1-k_s\Gamma_c C_1+k_{et}\Gamma_H C_2 \tag{4.79}$$

$$\frac{dC_n}{dt}=k_s\Gamma_c C_{n-1}-k_{et}\Gamma_H C_n-k_s\Gamma_c C_n+k_{et}\Gamma_H C_{n+1} \quad (n>1) \tag{4.80}$$

ここで

$$D+\sum_{n=1}^{\infty}C_n\equiv 1 \tag{4.81}$$

(1) 定常状態における表面構造(C_1, C_n, D の大きさ)を求めよ。

(2) (1)におけるダイヤモンドの成膜レート(R_{depo})を求めよ。

(1)の解法：

(4.78)～(4.81)式の和から定常状態では

$$\frac{dD}{dt}+\sum_{n=1}^{\infty}\frac{dC_n}{dt}=-k_s\Gamma_c C_n+k_{et}\Gamma_H C_{n+1}=0$$

$$C_n=\chi C_{n-1},\quad \text{ここで } \chi=\frac{k_s\Gamma_c}{k_{et}\Gamma_H}$$

したがって，

$$C_n=\frac{(1-\chi^n)}{1-\chi}C_1$$

(4.78)式から

$$0=-k_s\Gamma_c D+(k_c+k_{et})\Gamma_H C_1$$

$$C_1=\frac{k_s\Gamma_c}{(k_c+k_{et})\Gamma_H}D=\frac{\chi D}{\left(1+\frac{k_c}{k_{et}}\right)}$$

(4.81)式から

$$D+\lim_{n\to\infty}\left(\frac{(1-\chi^n)}{1-\chi}C_1\right)=1$$

$$D+\frac{C_1}{1-\chi}=1 \text{ より，} D=\frac{(1-\chi)\left(1+\dfrac{k_c}{k_{et}}\right)}{1+(1-\chi)\dfrac{k_c}{k_{et}}}$$

したがって，表面組成は

$$D=\frac{(1-\chi)\left(1+\dfrac{k_c}{k_{et}}\right)}{1+(1-\chi)\dfrac{k_c}{k_{et}}}$$
$$C_1=\frac{(1-\chi)\chi}{1+(1-\chi)\dfrac{k_D}{k_{et}}},\quad C_n=\frac{(1-\chi^n)\chi}{1+(1-\chi)\dfrac{k_c}{k_{et}}} \tag{4.82}$$

(2)の解法：

ダイヤモンドの成膜レートは，H原子によるダイヤモンドのエッチングレート k_{et}^D を用いて

$$R_{depo}=k_c\Gamma_H C_1-k_{et}^D\Gamma_H D$$

と書ける。実際は k_{et}^D が他の反応レート確率に比べて十分小さく，

$$R_{depo}\sim k_c\Gamma_H C_1$$
$$=k_c\Gamma_H\frac{(1-\chi)\chi}{1+(1-\chi)\dfrac{k_c}{k_{et}}}=\frac{k_s(1-\chi)\dfrac{k_c}{k_{et}}\Gamma_c}{1+(1-\chi)\dfrac{k_c}{k_{et}}} \tag{4.83}$$

（i） $k_c\gg k_{et}$ の場合

$$R_{depo}=\frac{k_s(1-\chi)\Gamma_c}{(1-\chi)+\dfrac{k_{et}}{k_c}}\sim k_c\Gamma_c$$

（ii） $k_c\ll k_{et}$ の場合

$$R_{depo}=k_s(1-\chi)\frac{k_c}{k_{et}}\Gamma_c$$

(4.83)式を用いて $R_{depo}(\chi)$ を描くと，ダイヤモンド堆積相とアモルファスカーボン膜成長相があらわれる。

演習問題

4.1 例題4.22で述べた熱プラズマを用いたダイヤモンド薄膜堆積プロセスで，$\Gamma_c\gg\Gamma_H$ の条件 $(\chi>1)$ の下ではアモルファスカーボン膜が成長を続ける。その成長レートは

$$R=k_{et}(\chi-1)\Gamma_H$$

また，時間 t における表面組成は，式(4.78)～(4.80)からポアソン過程で表現でき，

C_n は

$$C_n=\frac{(k_s\Gamma_c t)^n}{n!}\exp(-k_s\Gamma_c t)$$

と書けることを導け。

4.2 微分方程式

$$\frac{d}{dt}P_k(t)=\lambda[P_{k-1}(t)-P_k(t)]$$

で表される確率過程がある。特性関数 $\varphi(s)$ を用いれば，上式が常微分方程式

$$\frac{d}{dt}\varphi(s,t)=\lambda(e^{is}-1)\varphi(s,t)$$

に変換されることを示せ。また，$\varphi(s,t)$ の解の形から上の確率過程の名称を示せ。

4.3 2つの互いに独立な確率変数 $\boldsymbol{\omega}$ と $\boldsymbol{\theta}$ で表される確率過程

$$\boldsymbol{x}(t)=a\cos(\boldsymbol{\omega}t+\boldsymbol{\theta})$$

がある。いま，$\boldsymbol{\omega}$ は確率密度関数 $p(\omega)$ を，$\boldsymbol{\theta}$ は $[-\pi,\pi]$ に一様分布する密度 $p(\theta)=\frac{1}{2\pi}$ をそれぞれもつ。$\boldsymbol{x}(t)$ の自己相関関数を求めよ。

4.4 $\boldsymbol{x}(t)$ が広義の定常過程で，自己相関関数が

$$R_{xx}(\tau)=e^{-a|\tau|}$$

で与えられている。このとき $\boldsymbol{x}(5)-\boldsymbol{x}(3)$ の二乗平均値を求めよ。

4.5 $\boldsymbol{r}$ がある確率分布に従う確率変数であるとき，確率過程

$$\boldsymbol{x}(t)=\boldsymbol{r}e^{jwt}$$

の自己相関関数を求めよ。ただし $\boldsymbol{x}(t)$ が複素数の場合の自己相関関数は $\boldsymbol{x}(t)$ とこれと複素共役 $\boldsymbol{x}^*(t+\tau)$ の積の平均値で与えられる。

4.6 互いに独立な2つの確率変数 $\boldsymbol{r}$ と $\boldsymbol{\theta}$ で表される確率過程，$\boldsymbol{x}(t)=\boldsymbol{r}\cos(\omega t+\boldsymbol{\theta})$ がある。$\boldsymbol{r}$ は $[0,1]$ で確率密度 $p(r)=2r$ を，また $\boldsymbol{\theta}$ は $[-\pi,\pi]$ で一様な密度分布をもっている。$\boldsymbol{x}(t)$ の平均値と自己相関関数を求めよ。

4.7 $z=2d$ と $-d$ の位置に吸収壁があり，単純ランダムウォークをしている粒子がこの面に到達すると運動は終了する。

(1) 時間 $T, 2T, 3T, 4T, \cdots$ で粒子が吸収される確率を求めよ。

(2) 粒子が吸収されるまでの平均寿命(時間)を求めよ。

4.8 図4.20のように時刻 $t=0$ で原点 $z=0$ を出発する粒子の単純ランダム

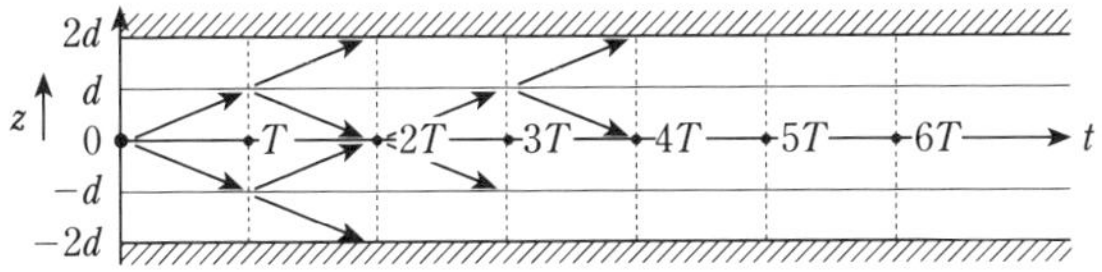

図 4.20

ウォークがある。いま $z=\pm 2d$ の位置に**吸収壁**(absorbing boundary)があり，粒子がこの面に到達すると吸収され運動は終了する。

（1） 時間 $2T, 4T, 6T, \cdots$ で粒子が吸収される確率を求めよ。

（2） 粒子が吸収されるまでの平均寿命(時間)を求めよ。

5 確率過程と時間平均

第1章では，われわれの身のまわりの不確定現象と不規則過程の例とその取扱いについて述べた。本来これらの現象を取り扱うには確率論が必要である。そのために第2章では確率論の基礎を，また第4章では確率過程に関して述べた。しかし，不確定現象を観測して得られる信号の中には，これまで持ち合わせている初歩的な知識，すなわち，**時間平均**(time average)による取扱いが可能な場合がある。本章ではこうした時間平均の概念について学んでいく。なお確率による方法と本章における方法との関係，さらに本章の時間平均の適用可能な範囲については5.3節で示される。

5.1 確率過程の標本関数

不確定現象，すなわち不規則現象を時間過程としてとらえたのが確率過程であるが，これを同一の条件の下で繰り返し観測して得られる時間関数が標本関数である。この関数の例が図5.1に示されている†。$x^{(1)}(t), x^{(2)}(t), \cdots, x^{(n)}(t), \cdots$ で表され，各々の関数の傾向は似ているものの，どれ1つとして同一のものはない。

ここで理解を深めるために確定的信号である正弦波信号の標本関数を考えてみよう。確率過程とは異なり，図5.2のように $f^{(1)}(t)=f^{(2)}(t)=\cdots=f^{(n)}(t)=\cdots$ とすべての標本関数は一致する。確定的信号の解析には1つの標本関数のみで十分であることがわかる。

他方，確率過程の標本関数は確定的信号の場合と異なり，どれも一致しない。しかし時間関数としての特徴や傾向は似ている。そこですべての標本関数

† 4.1節では離散的な標本関数が示されているが，ここではより一般的な連続的な標本関数を示した。

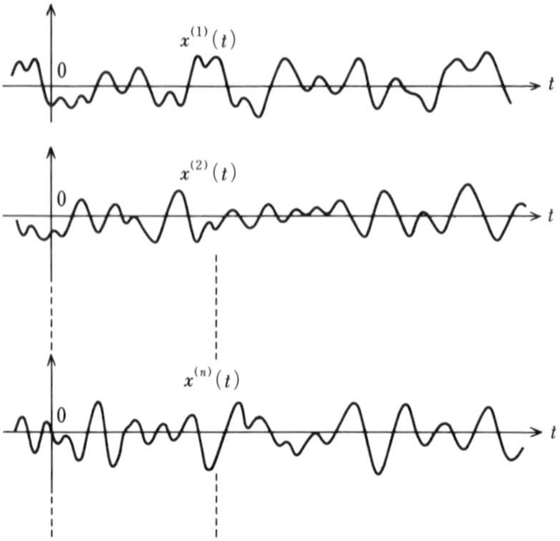

図 5.1　不規則信号の標本関数

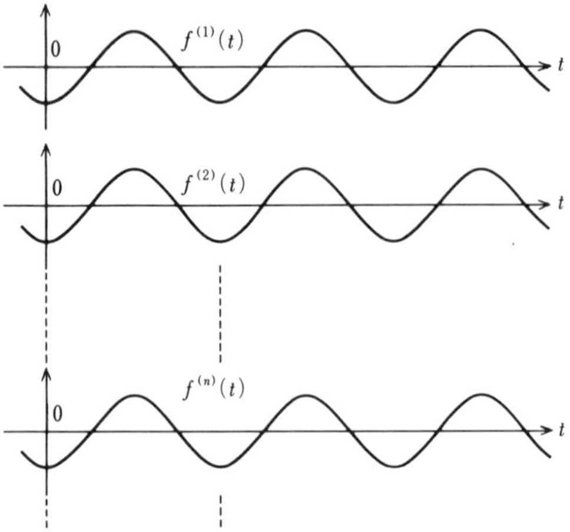

図 5.2　正弦波状信号の標本関数

に共通の特徴量を何らかの方法で抽出してやれば，確率過程の解析に役立つはずである。

そのために，次のような時間平均を特徴量として抽出してみる。

$$\overline{x(t)}=\lim_{T\to\infty}\frac{1}{T}\int_{-T/2}^{T/2}x(t)\mathrm{d}t \tag{5.1}$$

図 5.1 のような標本関数なら，標本関数自身は一致しないが，その時間平均は

一致して，

$$\overline{x^{(1)}(t)}=\overline{x^{(2)}(t)}=\cdots=\overline{x^{(k)}(t)}=\cdots \tag{5.2}$$

となり，この量は個々の標本関数によらない量となる。こうして式(5.1)の時間平均がすべての標本関数に共通の特徴量の1つとして採用される[†]。

ところで式(5.1)の量だけでは，確率過程を十分に表現しているとは言えない。例えば図5.3のように $x^{(n)}(t)$ とは別の $y^{(m)}(t)$ を比較してみる。$\overline{x^{(n)}(t)}=\overline{y^{(m)}(t)}$ であるが，標本値の広がりが違うのである。この違いは式(5.1)からはわからない。

そこで，次のような，やはり時間平均の一種である二乗時間平均を考えてみよう。

$$\overline{(x(t))^2}=\lim_{T\to\infty}\frac{1}{T}\int_{-T/2}^{T/2}(x(t))^2\mathrm{d}t \tag{5.3}$$

$$\overline{(y(t))^2}=\lim_{T\to\infty}\frac{1}{T}\int_{-T/2}^{T/2}(y(t))^2\mathrm{d}t \tag{5.4}$$

$\overline{(x^{(n)}(t))^2}$ と $\overline{(y^{(m)}(t))^2}$ を比較すると，これらは一致せず，$\overline{(x^{(n)}(t))^2}<\overline{(y^{(m)}(t))^2}$ となり標本値の広がりの違いを表している。また，それぞれの標本関数に対して，$\overline{(x^{(1)}(t))^2}=\overline{(x^{(2)}(t))^2}=\cdots=\overline{(x^{(n)}(t))^2}=\cdots$ と，$\overline{(y^{(1)}(t))^2}=\overline{(y^{(2)}(t))^2}=\cdots$ であり，二乗時間平均が特徴量として有用であることがわかる。なお，二乗平均と同様によく用いられるのが**分散**(variance)であり，平均値を中心とした標本値の広がりを表している。これは，式(5.5)に示される。

$$\sigma^2=\overline{[x(t)-\overline{x(t)}]^2} \tag{5.5}$$

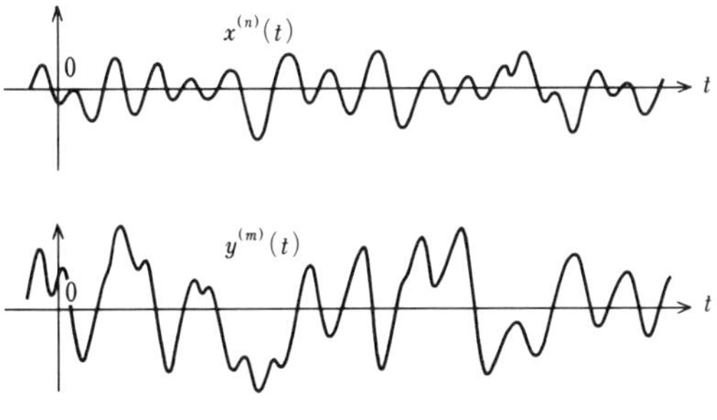

図 5.3 振幅の広がりの異なる不規則信号

---

† このような素直な性格をもつ確率過程は限定されたものである。これに関してはやはり5.3節に示される。

5.2　相関関数

確率過程の特徴量として時間平均，二乗時間平均，分散といった量を導入した。しかし，これらの量で確率過程の特徴を十分に表現しているかと言うと，図5.4の $x^{(k)}(t)$ と $z^{(l)}(t)$ の違いは，十分に表現していないことがわかる。$x^{(k)}(t)$ も $z^{(l)}(t)$ も平均，二乗平均，分散ともに一致しているのであるが，明らかに時間的な変動の様子が異なるのである。$x^{(k)}(t)$ は変動がゆるやかであるが $z^{(l)}(t)$ は急激である。こうした時間変動の差異を表しうるものが**相関関数**(correlation function)である。

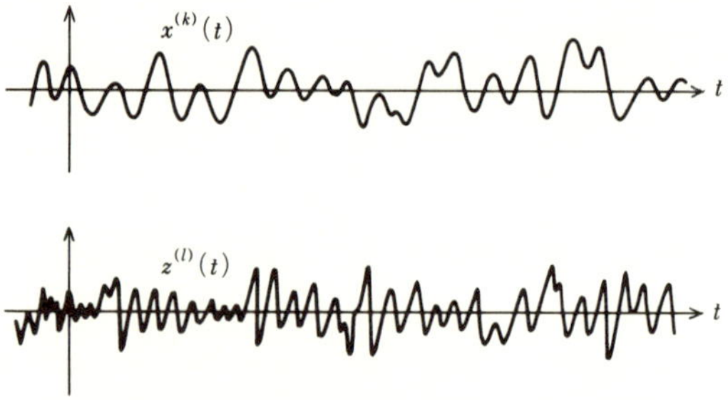

図 5.4　時間的変動の様子が異なる不規則信号

5.2.1　自己相関関数

自己相関関数(autocorrelation function)は次式に示される。

$$\mathscr{R}_{xx}(\tau)=\overline{x(t)x(t+\tau)}=\lim_{T\to\infty}\frac{1}{T}\int_{-T/2}^{T/2}x(t)x(t+\tau)\mathrm{d}t \qquad (5.6)^{\dagger}$$

自己相関関数も一種の時間平均である。図5.1のような標本関数では自己相関関数は，すべての標本関数に対して $\overline{x^{(1)}(t)x^{(1)}(t+\tau)}=\overline{x^{(2)}(t)x^{(2)}(t+\tau)}=\cdots=\overline{x^{(n)}(t)x^{(n)}(t+\tau)}=\cdots$ となる。

ここで自己相関関数の物理的意味を考えてみる。まず，式(5.6)を時間軸方向に離散化する。N を十分大きな正の整数とすると

$$\mathscr{R}_{xx}(\tau)\simeq\frac{1}{2N+1}\sum_{i=-N}^{N}x(t_i)x(t_i+\tau)\Delta t \qquad (5.7)$$

となる。Δt は離散化の際の標本間隔であり，$\Delta t=t_i-t_{i-1}$ である。

図5.4の $x^{(k)}(t)$ を例に，時間間隔 τ を十分に小さくとった場合と，十分大

---

† 時間平均による相関関数の表示は $\mathscr{R}_{xx}(\tau)$ のように集合平均の $R_{xx}(\tau)$ と区別している。

きくした場合の $x(t_i)$ と $x(t_i+\tau)$ の値を各 i について直交座標に記入したのが図 5.5 である。こうした図は**散布図**(scattering diagram)とよばれる。$\tau=0$ である極端な場合は当然ながら $x(t_i+\tau)=x(t_i)$ となって直線上にすべての点がのる。$|\tau|$ が十分小さいときは図 5.5(a)のように，この直線の近傍に点が散布する。$|\tau|$ を十分大きくとると，もはや直線の近傍には散布せず，0 を中心に対称に散布し，図 5.5(b)のようになる。

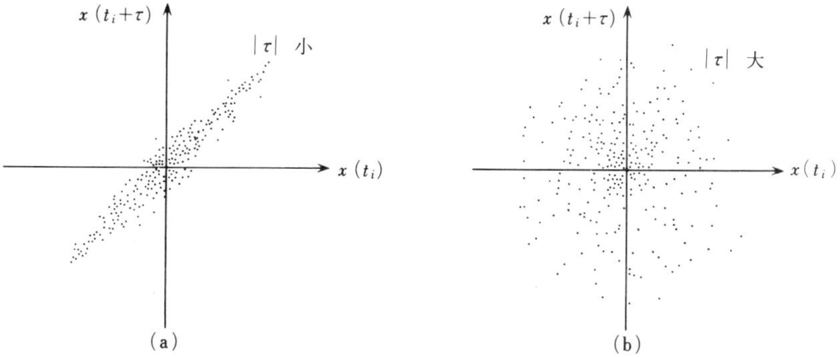

図 5.5 $x(t_i)$ と $x(t_i+\tau)$ による散布図

$|\tau|$ が小さいときは，$x(t_i)x(t_i+\tau)>0$ となる点が $x(t_i)x(t_i+\tau)<0$ となる点よりもはるかに多く，式(5.7)は多数の正の値により $\mathscr{R}_{xx}(\tau)>0$ となる。一方，$|\tau|$ が大きいときは $x(t_i)x(t_i+\tau)$ の正も負もほぼ同じだけ散布するので，$\mathscr{R}_{xx}(\tau)\simeq 0$ となる。こうして，図 5.4 の $x^{(k)}(t)$，$z^{(l)}(t)$ の自己相関関数 $\mathscr{R}_{xx}(\tau)$ と $\mathscr{R}_{zz}(\tau)$ は図 5.6 のようになり，2 つの確率過程の変動の差が明らかになる。変動の急激な $z^{(l)}(t)$ は同じ τ に対して $x^{(k)}(t)$ よりも速く $\mathscr{R}_{zz}(\tau)$ が零に近づくのである。

ここで自己相関関数の性質をいくつか示す。

a） $\mathscr{R}_{xx}(0)$ は確率過程の電力を表す。

$\tau=0$ で式(5.6)は

$$\mathscr{R}_{xx}(0)=\lim_{T\to\infty}\frac{1}{T}\int_{-T/2}^{T/2}x^2(t)\mathrm{d}t \tag{5.8}$$

であり，式(5.8)の右辺は電力を表している。図 5.6 で $\mathscr{R}_{xx}(0)$ と $\mathscr{R}_{zz}(0)$ が一致していることに注意しよう。自己相関関数の減衰の様子が異なるが $x(t)$ も $y(t)$ も同じ電力を持っているのである。

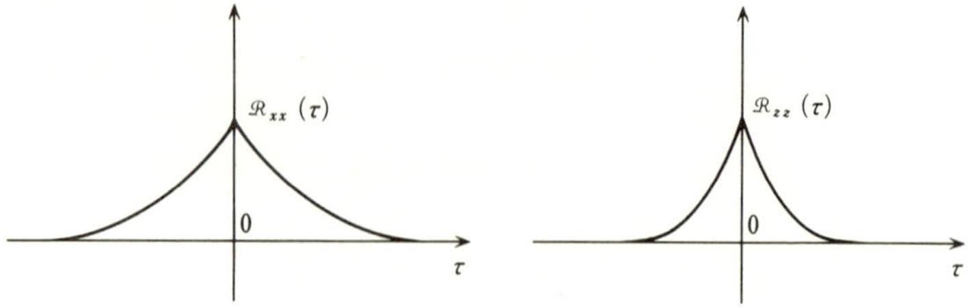

図 5.6　時間的変動の異なる確率過程の自己相関関数

b）$\mathcal{R}_{xx}(\tau)$ は $\tau=0$ で最大値をとる。

$$\lim_{T\to\infty}\frac{1}{T}\int_{-T/2}^{T/2}[x(t)-x(t+\tau)]^2\mathrm{d}t\geq 0$$

であり，これを分解していくと

$$=\lim_{T\to\infty}\frac{1}{T}\int_{-T/2}^{T/2}x^2(t)\mathrm{d}t-2\lim_{T\to\infty}\frac{1}{T}\int_{-T/2}^{T/2}x(t)x(t+\tau)\mathrm{d}t$$
$$+\lim_{T\to\infty}\frac{1}{T}\int_{-T/2}^{T/2}x^2(t+\tau)\mathrm{d}t \tag{5.9}$$

となり，

$$\lim_{T\to\infty}\frac{1}{T}\int_{-T/2}^{T/2}x^2(t)\mathrm{d}t=\lim_{T\to\infty}\frac{1}{T}\int_{-T/2}^{T/2}x^2(t+\tau)\mathrm{d}t=\mathcal{R}_{xx}(0) \tag{5.10}$$

であることから

$$\lim_{T\to\infty}\frac{1}{T}\int_{-T/2}^{T/2}[x(t)-x(t+\tau)]^2\mathrm{d}t=2[\mathcal{R}_{xx}(0)-\mathcal{R}_{xx}(\tau)]\geq 0 \tag{5.11}$$

となる。式(5.11)より

$$\mathcal{R}_{xx}(0)\geq\mathcal{R}_{xx}(\tau) \tag{5.12}$$

となって b)が証明された。

c）$\mathcal{R}_{xx}(\tau)$ は偶関数である。すなわち $\mathcal{R}_{xx}(\tau)=\mathcal{R}_{xx}(-\tau)$。

まず $\mathcal{R}_{xx}(-\tau)$ を求める。

$$\mathcal{R}_{xx}(-\tau)=\lim_{T\to\infty}\frac{1}{T}\int_{-T/2}^{T/2}x(t)x(t-\tau)\mathrm{d}t$$

$t'=t-\tau$ とおくと $t=t'+\tau$ であり，

$$\mathcal{R}_{xx}(-\tau)=\lim_{T\to\infty}\frac{1}{T}\int_{-T/2-\tau}^{T/2-\tau}x(t')x(t'+\tau)\mathrm{d}t'$$
$$=\lim_{T\to\infty}\frac{1}{T}\int_{-T/2}^{T/2}x(t')x(t'+\tau)\mathrm{d}t'$$
$$=\mathcal{R}_{xx}(\tau) \tag{5.13}$$

となり，$\mathscr{R}_{xx}(\tau)=\mathscr{R}_{xx}(-\tau)$ となって $\mathscr{R}_{xx}(\tau)$ は偶関数である。こうして，図5.6のような $\tau=0$ に対して対称な関数となる。

5.2.2 相互相関関数

2つの異なった確率過程の標本関数 $x(t)$ と $y(t)$ について，$x(t)y(t+\tau)$ の時間平均

$$\mathscr{R}_{xy}(\tau)=\overline{x(t)y(t+\tau)}=\lim_{T\to\infty}\frac{1}{T}\int_{-T/2}^{T/2}x(t)y(t+\tau)\mathrm{d}t \tag{5.14}$$

を**相互相関関数**(cross-correlation function)とよぶ。相互相関関数は2種の確率過程間の相関関係を示すものである。

一般的な性質を次に示す。

a) $\mathscr{R}_{xy}(-\tau)=\mathscr{R}_{yx}(\tau)$

$$\mathscr{R}_{xy}(-\tau)=\lim_{T\to\infty}\frac{1}{T}\int_{-T/2}^{T/2}x(t)y(t-\tau)\mathrm{d}t \tag{5.15}$$

$t-\tau=t'$ とすると，

$$=\lim_{T\to\infty}\frac{1}{T}\int_{-T/2-\tau}^{T/2-\tau}x(t'+\tau)y(t')\mathrm{d}t'$$

$$=\lim_{T\to\infty}\frac{1}{T}\int_{-T/2}^{T/2}y(t')x(t'+\tau)\mathrm{d}t'=\mathscr{R}_{yx}(\tau) \tag{5.16}$$

となり，$\mathscr{R}_{xy}(-\tau)=\mathscr{R}_{yx}(\tau)$ が示された。

$\mathscr{R}_{xy}(\tau)$ は必ずしも偶関数とは限らない。これは後述する例題5.2より明らかである。

b) $|\mathscr{R}_{xy}(\tau)|\leq\sqrt{\mathscr{R}_{xx}(0)\mathscr{R}_{yy}(0)}\leq\dfrac{\mathscr{R}_{xx}(0)+\mathscr{R}_{yy}(0)}{2}$ (5.17)

シュヴァルツの不等式

$$\left[\int_{-\infty}^{\infty}g(t)k(t)\mathrm{d}t\right]^2\leq\left[\int_{-\infty}^{\infty}g^2(t)\mathrm{d}t\right]\left[\int_{-\infty}^{\infty}k^2(t)\mathrm{d}t\right] \tag{5.18}$$

から

$$|R_{xy}(\tau)|=\left|\lim_{T\to\infty}\frac{1}{T}\int_{-T/2}^{T/2}x(t)y(t+\tau)\mathrm{d}t\right|$$

$$\leq\sqrt{\lim_{T\to\infty}\frac{1}{T}\int_{-T/2}^{T/2}x^2(t)\mathrm{d}t\ \lim_{T\to\infty}\frac{1}{T}\int_{-T/2}^{T/2}y^2(t+\tau)\mathrm{d}t} \tag{5.19}$$

式(5.19)の最右辺は $\sqrt{\mathscr{R}_{xx}(0)\mathscr{R}_{yy}(0)}$ であり，また相加平均は相乗平均より大または等しいので式(5.17)が成立する。

5.2.3 相関関数の例

相関関数の概念は確率過程のみに適用されるものではない。ここではまず，

確定的信号に相関関数を適用し，確率過程の標本関数に適用する。

（1）　**定数関数**(直流)　　定数関数を $f(t)=c$(定数)とすると，

$$\mathscr{R}_{ff}(\tau)=\lim_{T\to\infty}\frac{1}{T}\int_{-T/2}^{T/2}c^2\mathrm{d}t=c^2 \tag{5.20}$$

となる。したがって2点間の時間差 τ の大きさに無関係に一定の相関量を与える。

図5.7に $\mathscr{R}_{ff}(\tau)$ を示す。

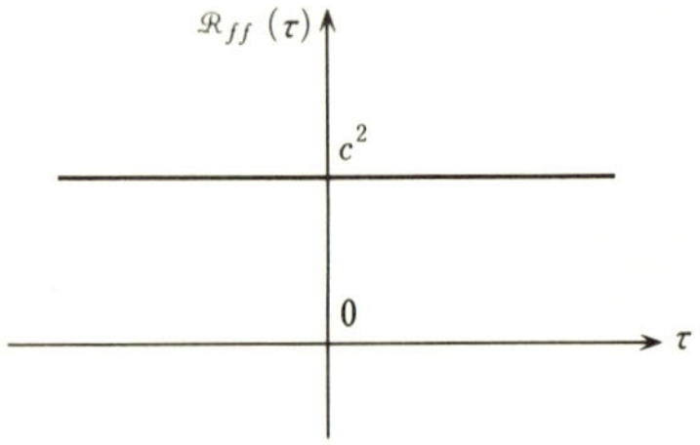

図 5.7　定数関数の自己相関関数

（2）　**周期関数**　　$f(t)$ を周期 T_0 の周期関数とすると，平均する時間範囲は一周期間で十分であり，

$$\mathscr{R}_{ff}(\tau)=\lim_{T\to\infty}\frac{1}{T}\int_{-T/2}^{T/2}f(t)f(t+\tau)\mathrm{d}t$$

$$=\frac{1}{T_0}\int_{-T_0/2}^{T_0/2}f(t)f(t+\tau)\mathrm{d}t \tag{5.21}$$

となる。$f(t+T_0)=f(t)$ であるから

$$\mathscr{R}_{ff}(\tau)=\frac{1}{T_0}\int_{-T_0/2}^{T_0/2}f(t+T_0)f(t+T_0+\tau)\mathrm{d}t=\mathscr{R}_{ff}(t+T_0) \tag{5.22}$$

となる。結局，周期関数 $f(t)$ の自己相関関数 $\mathscr{R}_{ff}(\tau)$ もやはり $f(t)$ と同一の周期の周期関数となる。

[例題 5.1]　正弦波関数 $f(t)=A\sin(\omega t+\theta_0)$ の自己相関関数 $\mathscr{R}_{ff}(\tau)$ を求めよ。ただし A, ω, θ_0 ともに定数とする。

$T_0=2\pi/\omega$ より

$$\mathscr{R}_{ff}(\tau)=\frac{\omega}{2\pi}\int_{-\pi/\omega}^{\pi/\omega}A^2\sin(\omega t+\theta_0)\sin(\omega t+\omega\tau+\theta_0)\mathrm{d}t$$

$$=\frac{\omega}{2\pi}\int_{-\pi/\omega}^{\pi/\omega}A^2\left(-\frac{1}{2}\right)\cos(2\omega t+\omega\tau+2\theta_0)\mathrm{d}t$$

$$+\int_{-\pi/\omega}^{\pi/\omega}A^2\left(\frac{1}{2}\right)\cos(-\omega\tau)\mathrm{d}t$$

$$=\frac{\omega}{2\pi}\left(-\frac{A^2}{2}\right)\frac{1}{2\omega}\Big[\sin(2\omega t+\omega t+2\theta_0)\Big]_{-\pi/\omega}^{\pi/\omega}$$

$$+\frac{\omega}{2\pi}\cdot\frac{A^2}{2}\cos(-\omega\tau)\Big[t\Big]_{-\pi/\omega}^{\pi/\omega}$$

$$=0+\frac{A^2}{2}\cos(-\omega\tau) \tag{5.23}$$

$$\therefore\quad \mathscr{R}_{ff}(\tau)=\frac{A^2}{2}\cos\omega\tau \tag{5.24}$$

となる。図5.8に$\mathscr{R}_{ff}(\tau)$が示される。$\mathscr{R}_{ff}(\tau)$は周期$2\pi/\omega$の周期関数であり，さらに偶関数である。$f(t)$の位相θ_0は$\mathscr{R}_{ff}(\tau)$に含まれない。これは自己相関関数が2点間の時間差に関する特徴量を示すものであり，位相量は消去されるからである。また$\tau=0$のとき，$A^2/2$となり$f(t)$の電力を示している。この値は周期ごとに繰り返され，$\mathscr{R}_{ff}(\tau)$の最大値を与える。

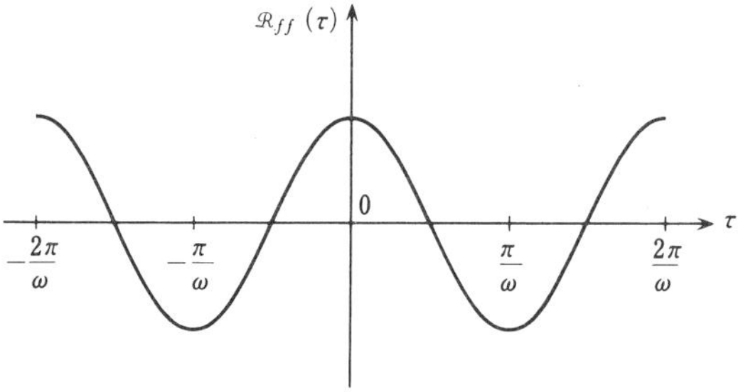

図 5.8 正弦波関数の自己相関関数

例題4.2にも同じような例が示されている。しかし異なるのは，θが確率変数であり，一様に分布している点である。θが本例題のように定数であると，$\boldsymbol{x}(t)=A\cdot\sin(\omega t+\theta)$は定常確率過程とはならず，集合平均による自己相関関数$\boldsymbol{E}[\boldsymbol{x}(t)\boldsymbol{x}(t+\tau)]$は$\tau$だけでなく$t$の関数にもなる。ここで$\boldsymbol{x}(t)=A\sin(\omega t+\theta)$とすると，$\theta=\theta_0$(定数)ということは$p(\theta)=\delta(\theta-\theta_0)$であり，集合平均による自己相関関数は

$$R_{xx}(\tau)=\boldsymbol{E}[\boldsymbol{x}(t)\boldsymbol{x}(t+\tau)]$$

$$=A^2\int_0^{2\pi}\sin(\omega t+\theta)\sin(\omega(t+\tau)+\theta)\delta(\theta-\theta_0)\mathrm{d}\theta$$

$$=A^2\sin(\omega t+\theta_0)\sin(\omega t+\omega\tau+\theta_0)$$

$$=-\frac{A^2}{2}\cos(2\omega t+\omega\tau+2\theta_0)+\frac{A^2}{2}\cos\omega\tau$$

となって，右辺第2項は式(5.24)と同じであるが，第1項はtの変数が入ってしまう。

[例題 5.2]　$f_1(t)=A\sin(\omega t+\theta_1)$ および $f_2(t)=B\sin(\omega t+\theta_2)$ の相互相関関数 $\mathscr{R}_{f_1f_2}(\tau)$ を求めよ。

両関数とも同一の周期をもつため，自己相関関数のときと同様な計算をして，

$$\mathscr{R}_{f_1f_2}(\tau)=\frac{\omega}{2\pi}\int_{-\pi/\omega}^{\pi/\omega}AB\sin(\omega t+\theta_1)\sin(\omega t+\omega\tau+\theta_2)\mathrm{d}t$$

$$=\frac{\omega}{2\pi}\frac{AB}{2}\cos(-\omega\tau-\theta_2+\theta_1)\Big[\,t\,\Big]_{-\pi/\omega}^{\pi/\omega}$$

$$=\frac{AB}{2}\cos(\omega\tau+\theta_2-\theta_1) \tag{5.25}$$

となる。図 5.9 に $\mathscr{R}_{f_1f_2}(\tau)$ を示す。ここで特徴的なことは相互相関関数には互いの信号間の位相差が含まれることである。この性質は工学的に広く用いられている。以下に，その例を示す。

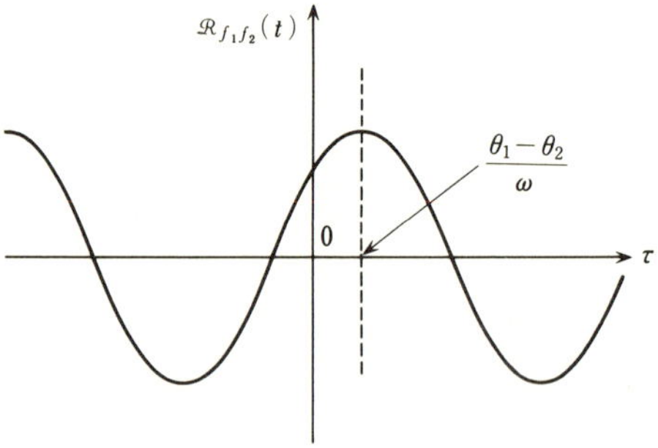

図 5.9　正弦波関数間の相互相関関数

わかりやすい例として，図 5.10 のようなシステムを考えてみよう。これは時間的に継続する正弦波信号を用いたレーダシステムである。$f_1(t)$ は送信正弦波信号であり，$f_2(t)$ は受信正弦波信号である。送受信端で両者の相互相関をはかれば，位相差 $\theta_2-\theta_1$ が求まり，$(\theta_2-\theta_2)/\omega$ より，送信された信号が受信されるまでの時間がわかる。信号の伝播速度を v_0 とすれば $v_0(\theta_2-\theta_1)/\omega$ より信号の伝播経路長が求まり，目標物 $\mathrm{T_G}$ はその中央に位置するので，送受信端から目標物 $\mathrm{T_G}$ までの距離は伝播経路長の半分 $v_0(\theta_2-\theta_1)/2\omega$ となる。

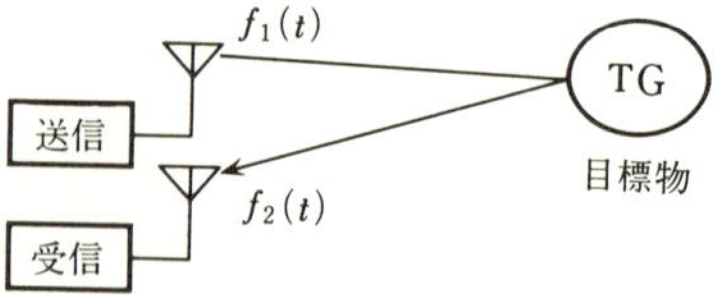

図 5.10　レーダシステム

以上のようにして距離の測定がなされるわけであるが，注意しなければならないのは $\theta_2-\theta_1$ が $-2\pi<\theta_2-\theta_1\leq 0$ の範囲だけで意味があるということである。この範囲の中で $\theta_2-\theta_1$ が零以下であることは，空間伝播により，位相が遅れるという事実からであり，また -2π を下限にするのは，$f_1(t)$ と $f_2(t)$ がともに周期関数であるからである。こうして距離の測定範囲は零から $v_0\pi/\omega$ となる。測定範囲を広くするには，信号の角周波数 ω を低くすればよいが，分解能の低下を生ずる。この欠点を克服するために，複数個の正弦波を用いたり，次に示す擬似不規則信号が用いられる。

（3） **擬似不規則信号**　図 5.11(a) に示すような 1 から 3 までのシフトレジスタを直列に並べ，それにフィードバック回路を付加し，シフトレジスタの初期値を (0, 0, 0) 以外の値に設定して，適当なクロックでシフトレジスタを動作させると，1001011 という 7 ビットの周期関数が EX-OR 出力等で取り出せる。1 を 1, 0 を −1 にすると図 5.11(b) に示すような周期関数 $f(t)$ となる。$f(t)$ の自己相関関数を示すと，$\tau=0$ では

$$\mathscr{R}_{ff}(0)=\frac{1}{7t_0}\int_0^{7t_0} 1\,\mathrm{d}t=1 \tag{5.26}$$

であり，$\tau=t_0$ では

$$\mathscr{R}_{ff}(t_0)=-\frac{1}{7} \tag{5.27}$$

$0<\tau<t_0$ では

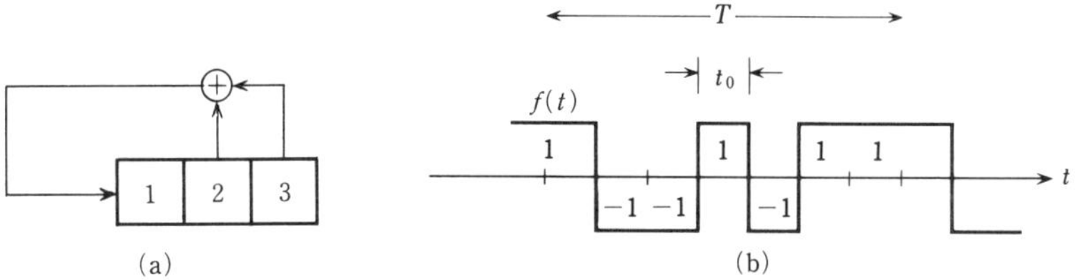

図 5.11 (a) シフトレジスタ，(b) 周期 7 の擬似不規則信号

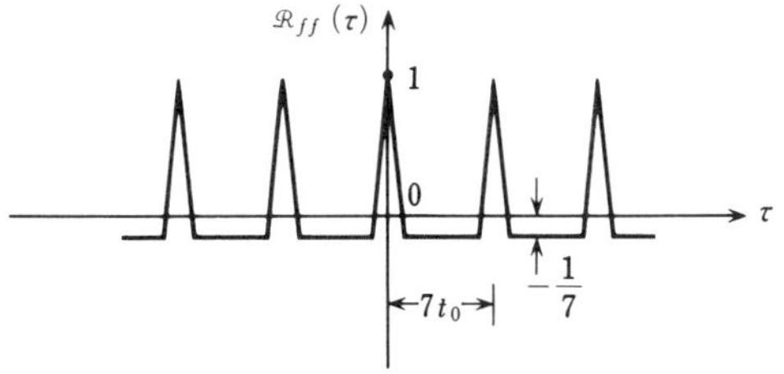

図 5.12 周期 7 の擬似不規則信号の自己相関関数

$$\mathscr{R}_{ff}(\tau)=-\frac{8}{7}\frac{\tau}{t_0}+1 \tag{5.28}$$

となる。結局，$\mathscr{R}_{ff}(\tau)$ は図 5.12 のような形となる。このような $f(t)$ を一般には擬似不規則信号とよぶ†。なぜならば，1 周期内で 1 と -1 が不規則に出現するが，全体として見れば周期信号，すなわち確定信号であるからである。

擬似ランダム信号の $\mathscr{R}_{ff}(\tau)$ を正弦波信号の $\mathscr{R}_{ff}(\tau)$ や $\mathscr{R}_{f_1f_2}(\tau)$ と比較すると，特徴的なことは，同じ周期関数であるが，ピーク値がするどいことである。この信号を前述のレーダ信号に用いた場合，正弦波信号よりも高分解能で広い範囲の測定が可能となる。

図 5.12 では周期を $7t_0$ にした。図 5.11(a)のシフトレジスタ群を 4 段にし適当なフィードバック回路を付加して，これを動作させると，周期が $15t_0$ である M 系列擬似不規則信号が得られる（フィードバック回路の構成によっては M 系列とならない場合もある）。$f(t)$ の自己相関関数 $\mathscr{R}_{ff}(\tau)$ を図 5.13 に示す。$\mathscr{R}_{ff}(\tau)$ もやはり周期が $15\,t_0$ であり，ピークが存在する範囲は図 5.12 と同じ $-t_0\sim t_0$ である。このことからレーダ信号に用いたときの分解能は前述の $7t_0$ の周期を持つ擬似不規則信号とほぼ同じであるが，周期が長いため，測定範囲が広くなっていることがわかる。

擬似不規則信号の中で最も不規則性の強い M 系列の周期を長くしていくと（シフトレジスタの段数を多くすることに相当する），自己相関関数は図 5.14 のようになる。$\tau=0, \pm T, \pm 2T, \cdots$ におけるピークのするどさはほとんど変

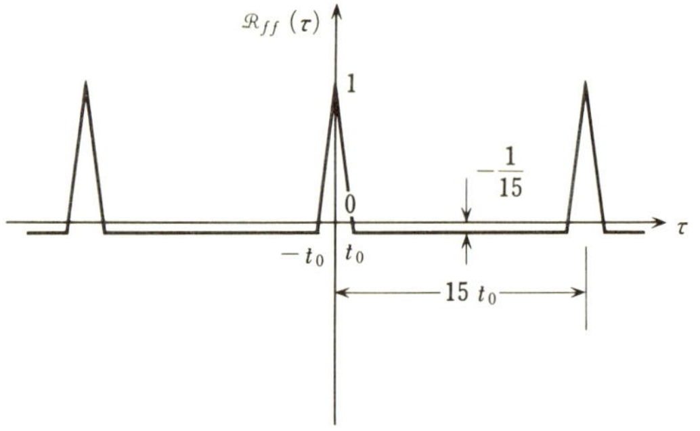

図 5.13　周期 15 の擬似不規則信号の自己相関関数

† ここで取り上げられている擬似不規則信号についてはいずれも **M 系列信号**（Maximum length sequence signal）とよばれるものである。M 系列信号は，シフトレジスタ群を適当なフィードバック回路によって動作させて得られる中で最もランダム性の強い擬似不規則信号である。

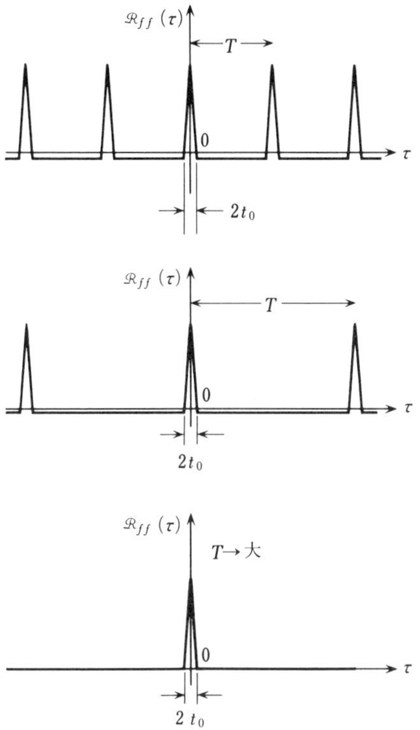

図 5.14　Tの大小と自己相関関数

化ないが，ピーク間の平らな部分が当然ながら広くなり，しかも，その値は零に近づく。周期を長くするということは，周期的な性質を弱め不規則性を強くすることをこの信号では意味している。このため，擬似不規則信号の周期を長くした自己相関関数の極限は，不規則性の強い確率過程の自己相関関数に類似するものと考えられる。

（4）**白色雑音**　最も不規則性の強い確率過程は**白色雑音**(white noise)とか白色不規則信号とかよばれるものであり，図5.15のような$T=0$のみに相関値が集中し，他ではすべてが零である自己相関関数を持っている。前述のM系列信号の周期を長くし，t_0を短くしていった極限的な自己相関関数が白色信号の自己相関関数に似ていると考えられる。

“白色”という名称は，この信号をスペクトルに分解したときに，全周波数にわたって一様なスペクトルを持つからで，ちょうど白色光のスペクトルを連想させるからである。

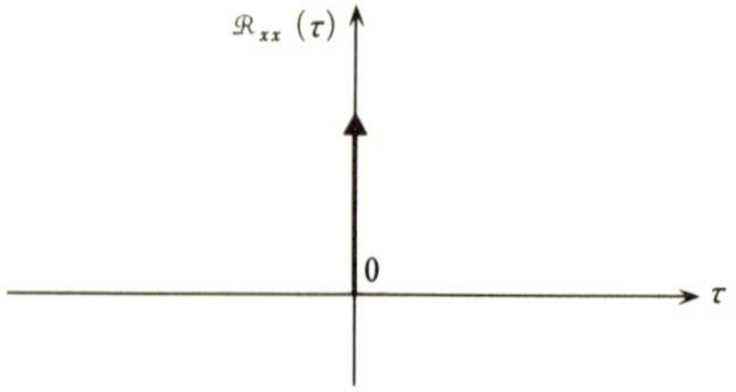

図 5.15　白色不規則信号の自己相関関数

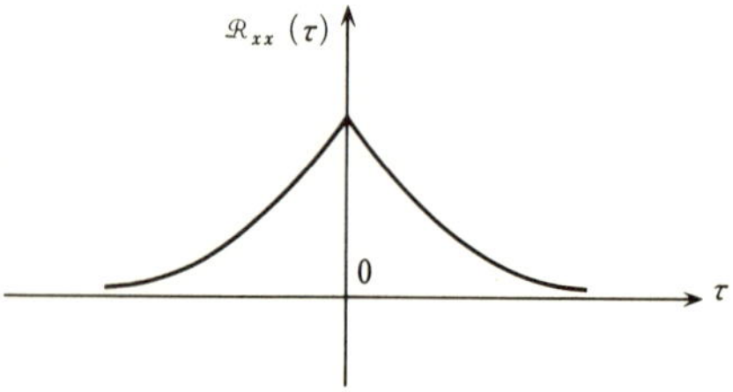

図 5.16　低域通過信号の自己相関関数

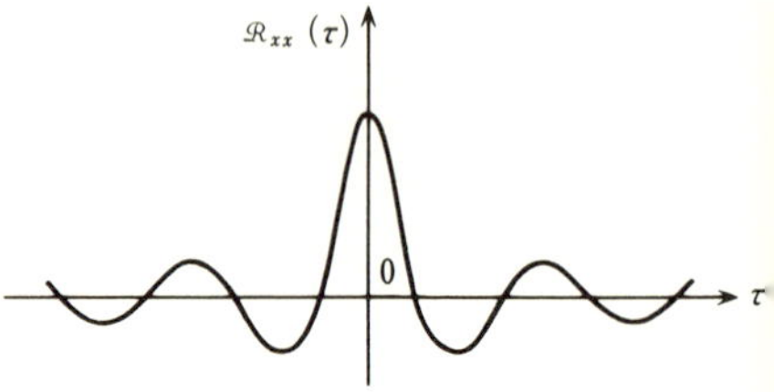

図 5.17　帯域通過信号の自己相関関数

白色信号を理想的な簡単な低域通過フィルタに通して得られた信号は図5.16のような自己相関関数を持つ。

白色信号を簡単な帯域通過フィルタに通して得られた信号は図5.17のような形の自己相関関数を持つ。

以上3つは代表的な不規則信号の自己相関関数の例であるが，いずれも

$$\lim_{|\tau|\to\infty} \mathscr{R}_{xx}(\tau)=0 \tag{5.29}$$

となる。周期成分や直流成分を含まない，不規則な部分のみをもつ不規則信号も式(5.29)の性質を有し，この性質は不規則な信号と周期信号を分離するために利用することがある。これに関しては(6)に詳しく述べられる。

（5）　**直流信号と確率過程の混在**　　$x(t)$ を平均値零の確率過程の標本関数 $x_0(t)$ と直流信号 c の和で表現する。

$$x(t)=x_0(t)+c \tag{5.30}$$

自己相関関数は

$$\mathscr{R}_{xx}(\tau)=\mathscr{R}_{x_0x_0}(\tau)+\mathscr{R}_{cc}(\tau)+\mathscr{R}_{x_0c}(\tau)+\mathscr{R}_{cx_0}(\tau) \tag{5.31}$$

ここで，$\mathscr{R}_{x_0c}(\tau)=c\overline{x_0(t)}=0$, $\mathscr{R}_{cx_0}(\tau)=c\overline{x_0(t)}=0$ より

$$\mathscr{R}_{xx}(\tau)=\mathscr{R}_{x_0x_0}(\tau)+\mathscr{R}_{cc}(\tau) \tag{5.32}$$

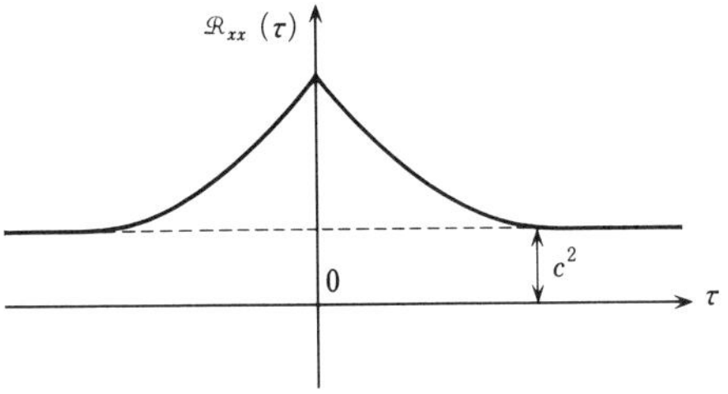

図 5.18 直流信号の混在する不規則信号の自己相関関数

となる。もしも，$\mathscr{R}_{x_0x_0}(\tau)$ が図 5.16 であれば，図 5.18 のような自己相関関数 $\mathscr{R}_{xx}(\tau)$ となる。直流成分のために $\lim_{|\tau|\to\infty}\mathscr{R}_{xx}(\tau)=0$ とならず，$\lim_{|\tau|\to\infty}\mathscr{R}_{xx}(\tau)=c^2$ となる。

（6） **周期信号と確率過程の混在**　前述のような確率過程の標本関数を $x_0(t)$, 周期信号を $f(t)$ とし，

$$x(t)=x_0(t)+f(t) \tag{5.33}$$

として，この自己相関関数を求めると，

$$\mathscr{R}_{xx}(\tau)=\mathscr{R}_{x_0x_0}(\tau)+\mathscr{R}_{ff}(\tau)+\mathscr{R}_{x_0f}(\tau)+\mathscr{R}_{fx_0}(\tau) \tag{5.34}$$

となる。$\mathscr{R}_{x_0f}(\tau)=0$, $\mathscr{R}_{fx_0}(\tau)=0$ が成立する場合は

$$\mathscr{R}_{xx}(\tau)=\mathscr{R}_{x_0x_0}(\tau)+\mathscr{R}_{ff}(\tau) \tag{5.35}$$

となる。$\mathscr{R}_{x_0x_0}(t)$ が図 5.16 と同じである場合には $\mathscr{R}_{xx}(\tau)$ は図 5.19 のようになる。

図 5.19 を見て特徴的なことは，$|\tau|$ を大きくしていくと，確率過程による $\mathscr{R}_{x_0x_0}(\tau)$ が減衰するが，$\mathscr{R}_{ff}(\tau)$ は周期関数であるので減衰しないということである。この性質は確率過程，すなわち不規則信号や雑音の中から周期信号を検出するのに用いる場合がある。次に，その検出法について述べる。

まず，2 つの信号の電力を考えてみよう。式(5.35)より $x(t)$ の電力は

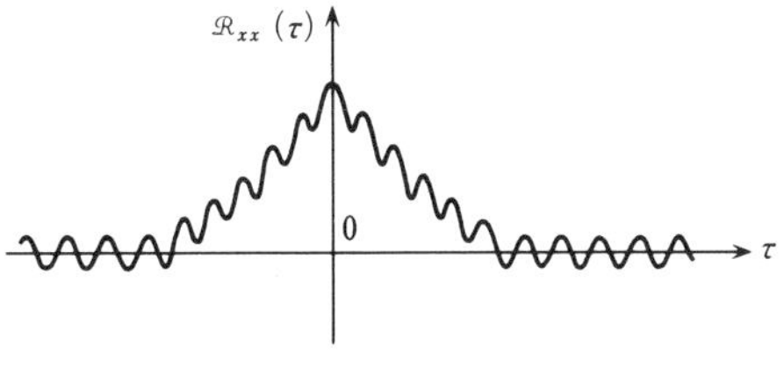

図 5.19 周期信号の混在する不規則信号の自己相関関数

$$\mathscr{R}_{xx}(0)=\mathscr{R}_{x_0x_0}(0)+\mathscr{R}_{ff}(0) \tag{5.36}$$

であり，2つの信号の電力の和になっている。図5.19の例では，$\mathscr{R}_{x_0x_0}(0)\gg\mathscr{R}_{ff}(0)$となり，不規則信号の電力が周期信号をはるかに上まわり，信号の検出が困難かのように思える。しかしながら十分に大きい$|\tau|$において$\mathscr{R}_{x_0x_0}(\tau)$の成分は減衰し，周期的な$\mathscr{R}_{ff}(\tau)$のみ残るから，その振幅や角周波数をはかることで周期信号の検出ができるのである。

（7）　周期関数と確率過程の混在する関数と周期関数の間の相互相関関数

式(5.33)の$x(t)$と$f(t)$と同一周波数を持つ$f_1(t)$の間の相互相関関数

$$\begin{aligned}\mathscr{R}_{xf_1}(\tau)&=\overline{(x_0(t)+f(t))\cdot f_1(t+\tau)}=\overline{x_0(t)f_1(t+\tau)}+\overline{f(t)\cdot f_1(t+\tau)}\\&=\mathscr{R}_{x_0f_1}(\tau)+\mathscr{R}_{ff_1}(\tau)\end{aligned} \tag{5.37}$$

を求める。$\mathscr{R}_{x_0f_1}(\tau)$は不規則関数と周期関数の相互相関関数であり零と仮定でき，結局$\mathscr{R}_{xf_1}(\tau)$は

$$\mathscr{R}_{xf_1}(\tau)=\mathscr{R}_{ff_1}(\tau) \tag{5.38}$$

となる。$\mathscr{R}_{ff_1}(\tau)$は周期関数どうしの相互相関関数であり，例題5.2のように$f(t)$, $f_1(t)$ともに正弦波であれば，これも正弦波状となる。この相互相関の性質はやはり周期関数の検出に用いられる場合がある。(6)で述べた方法よりも，不規則な関数による項が全く現れないので有利である。

5.3　エルゴード過程

今まで，本章では，時間平均による平均，二乗平均，分散，そして相関関数について考察してきた。また第4章では集合平均としてのこれらの量を考えてきた。特に，第4章の定常確率過程の集合平均による相関関数と本章の時間平均による自己相関関数の間には，かなりの類似点があることに気付かれたと思う。

時間平均は，多くの標本関数の中の1つを取り出して，長時間平均して得られる量であり，一方，集合平均はすべての標本関数に対しての平均量である。このことは，未知の確率過程を観測し，その平均を求めるという工学上の要求に対し，時間平均の方が集合平均より容易に得られる量であることを意味している。しかしながら，時間平均の有効となる確率過程は限定されており，ここではこうした確率過程の範囲を明確にする。

確率過程を評価する平均とは本来確率密度関数から導かれた集合平均のことである。すなわち，時間平均が有効に用いられる確率過程とは時間平均と集合平均が一致する確率過程であり，これを**エルゴード確率過程**(ergodic stochastic process)とよんでいる。以下にエルゴード過程の定義を示す。

エルゴード過程とは，任意の関数 $g(x_1, x_2, \cdots, x_n)$ と，ほとんどすべての k に対して

$$\begin{aligned}&\lim_{T\to\infty}\frac{1}{T}\int_{-T/2}^{T/2} g(x^{(k)}(t), x^{(k)}(t+\tau_1), \cdots, x^{(k)}(t+\tau_n))\mathrm{d}t\\&=\overline{g(x^{(k)}(t), x^{(k)}(t+\tau_1), \cdots, x^{(k)}(t+\tau_n))}\\&=\boldsymbol{E}[g(\boldsymbol{x}(t), \boldsymbol{x}(t+\tau_2), \cdots, \boldsymbol{x}(t+\tau_n))]\end{aligned} \tag{5.39}$$

が成立する確率過程 $\boldsymbol{x}(t)$ である。ここに k は標本関数の番号である。また自然数 n は任意である。

上式が成立すれば，まず簡単な例としては

$$\lim_{T\to\infty}\frac{1}{T}\int_{-T/2}^{T/2} x^{(k)}(t)\mathrm{d}t=\overline{x^{(k)}(t)}=\boldsymbol{E}[\boldsymbol{x}(t)] \tag{5.40}$$

がある。左辺は時間平均，右辺は集合平均であり，時間平均と集合平均が一致している。右辺の集合平均は時間 t の関数にもなりうるが，左辺の時間平均は時間で積分しているため，t の関数とはならない。このため両辺とも t に関係しない定数となり，$\boldsymbol{E}[\boldsymbol{x}(t)]=$定数 から，エルゴード過程は平均値の時間変動のない確率過程といえる。

さらに $g(x_1, x_2)=x^{(k)}(t)x^{(k)}(t+\tau)$ とすると，

$$\begin{aligned}\lim_{T\to\infty}\frac{1}{T}\int_{-T/2}^{T/2} x^{(k)}x^{(k)}(t+\tau)\mathrm{d}t&=\overline{x^{(k)}(t)x^{(k)}(t+\tau)}\\&=\boldsymbol{E}[\boldsymbol{x}(t)\boldsymbol{x}(t+\tau)]\end{aligned} \tag{5.41}$$

である。これを見ても，両辺は t の関数とならず，2つの時点の差 τ の関数になる。式(5.40)と式(5.41)が成立し，こうして，4.2.1項からもわかるようにエルゴード過程は定常過程であることがうかがえる。しかし定常確率過程であれば，エルゴード確率過程であるとは必ずしもいえない。次にこの例を示そう。

[例題 5.3] 定常的であるが，エルゴード的でない確率過程の例を示せ。

図5.20のような時間に対して一定な標本関数 $x^{(1)}(t), x^{(2)}(t), x^{(3)}(t), \cdots, x^{(k)}(t), \cdots$ を考える。確率密度関数 $p(x)$ は x_a と x_b の間で図5.21のように一様な分布とする。これらの標本関数の集合である $\boldsymbol{x}(t)$ は定常確率過程であることは明らかであり，その集合平均 $\boldsymbol{E}[\boldsymbol{x}(t)]$ は

$$\boldsymbol{E}[\boldsymbol{x}(t)]=\int_{-\infty}^{\infty} xp(x)\mathrm{d}x=\int_{x_0}^{x_b} x\cdot\frac{1}{x_b-x_a}\mathrm{d}x=\frac{x_b+x_a}{2}$$

となる。また時間平均は

$$\overline{x^{(1)}(t)}=x_1,\ \overline{x^{(2)}(t)}=x_2,\ \cdots,\ \overline{x^{(k)}(t)}=x_k,\ \cdots$$

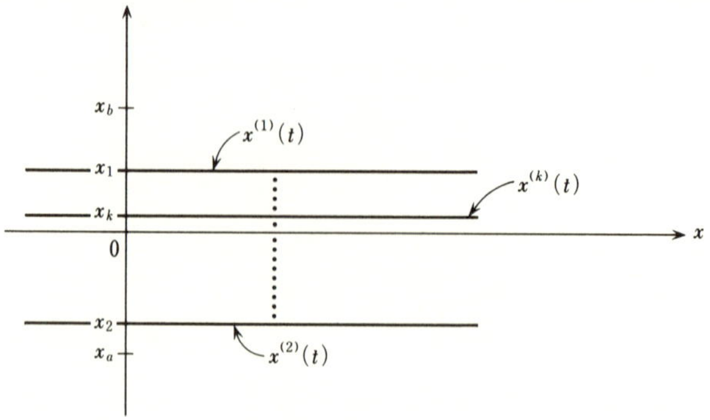

図 5.20　エルゴード過程ではないが定常過程である例

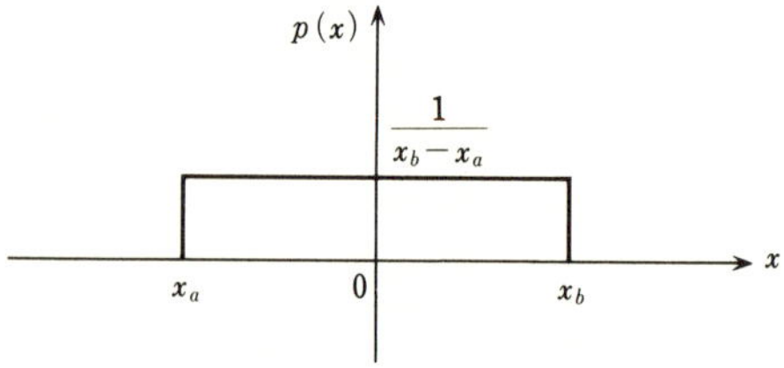

図 5.21　一様確率密度関数

であり，標本関数に依存する。こうして，定常過程であるが，集合平均と時間平均の一致しないエルゴード的でない確率過程が示された。

次に，確定信号とエルゴード過程の関係を示す例題を掲げる。

[例題 5.4]　確定信号はエルゴード信号といえるか。

答えは否である。確定信号である $x(t)$ を $x(t)=A\sin(\omega t+\theta_0)$（$A, \omega, \theta_0$ ともに定数）とする。その確率密度関数 $p(x, t)$ を求めると次式となる。

$$p(x, t)=\delta(x-A\sin(\omega t+\theta_0))$$

また図に示せば図 5.22 となる。

集合平均は $p(x, t)$ を用いて求めると，

$$\boldsymbol{E}[x(t)]=\int_{-\infty}^{\infty} xp(x, t)\mathrm{d}x=A\sin(\omega t+\theta_0)$$

となる。時間平均は

$$\overline{x(t)}=\frac{1}{T_0}\int_{-T_0/2}^{T_0/2} A\sin(\omega t+\theta_0)\mathrm{d}t=0 \qquad (T_0=2\pi/\omega)$$

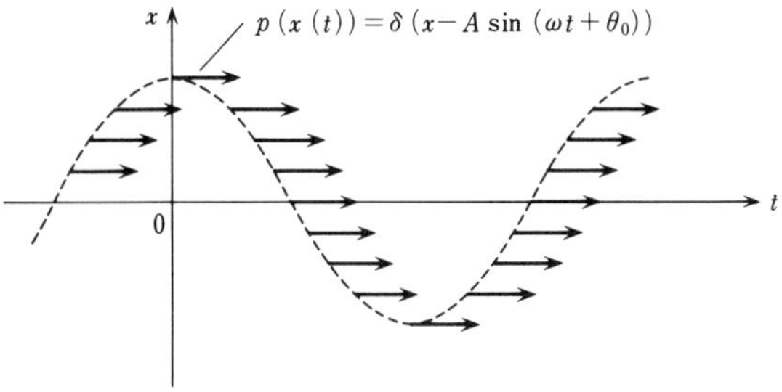

図 5.22 $A\sin(\omega t+\theta_0)$ の確率密度関数

となり，集合平均と時間平均は一致しない。したがって，上のような $x(t)$ はエルゴード過程とはいえない。

一方，$x(t)=C$(定数)の場合には集合平均と時間平均が一致し，エルゴード過程である。

統計量が時間とともに変動する**非定常確率過程**(non-stationary stochastic process)に集合平均を適用できるが，長い時間にわたり平均し，時間 t に無関

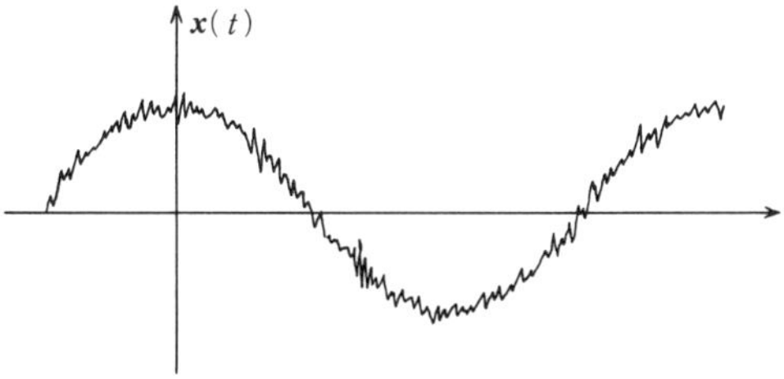

図 5.23 平均値が周期的に変化する確率過程

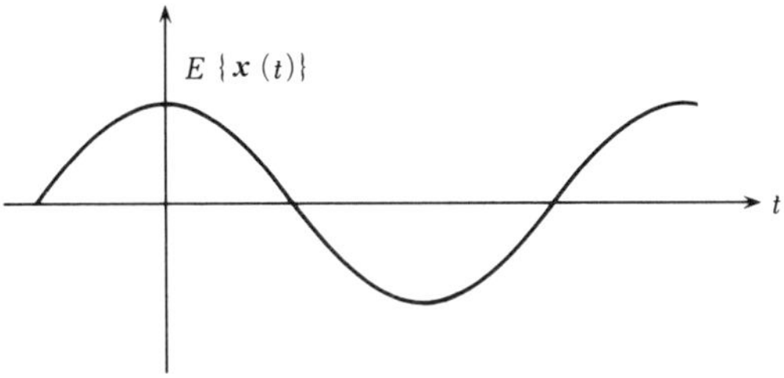

図 5.24 平均値の変化

係な時間平均は統計量の時間変動を記述できない。図 5.23 は平均値が周期的に変化し，分散の変化しない標本関数の例である。時間平均は零としか示されないが集合平均は図 5.24 のようになり，統計量の変化を明確に示している。他にも第 4 章の単純ランダムウォークやウィナー過程等も集合平均でなければ評価できない確率過程である。

5.4　パワースペクトル密度関数

第 4 章では集合平均によるパワースペクトル密度関数が示されたが，ここでは時間平均によるパワースペクトル密度関数について考察する。今までの議論でもわかるように，エルゴード過程においては集合平均によるパワースペクトル密度関数と時間平均によるパワースペクトルが一致する。ここでは，パワースペクトルの物理的意味を理解するために，時間平均によるパワースペクトル密度関数を考察する。

信号を周期成分に分解するには，周期信号ならフーリエ級数が，信号の絶対値積分が存在する孤立波形ならフーリエ変換が用いられる。周期的でも孤立波形的でもない不規則で，かつ無限の時間にわたり継続する定常確率過程の標本関数は，どのように周期成分に分解されるのであろうか。

まず，図 5.25 のような標本関数 $x^{(k)}(t)$ をフーリエ級数展開することを考えると，$x^{(k)}(t)$ は本来周期的でないので，不可能であることがわかる。次に，フーリエ変換をしようとすると，$\int_{-\infty}^{\infty}|x^{(k)}(t)|\mathrm{d}t$ が存在しないため，フーリエ変換も困難である。そこで図 5.25 に示すような有限区間内では $x^{(k)}(t)$ であり，その外側では零である関数を $x_T(t)$ とすると，

$$\int_{-\infty}^{\infty}|x_T(t)|\mathrm{d}t=\int_{-T/2}^{T/2}|x(t)|\mathrm{d}t<\infty \tag{5.42}$$

であり，$x_T(t)$ はフーリエ変換可能である。このフーリエ変換を $X_T^{(k)}(\omega)$ と

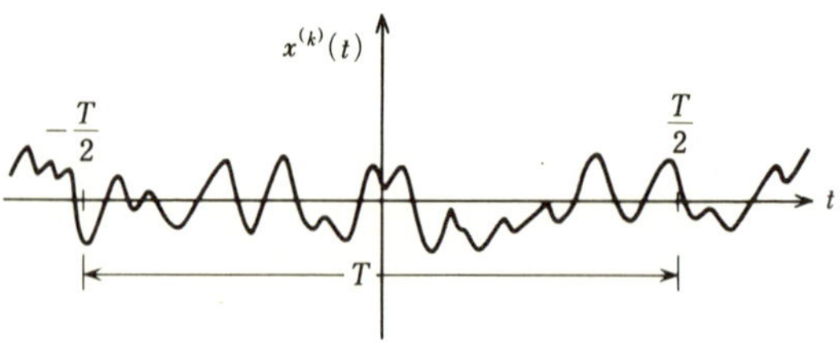

図 5.25　標本関数と有限区間

すると

$$X_T^{(k)}(\omega)=\int_{-\infty}^{\infty} x_T(t)e^{-i\omega t}\mathrm{d}t=\int_{-T/2}^{T/2} x(t)e^{-i\omega t}\mathrm{d}t \tag{5.43}$$

となる。しかし $X^{(k)}(\omega)$ は k の値によって異なる関数であり，さらに T の大きさによっても変化する。そこで T を大きくした次の極限を考え

$$\lim_{T\to\infty}\frac{|X_T^{(k)}(\omega)|^2}{T} \tag{5.44}$$

この極限がいずれの k に対しても同一であると仮定する。極限操作の lim をはずした $|X_T^{(k)}(\omega)|^2/T$ は X_T^* を X_T の複素共役関数とすると

$$\frac{|X_T^{(k)}(\omega)|^2}{T}=\frac{X_T^*(\omega)X_T(\omega)}{T}$$

$$=\frac{1}{T}\left\{\int_{-\infty}^{\infty} x_T^{(k)}(t)e^{i\omega t}\mathrm{d}t\right\}\left\{\int_{-\infty}^{\infty} x_T^{(k)}(t')e^{-i\omega t'}\mathrm{d}t'\right\}$$

$t'=t+\tau$ とおくと

$$=\frac{1}{T}\int_{-\infty}^{\infty}\left\{\int_{-\infty}^{\infty} x_T^{(k)}(t)x_T^{(k)}(t+\tau)\mathrm{d}t\right\}e^{-i\omega\tau}\mathrm{d}\tau$$

$$=\int_{-\infty}^{\infty}\left\{\frac{1}{T}\int_{-\infty}^{\infty} x_T^{(k)}(t)x_T^{(k)}(t+\tau)\mathrm{d}t\right\}e^{-i\omega\tau}\mathrm{d}\tau \tag{5.45}$$

となる。極限と積分操作の入れ換えが可能と仮定し，$T\to\infty$ とすると，

$$\lim_{T\to\infty}\frac{|X_T(\omega)|^2}{T}=\int_{-\infty}^{\infty}\mathscr{R}_{xx}(\tau)e^{-i\omega\tau}\mathrm{d}\tau \tag{5.46}$$

が成立する。ここに $\mathscr{R}_{xx}(\tau)$ は時間平均による自己相関関数であり

$$\mathscr{R}_{xx}(\tau)=\lim_{T\to\infty}\frac{1}{T}\int_{-T/2}^{T/2} x(t)x(t+\tau)\mathrm{d}t$$

$$=\lim_{T\to\infty}\frac{1}{T}\int_{-\infty}^{\infty} x_T(t)x_T(t+\tau)\mathrm{d}t \tag{5.47}$$

である。式(5.46)，(5.47)で標本関数の番号 k を除いたのは，極限値が k に依存しないと先に仮定したからである。

前述の式(5.46)の物理的な性質を調べるために，ω で左辺の積分を行い，$1/2\pi$ を掛ける。積分と極限操作を入れ換えが可能であると仮定すると

$$\frac{1}{2\pi}\int_{-\infty}^{\infty}\lim_{T\to\infty}\frac{|X_T(\omega)|^2}{T}\mathrm{d}\omega=\lim_{T\to\infty}\frac{1}{2\pi}\frac{1}{T}\int_{-\infty}^{\infty}|x_T(\omega)|^2\mathrm{d}\omega \tag{5.48}$$

となる。フーリエ変換におけるパーセバルの定理

$$\frac{1}{2\pi}\int_{-\infty}^{\infty}|F(\omega)|^2\mathrm{d}\omega=\int_{-\infty}^{\infty} f^2(t)\mathrm{d}t \quad (F(\omega)\text{ は }f(t)\text{ のフーリエ変換}) \tag{5.49}$$

を用いれば，式(5.48)は

$$\frac{1}{2\pi}\int_{-\infty}^{\infty}\lim_{T\to\infty}\frac{|X_T(\omega)|^2}{T}\mathrm{d}\omega=\lim_{T\to\infty}\frac{1}{T}\int_{-T/2}^{T/2}x^2(t)\mathrm{d}t \tag{5.50}$$

となる。右辺は標本関数 $x(t)$ のパワーを示すために $\lim_{T\to\infty}|X_T(\omega)|^2/T$ はパワースペクトル密度関数を示している。これを新たに $S_{xx}(\omega)$ として，式(5.46)を書き直すと，

$$S_{xx}(\omega)=\int_{-\infty}^{\infty}\mathscr{R}_{xx}(\tau)e^{-i\omega\tau}\mathrm{d}\tau \tag{5.51}$$

となり，自己相関関数のフーリエ変換がパワースペクトル密度関数であることが明らかになった。$\mathscr{R}_{xx}(\tau)$ はフーリエ逆変換から求まり

$$\mathscr{R}_{xx}(\tau)=\frac{1}{2\pi}\int_{-\infty}^{\infty}S_{xx}(\omega)e^{i\omega\tau}\mathrm{d}\omega \tag{5.52}$$

となる。上の式(5.51),(5.52)を称して**ウィナー・ヒンチンの定理**(Wiener-Khinchine's theorem)とよんでいる。第4章で示したのは集合平均の自己相関関数をフーリエ変換したパワースペクトル密度関数であり，同じ形をしている。しかし，両者が一致するためには確率過程がエルゴード的である必要がある。これは5.3節の議論からも明らかである。

相互相関関数 $\mathscr{R}_{xy}(\tau)$ のフーリエ変換を相互パワースペクトル密度関数とよんで次に示す。

$$\left.\begin{aligned}S_{xy}(\omega)&=\int_{-\infty}^{\infty}\mathscr{R}_{xy}(\tau)e^{-i\omega\tau}\mathrm{d}\tau\\ \mathscr{R}_{xy}(\tau)&=\frac{1}{2\pi}\int_{-\infty}^{\infty}S_{xy}(\omega)e^{-i\omega\tau}\mathrm{d}\omega\end{aligned}\right\} \tag{5.53}$$

パワースペクトル密度関数の例に関しては，第4章の集合平均による考察例を参考にされたい。

6

確率論と確率過程の応用

6.1　待ち行列過程

6.1.1　待ち行列とは

待ち行列(queueing)は行列をつくるような混雑した確率現象を理論的に調べてこの対策に役立てることにあり，第4章の確率過程論の1つの応用部門である。歴史的には，1909年，デンマークのA. K. Erlangにより電話交換の問題として初めて取り扱われた。待ち行列の数学モデルは，サービスを提供する場所としての**窓口**(server)の数 s，客の来る仕方を特徴づける到着間隔の分布，すなわち，**到着分布**†(arrival distribution) A と，窓口に来た客がサービスを受けている時間を表す**サービス分布**(service distribution) B の3つの要素から成る。この要素のうち，A と B は共に確率現象であり全体として1つの確率過程を形成する。数学的に解析の対象となるのは客の関心事である，「待たずにすむ確率」，「行列の人数」や「待ち時間」など，また，サービス提供側の関

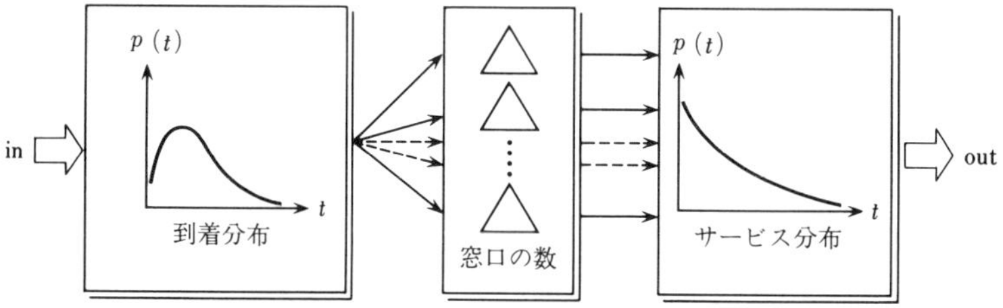

図 6.1　待ち行列における客の流れ

† 正確には確率密度関数を示すが，慣用的に分布という言葉が用いられている。

心事となる「窓口の数」などである。

このように**待ち行列過程**(queueing process)は

(i)　到着(間隔)分布 A

(ii)　サービス分布 B

(iii)　窓口の数 s

によって分類され，**ケンドールの記号**，$A/B/s$ で表示される場合がある。具体的には A, B として M (Markovian；指数分布)，E_α (Erlangian；次数 α のガンマ分布)，G (general；一般分布)，D (deterministic；決定分布)などがある。ここで，客とは，ある窓口でサービスを受ける客のほか，情報ネットワークにおけるターミナルからのホストコンピュータの呼びなどを指す。電話網の流れに緒を発した事実に示されるように，待ち行列の応用面は極めて広く一例をあげると

各種ホストコンピュータと端末間のネットワークの流れ

病院，銀行，官庁などの窓口での客の流れ

FA(ファクトリ・オートメーション)における部品の流れとロボット

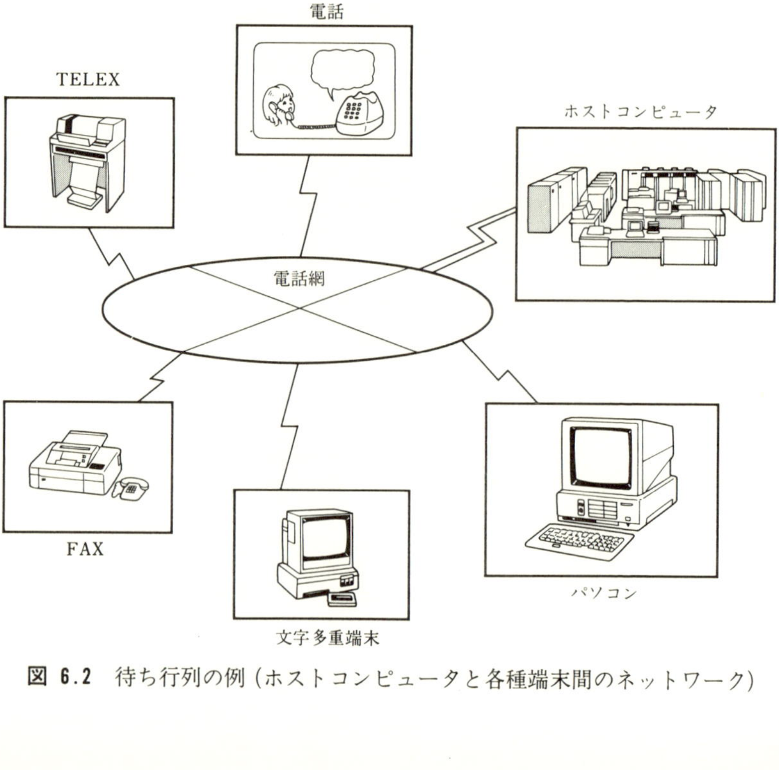

図 6.2　待ち行列の例 (ホストコンピュータと各種端末間のネットワーク)

交差点の信号，高速道路のランプ，飛行場等での交通の流れ

機械の故障と修理の流れ

予備機を有するシステムの待機の問題

などがある。

6.1.2 $M/M/1$（単純待ち行列過程）

最初に，サービスの窓口がただ1個のところへ客が母数 λ の指数分布に従ってランダムに到着し，先着順に，母数 μ の指数分布のサービスを受ける単純待ち行列過程について述べる。単一回線の個人電話に外線からかかる電話の呼びとこれに続く指数分布通話時間がこの例にあたる。

ある時刻 t に窓口でサービスを受けている客と行列の中で待っている人の和，**系の長さ**（system size）が k である場合，この待ち行列系は状態 k にあるという。この確率を $p_k(t)$ と書く。題意より，客が Δt 時間に到着する確率は

$$\lambda\Delta t+O(\Delta t)$$

で，サービスが Δt 時間に終了し客が立ち去る確率は

$$\mu\Delta t+O(\Delta t)$$

である。まず，$p_k(t)$ が満たす確率方程式を求めよう。時刻 $(t+\Delta t)$ で状態 k を占めるのは互いに排反した次の4つの事象が生起する場合である。

（i） $(0, t)$ で状態が k にあり，続く時間 Δt で客が到着もせず，立ち去りもしない。

⇒ この確率は，

$$p_k(t)(1-\lambda\Delta t-O(\Delta t))(1-\mu\Delta t-O(\Delta t))$$
$$=p_k(t)(1-\lambda\Delta t-\mu\Delta t-O(\Delta t))$$

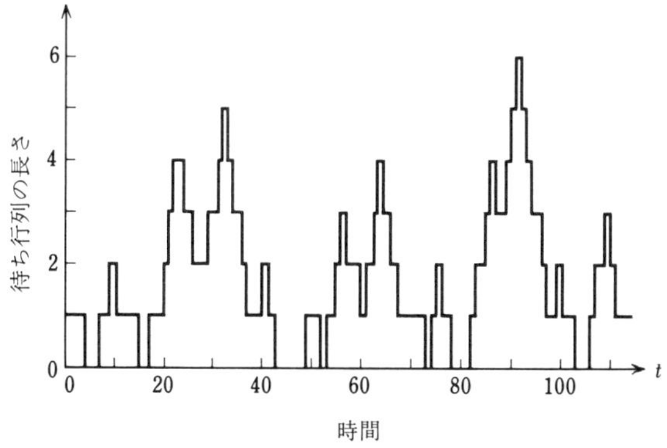

図 6.3 $M/M/1$ における待ち行列の実現値

（ii） $(0, t)$ で状態 $(k-1)$ にあり，$(t, t+\Delta t)$ で 1 人の客が到着し，だれも窓口を去らない。

⇒ この確率は，

$$p_{k-1}(t)(\lambda\Delta t+O(\Delta t))(1-\mu\Delta t-O(\Delta t))$$
$$=p_{k-1}(t)(\lambda\Delta t+O(\Delta t))$$

（iii） $(0, t)$ で状態 $(k+1)$ にあり，続く $(t, t+\Delta t)$ では客がだれも到着せず，1 人が窓口を去る。

⇒ この確率は，

$$p_{k+1}(t)(1-\lambda\Delta t-O(\Delta t))(\mu\Delta t+O(\Delta t))$$
$$=p_{k+1}(t)(\mu\Delta t+O(\Delta t))$$

（iv） Δt 間に 2 人以上が同時に到着，あるいは，サービスを終了する確率

⇒ $O(\Delta t)$

したがって，$p_k(t+\Delta t)$ は上記（i）～(iv)の排反事象の和として

$$p_k(t+\Delta t)=(1-\lambda\Delta t-\mu\Delta t)p_k(t)+\lambda\Delta t p_{k-1}(t)+\mu\Delta t p_{k+1}(t)+O(\Delta t)$$

と表せる。ただし，状態が零にある場合，これ以上に状態数が減少することはないから

$$p_0(t+\Delta t)=(1-\lambda\Delta t)p_0(t)+\mu\Delta t p_1(t)+O(\Delta t)$$

となる。まとめて，極限 $\Delta t\to 0$ をとると微分差分方程式

$$\frac{\mathrm{d}}{\mathrm{d}t}p_0(t)=-\lambda p_0(t)+\mu p_1(t) \qquad (6.1)$$

$$\frac{\mathrm{d}}{\mathrm{d}t}p_k(t)=-(\lambda+\mu)p_k(t)+\lambda p_{k-1}(t)+\mu p_{k+1}(t) \qquad (k\geq 1) \qquad (6.2)$$

を得る。この待ち行列過程は 4.8 節で学んだ出生死滅過程に属することがわかる。いま，式(6.1)，(6.2)の左辺を零とおいた平衡状態について考えることとし，平衡分布 $\lim_{t\to\infty} p_k(t)=p_k$ の存在を仮定しよう。すると，

$$\mu p_{k+1}-\lambda p_k=\mu p_k-\lambda p_{k-1}=\cdots=\mu p_1-\lambda p_0=0$$

が成り立ち，

$$p_k=\left(\frac{\lambda}{\mu}\right)^k p_0 \qquad (6.3)$$

を得る。式(6.3)が確率であるための必要条件は

$$\rho=\frac{\lambda}{\mu}<1 \qquad (6.4)$$

である。このとき，客が到着すると同時にサービスを受けられる確率 p_0 は $\sum_{k=0}^{\infty} p_k=1$ より

$$p_0 = 1-\rho$$

となる。ρ は**トラフィック密度**(traffic intensity)とか**窓口利用率**とよばれる。

［例題 6.1］　トラフィック密度 $\rho=\lambda/\mu$ は平均到着時間間隔に対する平均サービス時間の比であることを示せ。

指数分布をもった到着分布の平均値は

$$\int_0^\infty t\lambda e^{-\lambda t}\mathrm{d}t = -te^{-\lambda t}\Big|_0^\infty + \int_0^\infty e^{-\lambda t}\mathrm{d}t = \frac{1}{\lambda}$$

である。同様に，サービス分布の平均も $1/\mu$ となる。したがって，

$$\frac{\text{平均サービス時間}}{\text{平均到着時間間隔}} = \frac{1/\mu}{1/\lambda} = \frac{\lambda}{\mu} = \rho$$

となる。これから，$\rho<1$ の場合には(平均サービス時間) < (平均到着時間間隔)となり行列が発散しないことになる。

［例題 6.2］　サービスを受けている客を除いた，**待ち行列の長さ**(queue-size)の平均値 L_q を求めよ。

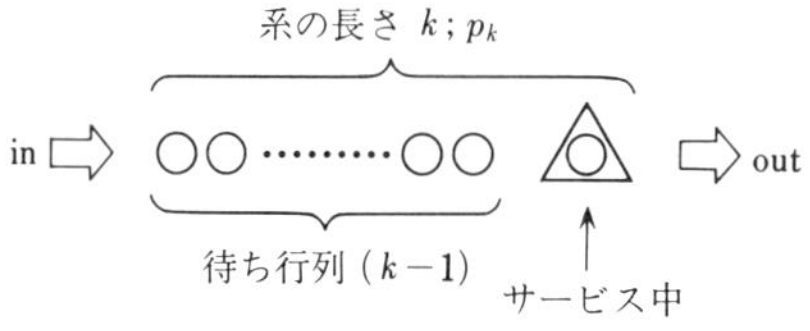

図 6.4　$M/M/1$ と待ち行列

系の長さはサービスを受けている1人の客と行列の人の和であるから題意の待ち行列の長さは，

$$\begin{aligned} L_q &= \sum_{k=1}^\infty (k-1)p_k = \sum_{k=1}^\infty (k-1)\rho^k(1-\rho) \\ &= (1-\rho)\rho^2 \sum_{k=1}^\infty (k-1)\rho^{k-2} \\ &= (1-\rho)\rho^2 \sum_{k=1}^\infty \frac{\mathrm{d}}{\mathrm{d}\rho}\rho^{k-1} \\ &= (1-\rho)\rho^2 \frac{\mathrm{d}}{\mathrm{d}\rho}\left(\frac{1}{1-\rho}\right) = \frac{\rho^2}{1-\rho} \end{aligned} \tag{6.5}$$

である。

［例題 6.3］　単純待ち行列過程における**全待ち時間**(到着からサービスを受け終わるまでの時間)は母数 $\mu(1-\rho)$ の指数分布となることを示せ。また，全待ち時間の平均 W を求めよ。

到着した客の前に既に k 人並んでいる(系の長さ $k+1$)場合，この客の全待ち時間

t は $(k+1)$ 人のサービス時間の和に等しい。ところで，各々の客のサービス時間は母数 μ の指数分布であるから，ポアソン過程の〈性質 3〉，〈性質 4〉から $(k+1)$ 人のサービス時間の和の確率密度 f_{k+1} はガンマ分布

$$f_{k+1}=\mu\frac{(\mu t)^k}{k!}e^{-\mu t}$$

となる(4.6 節参照)。また，到着した客が前に k 人並んでいるのを見出す確率は式(6.3)，$p_k=\rho^k(1-\rho)$ で与えられるから，全待ち時間の密度は

$$\begin{aligned}f_{\mathrm{T}}(t)&=\sum_{k=0}^{\infty}f_{k+1}(t)p_k\\&=\sum_{k=0}^{\infty}\mu\frac{(\mu t)^k}{k!}e^{-\mu t}\rho^k(1-\rho)\\&=\mu(1-\rho)e^{-\mu t}\sum_{k=0}^{\infty}\frac{(\mu t\rho)^k}{k!}\\&=\mu(1-\rho)e^{-\mu(1-\rho)t}\end{aligned}$$

すなわち，母数 $\mu(1-\rho)$ の指数分布である。よって，全待ち時間の平均 W は

$$W=\int tf_{\mathrm{T}}(t)\mathrm{d}t=\frac{1}{\mu(1-\rho)} \tag{6.6}$$

となる。

［例題 6.4］　総数 n 台のコンピュータが修理のエンジニア 1 人の下で稼動中である。$(t, t+\Delta t)$ 間におけるこれらコンピュータの故障確率は $\lambda\Delta t$ であり，修復確率は $\mu\Delta t$ であるとする。このときコンピュータが k 台故障している確率 p_k を求めよ。また，修理を待っている平均待ち台数はいくらか。

故障台数が k のとき，$(n-k)$ 台は作動中でその故障率は

$$\lambda_k=(n-k)\lambda$$

で与えられる。また，修復率はエンジニアが 1 人であるから

$$\mu_k=\begin{cases}0 & (k=0)\\ \mu & (k>0)\end{cases}$$

となる。したがって，このシステムの確率微分方程式は

$$\left.\begin{aligned}&\frac{\mathrm{d}}{\mathrm{d}t}p_0(t)=-n\lambda p_0(t)+\mu p_1(t) \qquad (k=0)\\&\frac{\mathrm{d}}{\mathrm{d}t}p_k(t)=-[(n-k)\lambda+\mu]p_k(t)\\&\qquad\qquad +(n-k+1)\lambda p_{k-1}(t)+\mu p_{k+1}(t) \qquad (1\leq k<n)\\&\frac{\mathrm{d}}{\mathrm{d}t}p_n(t)=-\mu p_n(t)+\lambda p_{n-1}(t) \qquad (k=n)\end{aligned}\right\} \tag{6.7}$$

で与えられる。

平衡状態 $\left(\frac{\mathrm{d}}{\mathrm{d}t}p_k=0\right)$ の下では，式(6.7)の左辺を零とおいて，$k=0, 1, 2, \cdots$ と順次解くと，$-n\lambda p_0+\mu p_1=0$ より，$p_1=n\frac{\lambda}{\mu}p_0$ となる。

$k=1$ では，

$$-[(n-1)\lambda+\mu]p_1+n\lambda p_0+\mu p_2=0$$
$$p_2=-n\frac{\lambda}{\mu}p_0+\left\{(n-1)\frac{\lambda}{\mu}+1\right\}p_1$$
$$=n(n-1)\left(\frac{\lambda}{\mu}\right)^2 p_0$$

よって，一般的には

$$p_k=n(n-1)\cdots(n-k+1)\left(\frac{\lambda}{\mu}\right)^k p_0 \qquad (1\leq k\leq n) \tag{6.8}$$

が得られる。さて，式(6.7)は平衡状態で

$$(n-k)\lambda p_k-\mu p_{k+1}=[n-(k-1)]\lambda p_{k-1}-\mu p_k=\cdots=0$$

の関係があるから，上式の各項別に $k=0\sim n$ で和をとると

$$n\lambda\sum_{k=0}^{n}p_k-\lambda\sum_{k=0}^{n}kp_k-\mu\sum_{k=1}^{n}p_k=0$$

したがって，

$$\sum_{k=0}^{n}kp_k=n-\frac{\mu}{\lambda}\sum_{k=1}^{n}p_k$$

を得る。ところで，k 台故障している場合，修理中の1台を除いた残りの $(k-1)$ 台が修理待ちの状態にあるから，平均待ち台数 L_q は

$$L_q=\sum_{k=1}^{n}(k-1)p_k=\sum_{k=0}^{n}kp_k-\sum_{k=1}^{n}p_k$$

で与えられる。$\sum_{k=0}^{n}kp_k$ として先の関係を用いれば

$$L_q=n-\frac{\mu}{\lambda}\sum_{k=1}^{n}p_k-\sum_{k=1}^{n}p_k$$
$$=n-\left(\frac{\mu}{\lambda}+1\right)(1-p_0)$$

となる。

6.1.3 *M/M/s*

広い応用面をもつ基本的な待ち行列の型として6.1.2項の窓口の数を1個から複数個 s に拡張した場合について学ぶ。到着分布が母数 λ の指数分布で

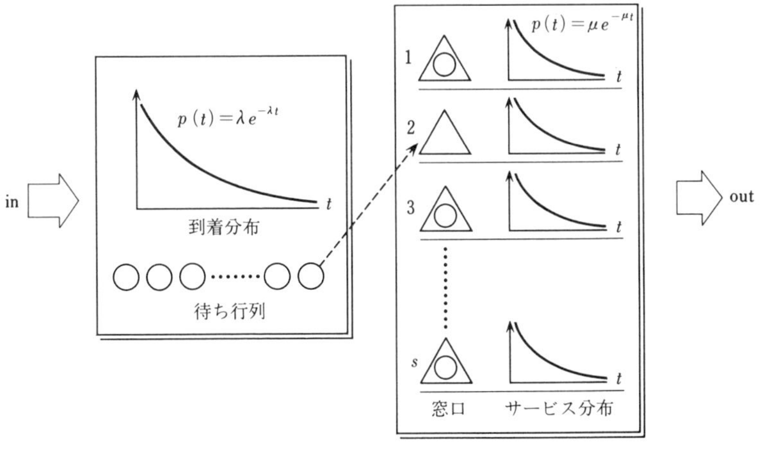

図 6.5 $M/M/s$ 型の待ち行列

サービス分布が母数 μ の指数分布をもち窓口の個数が s 個の場合，系の長さが k となる確率 $p_k(t)$ を求めよう。

6.1.2 項と同様に，時刻 $(t+\Delta t)$ に状態 k を占める確率は次の互いに排反した 4 つの事象が生ずる場合だけである。

（i）　$(0, t)$ で状態が k にあり，続く時間 Δt では客が到着も立ち去りもしない。

⇒　この確率は

$$p_k(t)(1-\lambda\Delta t-O(\Delta t))(1-m\mu\Delta t-O(\Delta t))$$
$$=p_k(t)(1-\lambda\Delta t-m\mu\Delta t-O(\Delta t))$$

（ii）　$(0, t)$ で状態が $(k-1)$ にあり，$(t, t+\Delta t)$ で 1 人の客が到着し，だれも窓口を去らない。

⇒　この確率は

$$p_{k-1}(t)(\lambda\Delta t+O(\Delta t))(1-m\mu\Delta t-O(\Delta t))$$
$$=p_{k-1}(t)(\lambda\Delta t+O(\Delta t))$$

（iii）　$(0, t)$ で状態が $(k+1)$ にあり，$(t, t+\Delta t)$ で客が到着せず，1 人が窓口を去る。

⇒　この確率は

$$p_{k+1}(t)(1-\lambda\Delta t-O(\Delta t))(m\mu\Delta t+O(\Delta t))$$
$$=p_{k+1}(t)(m\mu\Delta t+O(\Delta t))$$

（iv）　Δt 間に到着あるいはサービスを終了する客が 2 人以上同時に生ずる確率は，

⇒　$O(\Delta t)$

したがって，$p_k(t+\Delta t)$ は（i）～（iv）の和として

$$p_k(t+\Delta t)=(1-\lambda\Delta t-m\mu\Delta t)p_k(t)+\lambda\Delta t p_{k-1}(t)$$
$$+m\mu\Delta t p_{k+1}(t)+O(\Delta t)$$

と表せる。ただし，m は窓口を占有する客（サービスを受けている客）の数で

$$m=\begin{cases} k & (1\leq k<s) \\ s & (k\geq s) \end{cases}$$

となる。よって，$k=0, 1\leq k<s, k\geq s$ 各場合の微分差分方程式は上式の極限 $\Delta t\to 0$ から

$k=0$；

$$\frac{\mathrm{d}}{\mathrm{d}t}p_0(t)=-\lambda p_0(t)+\mu p_1(t) \tag{6.9}$$

$1 \leq k < s$；

$$\frac{\mathrm{d}}{\mathrm{d}t}p_k(t) = -(\lambda + k\mu)p_k(t) + \lambda p_{k-1}(t) + (k+1)\mu p_{k+1}(t) \quad (6.10)$$

$k \geq s$；

$$\frac{\mathrm{d}}{\mathrm{d}t}p_k(t) = -(\lambda + s\mu)p_k(t) + \lambda p_{k-1}(t) + s\mu p_{k+1}(t) \quad (6.11)$$

となる。式(6.9)～(6.11)の解から待ち行列 $M/M/s$ の諸特性を知ることができる。以下では，特に，平衡状態$\left(\frac{\mathrm{d}}{\mathrm{d}t}p_k = 0\right)$における特性を求めよう。

$k < s$ の場合は式(6.9)，(6.10)の左辺を零とおいた関係から

$$\lambda p_k - (k+1)\mu p_{k+1} = \lambda p_{k-1} - k\mu p_k = \cdots = \lambda p_0 - \mu p_1 = 0$$

を得る。したがって，

$$\begin{aligned} p_k &= \frac{1}{k}\left(\frac{\lambda}{\mu}\right)p_{k-1} \\ &= \frac{1}{k!}\left(\frac{\lambda}{\mu}\right)^k p_0 \end{aligned} \quad (6.12)$$

となる。

次に，$k \geq s$ の場合には式(6.11)より

$$\lambda p_k - s\mu p_{k+1} = \lambda p_{k-1} - s\mu p_k = \cdots = 0$$

と書けるから

$$p_k = \left(\frac{\lambda}{s\mu}\right)p_{k-1}$$

ここで，仮に$(k-1)$が s に等しいとすると，p_{k-1} は式(6.12)で $k = s+1$ とおいて得られるから

$$\begin{aligned} p_k &= \left(\frac{\lambda}{s\mu}\right)p_s = \left(\frac{\lambda}{s\mu}\right)\frac{1}{s!}\left(\frac{\lambda}{\mu}\right)^s p_0 \\ &= \left(\frac{\lambda}{s\mu}\right)^k \frac{s^s}{s!}p_0 \end{aligned}$$

となる。よって，平衡状態の確率 p_k はまとめて，

$$p_k = \begin{cases} \dfrac{a^k}{k!}p_0 & (0 \leq k < s) \\ \dfrac{s^s}{s!}\rho^k p_0 & (k \geq s) \end{cases} \quad (6.13)$$

で与えられる。ただし，$a = \dfrac{\lambda}{\mu}$, $\rho = \dfrac{\lambda}{s\mu}$ である。式(6.13)は**アーランの公式**とよばれる。式(6.13)で $k \geq s$ の場合，p_k は公比 $\lambda/s\mu$ の等比級数となっており p_k が確率分布であるための必要条件はトラフィック密度 ρ が

$$\rho=\frac{\lambda}{s\mu}<1 \tag{6.14}$$

となることである。アーランの公式(6.13)に含まれている p_0 を求めておこう。

$\sum_0^\infty p_k=1$ より

$$\begin{aligned}\sum_{k=0}^{\infty} p_k&=\sum_{k=0}^{s-1}\frac{a^k}{k!}p_0+\sum_{k=s}^{\infty}\frac{s^s}{s!}\rho^k p_0\\&=p_0\sum_{k=0}^{s-1}\frac{a^k}{k!}+\frac{s^s}{s!}p_0\left(\sum_{k=0}^{\infty}\rho^k-\sum_{k=0}^{s-1}\rho^k\right)\\&=p_0\sum_{k=0}^{s-1}\frac{a^k}{k!}+\frac{s^s}{s!}p_0\left(\frac{\rho}{1-\rho}-\frac{\rho}{1-\rho}(1-\rho^{s-1})\right)\\&\equiv 1\end{aligned}$$

したがって,

$$p_0=\left(\sum_{k=0}^{s-1}\frac{a^k}{k!}+\frac{a^s}{s!}\frac{1}{1-\rho}\right)^{-1} \tag{6.15}$$

となる。

この待ち行列過程の重要な性質について述べよう。

〈1〉 s 個の窓口がすべてふさがっている確率 π は

$$\pi=\frac{a^s}{s!}\frac{p_0}{(1-\rho)} \tag{6.16}$$

で与えられる。π は待っている客が s 人以上の場合に対応するから

$$\begin{aligned}\pi&=\sum_{k=s}^{\infty}p_k=\sum_{k=s}^{\infty}\frac{s^s}{s!}\rho^k p_0\\&=\frac{s^s}{s!}p_0\left(\sum_{k=0}^{\infty}\rho^k-\sum_{k=0}^{s-1}\rho^k\right)\\&=\frac{s^s}{s!}p_0\left(\frac{\rho}{1-\rho}-\frac{\rho}{1-\rho}(1-\rho^{s-1})\right)\\&=\frac{s^s}{s!}p_0\frac{\rho^s}{1-\rho}\end{aligned}$$

となり，式(6.16)が得られる。

〈2〉 サービスを受けている客を除いた待ち行列の長さ(queue-size)の平均 L_q は

$$L_q=\frac{s^s\rho^{s+1}}{s!(1-\rho)^2}p_0 \tag{6.17}$$

で，また，系の長さ(system-size)の平均 L は

$$L=L_q+a \tag{6.18}$$

で，それぞれ，与えられる(例題 6.5 参照)。

〈3〉　ある客が到着したとき，既に s 個の窓口がすべてふさがっており k 人の行列があるとする。この客がサービスを受け始めるまでの**待ち時間**(waiting time)の平均 W_q は待ち行列の長さ L_q との間に

$$L_q = \lambda W_q \tag{6.19}$$

の関係がある(例題 6.6 参照)。

〈4〉　待ち時間と**サービス時間**(busy period)の和の平均 W は

$$W = W_q + \frac{1}{\mu} \tag{6.20}$$

で与えられ，また，W は系の長さ L との間に

$$L = \lambda W \tag{6.21}$$

の関係を有する(例題 6.7 参照)。

〈5〉　待ち時間が t 以上となる確率 $P(>t)$ は

$$P(>t) = \frac{p_s}{1-\rho} e^{-(1-\rho)s\mu t} \tag{6.22}$$

で与えられる。$P(>t)$ は時間 t の間に多くとも $(k-s)$ 人がサービスを終える確率に等しいから，

$$\begin{aligned} P(>t) &= \sum_{k=s}^{\infty} p_k(T_k > t) \\ &= \sum_{k=s}^{\infty} p_k \sum_{r=0}^{k-s} e^{-s\mu t} \frac{(s\mu t)^r}{r!} \\ &= p_s e^{-s\mu t} \sum_{k=s}^{\infty} \rho^{k-s} \sum_{r=0}^{k-s} \frac{(s\mu t)^r}{r!} \\ &= p_s e^{-s\mu t} \sum_{r=0}^{\infty} \frac{(s\mu t)^r}{r!} \sum_{k=s+r}^{\infty} \rho^{k-s} \\ &= \frac{p_s e^{-s\mu t}}{1-\rho} e^{s\mu\rho t} \end{aligned}$$

[例題 6.5]　系の長さ L と行列の長さ L_q の間には，$L = L_q + a$ の関係があることを示せ。

まず，L_q は定義から

$$\begin{aligned} L_q &= \sum_{k=s+1}^{\infty} (k-s) p_k \qquad (k > s) \\ &= \sum_{k=s+1}^{\infty} (k-s) \frac{s^s}{s!} \rho^k p_0 \\ &= \frac{s^s}{s!} \rho^{s+1} p_0 \sum_{r=0}^{\infty} (r+1) \rho^r \qquad (\text{ただし，} r = k-(s+1)) \end{aligned}$$

ここで，

$$\sum_{r=0}^{\infty}\rho^r=\frac{1}{1-\rho}$$

の関係があるから，上式の級数項は

$$\sum_{r=0}^{\infty}(r+1)\rho^r=\sum_{r=0}^{\infty}\frac{\mathrm{d}}{\mathrm{d}r}(\rho^{r+1})=\frac{\mathrm{d}}{\mathrm{d}r}\left(\frac{1}{1-\rho}\right)=\frac{1}{(1-\rho)^2}$$

となり，これを用いて

$$L_{\mathrm{q}}=\frac{s^s}{s!}\cdot\frac{\rho^{s+1}}{(1-\rho)^2}p_0$$

すなわち，式(6.17)が求まる。ところで，L は定義から

$$\begin{aligned}L&=\sum_{k=1}^{s}kp_k+\sum_{k=s+1}^{\infty}kp_k\\&=\sum_{k=1}^{s}kp_k+\sum_{k=s+1}^{\infty}(k-s)p_k+s\sum_{k=s+1}^{\infty}p_k\\&=a\sum_{k=1}^{s}p_{k-1}+L_{\mathrm{q}}+s\sum_{k=s+1}^{\infty}p_k\\&=a-a\sum_{k=s+1}^{\infty}p_{k-1}+L_{\mathrm{q}}+s\sum_{k=s+1}^{\infty}p_k\\&=a+L_{\mathrm{q}}\end{aligned}$$

と与えられる。

［例題 6.6］ 性質〈3〉の $L_{\mathrm{q}}=\lambda W_{\mathrm{q}}$ の関係を証明せよ。

この客が到着後，行列の r 番目 $(r\leq k)$ の客がサービスを終え窓口を立ち去るまでの時間を t_{r} とする。このとき，新しい確率変数

$$X_1=t_1,\ X_2=t_2-t_1,\ \cdots,\ X_{k+1}=t_{k+1}-t_k$$

は互いに独立で，いずれも平均 $1/s\mu$ の指数分布を有する。$(k+1)$ 人の客が窓口を去ったときサービスを受け始めるから，待ち時間 T_k は

$$T_k=X_1+X_2+\cdots+X_{k+1}$$

で，T_k の平均は

$$\boldsymbol{E}[T_k]=\sum_{i=1}^{k+1}\boldsymbol{E}[X_i]=\frac{k+1}{s\mu}$$

したがって，待ち時間の平均 W_{q} は，待ち行列の長さが k である確率(6.13)を用いて

$$\begin{aligned}W_{\mathrm{q}}&=\sum_{k}p_{k+s}\boldsymbol{E}[T_k]\\&=\sum_{k=0}^{\infty}\frac{s^s\rho^{k+s}}{s!}p_0\frac{k+1}{s\mu}\\&=\frac{s^{s-1}\rho^s p_0}{\mu s!}\sum_{k=0}^{\infty}(k+1)\rho^k\\&=\frac{s^{s-1}\rho^s}{s!\,\mu(1-\rho)^2}p_0\end{aligned}$$

となるから，式(6.17)と比較すると $W_{\mathrm{q}}=\dfrac{1}{\lambda}L_{\mathrm{q}}$ が求まる。

[例題 6.7] 系の長さ L と，(待ち時間)＋(サービス時間) W の間には性質〈4〉の関係，$L=\lambda W$ があることを示せ。

待ち時間の平均 W_q は $W_q=\dfrac{1}{\lambda}L_q$ と書ける(例題 6.6 参照)。また，サービス時間は母数 μ の指数分布であるから，その平均は

$$\int_0^\infty t\mu e^{-\mu t}\mathrm{d}t=\frac{1}{\mu}$$

となる。したがって，W は定義から

$$W=W_q+\frac{1}{\mu}$$
$$=\frac{1}{\lambda}\left(L_q+\frac{\lambda}{\mu}\right)$$

となる。ここで，$L=L_q+a$ であり(例題 6.5 参照)，結局，$W=\dfrac{1}{\lambda}L$ が成り立つ。

[例題 6.8] s 個の窓口がサービスに当っている。客の到着およびサービス分布が，それぞれ，母数 λ,μ の指数分布に従うとする。このとき，窓口が全部ふさがっていれば新たに到着した客はサービスを受けずに立ち去るものとする。客がサービスを拒絶される確率を求めよ。

$M/M/s$ の確率微分方程式，式(6.9)～(6.11)を参考にすれば，本題は

$$\left.\begin{array}{ll}\dfrac{\mathrm{d}}{\mathrm{d}t}p_0(t)=-\lambda p_0(t)+\mu p_1(t) & (k=0)\\[2ex] \dfrac{\mathrm{d}}{\mathrm{d}t}p_k(t)=-(\lambda+k\mu)p_k(t)+\lambda p_{k-1}(t)+(k+1)\mu p_{k+1}(t) & (1\leq k<s)\\[2ex] \dfrac{\mathrm{d}}{\mathrm{d}t}p_s(t)=-s\mu p_s(t)+\lambda p_{s-1}(t) & (k=s)\end{array}\right\} \tag{6.23}$$

の方程式を満足することがわかる。ここで，平衡状態 $\left(\dfrac{\partial}{\partial t}p_k=0\right)$ の解は

$$p_k=\frac{a^k}{k!}p_0 \qquad \left(\text{ただし，}a=\frac{\lambda}{\mu}\right)$$

となる。また，p_k は確率であるから

$$\sum_{k=0}^{s}p_k=\sum_{k=0}^{s}\frac{a^k}{k!}p_0\equiv 1$$

の関係から p_0 が決まる。結局，窓口がすべてふさがっており客がサービスを拒絶される確率 p_s は

$$p_s=\frac{a^s/s!}{\displaystyle\sum_{k=0}^{s}\frac{a^k}{k!}} \tag{6.24}$$

と求まる。

6.1.4 待機の理論

オンラインサービスを行っている銀行や交通機関のセンタ・コンピュータは，その故障に備え予備機を待機させている。また，OHP には光源ランプが

切れた場合のために予備のランプが内蔵されている。この二例で示される予備機や部品の待機の方法は，動作中の機器の信頼性を高めるための1つの手段となっている。現用機の故障する確率を客の到着に，故障の修理時間をサービス時間に対応させると待機の理論とよばれる待ち行列の一分野が形成される。

［例題 6.9］ 故障率 $\lambda=0.02\,(1/\mathrm{h})$ のコンピュータが5台 現用機として あるサービスに当っている。サービスの中断を防ぐために他の k 台が予備機として $\lambda=0.02\,(1/\mathrm{h})$ で待機中である。1時間の間 少なくとも5台が故障せずにこのサービスが継続する確率は予備機の台数でどのように変るか。

$(5+k)$ 台のうち少なくとも5台が動いている確率 p_k は

$k=0$ では　$p_0=(1-\lambda)^5=0.98^5=0.9039$

$k=1$ では　$p_1=(1-\lambda)^6+{}_6C_1(1-\lambda)^5\lambda$

$=0.98^6+6\times0.98^5\times0.02=0.9943$

$k=2$ では　$p_2=(1-\lambda)^7+{}_7C_1(1-\lambda)^6\lambda+{}_7C_2(1-\lambda)^5\lambda^2$

$=0.98^7+7\times0.98^6\times0.02+21\times0.98^5\times0.02^2$

$=0.9997$

等と予備機の増加と共にサービスが継続する確率 p_k は増すことがわかる。

待機の理論の簡単な例として，稼動中の1台の現用機と s 個の予備機から成る系について考える。この系の運転は現用機が故障すれば待機中の予備機と取り替え，その修理は行わず $(s+1)$ 台がすべて故障した時点で完全にストップする規則の下に行われるものとする。ある時刻 t で故障台数が $k(\leq s)$ である確率 p_k を求めよう。

まず，現用機が $(t, t+\Delta t)$ 間に故障する確率を

$$\lambda\Delta t+O(\Delta t)$$

とし，待機中の予備機が $(t, t+\Delta t)$ に故障する確率を

$$\lambda'\Delta t+O(\Delta t)$$

とする。一般的には，$\lambda\geq\lambda'\geq0$ であり，予備機の待機の状態は λ' の大きさにより，それぞれ，

$\lambda'=0$；**クール**な待機

$\lambda'=\lambda$；**ホット**な待機

$0<\lambda'<\lambda$；負荷の軽い待機

とよばれる。ここで，λ, λ' は故障率とよばれ，先の待ち行列6.1.2，6.1.3項で扱った到着率にあたる定数である。さて，この過程は故障のみが生起する純出生過程であり，その生起確率は Δt 時間あたり $\lambda_k\Delta t$ で

$$\lambda_k=\begin{cases}\lambda+(s-k)\lambda' & (0\leq k\leq s)\\ 0 & (k>s)\end{cases}$$

となる。したがって，この修理を伴わない待機系の確率微分差分方程式は

$$\left.\begin{aligned}\frac{\mathrm{d}}{\mathrm{d}t}p_0(t)&=-\lambda_0 p_0(t) && (k=0)\\ \frac{\mathrm{d}}{\mathrm{d}t}p_k(t)&=-\lambda_k p_k(t)+\lambda_{k-1}p_{k-1}(t) && (1\leq k\leq s)\end{aligned}\right\}\qquad(6.25)$$

となる。式(6.25)から順次 $p_k(t)$ を解こう。まず，初期条件 $p_0(0)=1$ から

$$p_0(t)=e^{-\lambda_0 t}$$

$k=1$ の場合は上記の $p_0(t)$ を用いて

$$\frac{\mathrm{d}}{\mathrm{d}t}p_1(t)=-\lambda_1 p_1(t)+\lambda_0 e^{-\lambda_0 t}$$

と書けるから，

$$p_1(t)=e^{-\lambda_1 t}\left(\int\lambda_0 e^{-\lambda_0 t}e^{\lambda_1 t}\mathrm{d}t+C\right)$$

$$=e^{-\lambda_1 t}\left(\frac{\lambda_0}{\lambda_1-\lambda_0}e^{(\lambda_1-\lambda_0)t}+C\right)$$

であり，初期条件 $p_1(0)=0$ から $C=-\lambda_0/(\lambda_1-\lambda_0)$ となるから

$$p_1(t)=\frac{\lambda_0}{\lambda_0-\lambda_1}e^{-\lambda_1 t}(1-e^{-(\lambda_0-\lambda_1)t})$$

$$=\frac{\lambda_0}{\lambda'}e^{-\lambda_1 t}(1-e^{-\lambda' t})$$

を得る。同様にして，一般的に

$$p_k(t)=\frac{\lambda_0\lambda_1\cdots\lambda_{k-1}}{k!\lambda'^k}e^{-\lambda_k t}(1-e^{-\lambda' t})^k\qquad(1\leq k\leq s)\qquad(6.26)$$

となる。特に，全機械が故障する確率 $p_{s+1}(t)$ は

$$p_{s+1}(t)=\frac{\lambda_0\lambda_1\cdots\lambda_{s-1}\lambda}{s!\lambda'^s}\int_0^t e^{-\lambda t}(1-e^{-\lambda' t})^s\mathrm{d}t$$

で与えられる。

［**例題 6.10**］ 1台の現用機と n 台の予備機から成る系がある。修理が行われずクールな待機の条件の下で，この系の平均作動時間を求めよ。

クールな待機の下，故障した台数が k である確率 $p_k(t)$ は式(6.25)で $\lambda_k=\lambda$ とおいた

$$\frac{\mathrm{d}}{\mathrm{d}t}p_k(t)=-\lambda p_k(t)+\lambda p_{k-1}(t)\qquad(1\leq k\leq n)$$

から求まる。上式はポアソン過程を表す微分差分方程式にほかならない（4.6節の式

(4.37)参照)。したがって，解 $p_k(t)$ は

$$p_k(t)=\frac{(\lambda t)^k}{k!}e^{-\lambda t} \qquad (0\leq k\leq n)$$

$$p_{n+1}(t)=1-\sum_{k=0}^{n} p_k(t)$$

となる。ところで，$(n+1)$ 台の機械はお互いに独立であるから，この系の寿命 τ はそれぞれの機械の寿命 τ_k の和に等しい。

$$\tau=\tau_1+\tau_2+\cdots+\tau_{n+1}$$

したがって，τ の平均は

$$\begin{aligned}\boldsymbol{E}[\tau]&=\sum_{k=1}^{n+1}\boldsymbol{E}[\tau_k]\\&=(n+1)\int_0^\infty t\lambda e^{-\lambda t}\mathrm{d}t\\&=\frac{n+1}{\lambda}\end{aligned}$$

となる。

6.2　フィルタ理論

必要な信号を不要な信号や雑音の中からとり出すシステムとしてフィルタが広く用いられている。ここでは，入力と出力の間に線形関係のある線形フィルタの設計理論に確率論がいかに用いられているかを述べる。

6.2.1　線形フィルタの入出力関係

図 6.6 には線形フィルタのブロック図が示されている。$x(t)$ は入力，$y(t)$ は出力であり，$h(t)$ は $x(t)$ にインパルスを入力した時に出力 $y(t)$ に見られるインパルス応答である。フィルタの入出力を定常確率過程 $\boldsymbol{x}(t)$, $\boldsymbol{y}(t)$ としたときの入出力関係は

$$\boldsymbol{y}(t)=\int_0^\infty h(\eta)\boldsymbol{x}(t-\eta)\mathrm{d}\eta \qquad (6.27)$$

で与えられる。ただし，フィルタが長時間動作している状態であるとする。

フィルタの設計とは式(6.27)のたたみ込み積分中のインパルス応答 $h(t)$ を設計することに他ならないが，$h(t)$ の設計論に入る前に，入力と出力の平均や相関関数に触れておく。

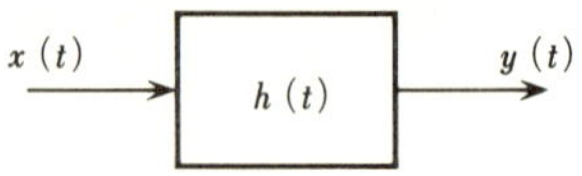

図 6.6　線形フィルタの入出力

6.2.2 入出力の平均と相関関数

入力信号 $\boldsymbol{x}(t)$ も出力信号 $\boldsymbol{y}(t)$ も定常確率過程として，式(6.27)の両辺の集合平均をとると，

$$\boldsymbol{E}[\boldsymbol{y}(t)]=\boldsymbol{E}\left[\int_0^\infty h(\eta)\boldsymbol{x}(t-\eta)\mathrm{d}\eta\right]=\int_0^\infty h(\eta)\boldsymbol{E}[\boldsymbol{x}(t-\eta)]\mathrm{d}\eta \qquad (6.28)$$

となる。上の式で積分の外側にあった $\boldsymbol{E}[\ ]$ が積分の内側に入ることを説明する。それには，まず式(6.27)を和の形に近似して

$$\boldsymbol{y}(n\Delta)=\sum_{k=0}^{N} h(k\Delta)\boldsymbol{x}((n-k)\Delta)\Delta \qquad (6.29)$$

とし，この両辺の集合平均をとる。ここに Δ は微小時間区間であり，Δn は t に相当する。$\boldsymbol{y}(n\Delta)=\boldsymbol{y}_n$, $h(k\Delta)=h_k$, $\boldsymbol{x}((n-k)\Delta)=\boldsymbol{x}_{n-k}$ とすると

$$\begin{aligned}
\boldsymbol{E}[\boldsymbol{y}_n]&=\int_{-\infty}^{\infty} y_n P(y_n)\mathrm{d}y_n\\
&=\boldsymbol{E}\left[\sum_{k=0}^{n} h_k\cdot\boldsymbol{x}_{n-k}\cdot\Delta\right]\\
&=\Delta\cdot\int_{-\infty}^{\infty}\int_{-\infty}^{\infty}\cdots\int_{-\infty}^{\infty}\left(\sum_{k=0}^{n} h_k x_{n-k}\right)p(x_n, x_{n-1}, \cdots, x_{n-N})\mathrm{d}x_n\mathrm{d}x_{n-1}\cdots\mathrm{d}x_{n-N}\\
&=\Delta\int_{-\infty}^{\infty}\int_{-\infty}^{\infty}\cdots\int_{-\infty}^{\infty} h_0 x_n p(x_n, x_{n-1}, \cdots, x_{n-N})\mathrm{d}x_n\mathrm{d}x_{n-1}\cdots\mathrm{d}x_{n-N}\\
&\quad+\Delta\int_{-\infty}^{\infty}\int_{-\infty}^{\infty}\cdots\int_{-\infty}^{\infty} h_1 x_{n-1} p(x_n, x_{n-1}, \cdots, x_{n-N})\mathrm{d}x_n\mathrm{d}x_{n-1}\cdots\mathrm{d}x_{n-N}\\
&\quad\vdots\\
&\quad+\Delta\int_{-\infty}^{\infty}\int_{-\infty}^{\infty}\cdots\int_{-\infty}^{\infty} h_N x_{n-N} p(x_n, x_{n-1}, \cdots, x_{n-N})\mathrm{d}x_n\mathrm{d}x_{n-1}\cdots\mathrm{d}x_{n-N}\\
&=\Delta\cdot h_0\int_{-\infty}^{\infty} x_n P(x_n)\mathrm{d}x_n+\Delta\cdot h_1\int_{-\infty}^{\infty} x_{n-1}P(x_n-1)\mathrm{d}x_{n-1}\\
&\quad+\cdots+\Delta\cdot h_N\int_{-\infty}^{\infty} x_{n-N}P(x_{n-N})\mathrm{d}x_{n-N}\\
&=\Delta\cdot h_0\boldsymbol{E}[\boldsymbol{x}_n]+\Delta\cdot h_1\boldsymbol{E}[\boldsymbol{x}_{n-1}]+\cdots+\Delta\cdot h_N\boldsymbol{E}[\boldsymbol{x}_{n-N}]\\
&=\sum_{k=0}^{N} h_k\boldsymbol{E}[\boldsymbol{x}_{n-k}]\Delta
\end{aligned}$$

となり，上式をまとめると

$$\boldsymbol{E}[\boldsymbol{y}_n]=\sum_{k=0}^{N} h_k\boldsymbol{E}[\boldsymbol{x}_{n-k}]\Delta$$

となって，平均操作が Σ の内側に入ることがわかる。Σ の形の極限の積分でも同様であり，式(6.28)が成立する。

式(6.28)で $\boldsymbol{x}(t)$ は定常的な確率過程であるので，集合平均は時間とともに変化せず一定であり，

$$\boldsymbol{E}[\boldsymbol{x}(t-\eta)]=\boldsymbol{E}[\boldsymbol{x}(t)]=m_x$$

となり，出力の平均は

$$\boldsymbol{E}[\boldsymbol{y}(t)]=m_x\int_0^\infty h(\eta)\mathrm{d}\eta$$

となる。

次に出力 $\boldsymbol{y}(t)$ の自己相関関数を求める。まず式(6.27)より

$$\boldsymbol{y}(t+\tau)=\int_0^\infty h(\eta)\boldsymbol{x}(t+\tau-\eta)\mathrm{d}\eta \tag{6.30}$$

であり，これより自己相関関数 $R_{yy}(\tau)$ を求めると，

$$\begin{aligned}R_{yy}(\tau)&=\boldsymbol{E}[\boldsymbol{y}(t)\boldsymbol{y}(t+\tau)]\\&=\boldsymbol{E}\left[\int_0^\infty h(\eta)\boldsymbol{x}(t-\eta)\mathrm{d}\eta\int_0^\infty h(\eta')\boldsymbol{x}(t+\tau-\eta')\mathrm{d}\eta'\right]\\&=\int_0^\infty\int_0^\infty h(\eta)h(\eta')\boldsymbol{E}[\boldsymbol{x}(t-\eta)\boldsymbol{x}(t+\tau-\eta')]\mathrm{d}\eta\mathrm{d}\eta'\end{aligned} \tag{6.31}$$

であるが，$\boldsymbol{x}(t)$ は定常確率過程であり，その自己相関関数は $\boldsymbol{x}(t-\eta)$ と $\boldsymbol{x}(t+\tau-\eta')$ の時間差の関数となる。すなわち，

$$\boldsymbol{E}[\boldsymbol{x}(t-\eta)\boldsymbol{x}(t+\tau-\eta')]=R_{xx}(\tau-\eta'+\eta) \tag{6.32}$$

である。これを式(6.31)に代入すると

$$R_{yy}(\tau)=\int_0^\infty\left\{\int_0^\infty h(\eta)h(\eta')R_{xx}(\tau-\eta'+\eta)\mathrm{d}\eta\right\}\mathrm{d}\eta' \tag{6.33}$$

となる。入力の自己相関関数 $R_{xx}(\tau)$ から出力の自己相関関数 $R_{yy}(\tau)$ がこうして求まる。$R_{yy}(\tau)$ において $\tau=0$ とすれば出力パワーが求まり，

$$\boldsymbol{E}[\boldsymbol{x}^2(t)]=R_{yy}(0)=\int_0^\infty\left\{\int_0^\infty h(\eta)h(\eta')R_{xx}(\eta-\eta')\mathrm{d}\eta\right\}\mathrm{d}\eta' \tag{6.34}$$

として与えられる。

入力と出力間の相互相関関数 $R_{xy}(\tau)$ は $\boldsymbol{x}(t)$ と $\boldsymbol{x}(t+\tau)$ の積の集合平均であり，

$$\begin{aligned}R_{xy}(\tau)&=\boldsymbol{E}[\boldsymbol{x}(t)\boldsymbol{y}(t+\tau)]\\&=\boldsymbol{E}\left[\boldsymbol{x}(t)\int_0^\infty h(\eta)\boldsymbol{x}(t+\tau-\eta)\mathrm{d}\eta\right]\\&=\int_0^\infty h(\eta)\boldsymbol{E}[\boldsymbol{x}(t)\boldsymbol{x}(t+\tau-\eta)]\mathrm{d}\eta\\&=\int_0^\infty h(\eta)R_{xx}(t-\eta)\mathrm{d}\eta\end{aligned} \tag{6.35}$$

となる。

次に，出力 $\boldsymbol{y}(t)$ のパワースペクトル密度 $S_{yy}(\omega)$ を求めよう。これは，式(6.33)の $R_{yy}(\tau)$ をフーリエ変換することで求まる。

$$S_{yy}(\omega)=\int_{-\infty}^{\infty}R_{yy}(\tau)e^{-i\omega\tau}\mathrm{d}\tau$$
$$=\int_{-\infty}^{\infty}\left\{\int_{0}^{\infty}\left\{\int_{0}^{\infty}h(\eta)h(\eta')R_{xx}(\tau-\eta'+\eta)\mathrm{d}\eta\right\}\mathrm{d}\eta' e^{-i\omega\tau}\right\}\mathrm{d}\tau \qquad (6.36)$$

ここで指数関数の性質を利用すると,

$$S_{yy}(\omega)=\int_{-\infty}^{\infty}\left\{\int_{0}^{\infty}\left\{\int_{0}^{\infty}h(\eta)e^{i\omega\eta}h(\eta')e^{-i\omega\eta'}\cdot\right.\right.$$
$$\left.\left.R_{xx}(\tau-\eta'+\eta)e^{-i\omega(t-\eta'+\eta)}\mathrm{d}\eta\right\}\mathrm{d}\eta'\right\}\mathrm{d}t$$
$$=\left\{\int_{0}^{\infty}h(\eta)e^{i\omega\eta}\mathrm{d}\eta\right\}\left\{\int_{0}^{\infty}h(\eta')e^{-i\omega\eta'}\mathrm{d}\eta'\right\}\left\{\int_{-\infty}^{\infty}R_{xx}(u)e^{-i\omega u}\mathrm{d}u\right\}$$
$$=H(-\omega)H(\omega)S_{xx}(\omega)$$
$$=|H(\omega)|^{2}S_{xx}(\omega) \qquad (6.37)$$

となる。ここに $H(\omega)$ はインパルス応答 $h(t)$ のフーリエ変換であり, **伝達関数**(transfer function)とよばれ

$$H(\omega)=\int_{-\infty}^{\infty}h(t)e^{-i\omega t}\mathrm{d}t \qquad (6.38)$$

である。また $S_{xx}(\omega)$ は入力 $\boldsymbol{x}(t)$ のパワースペクトル密度関数であり, 入力の自己相関関数 $R_{xx}(\tau)$ のフーリエ変換

$$S_{xx}(\omega)=\int_{-\infty}^{\infty}R_{xx}(\tau)e^{-i\omega\tau}\mathrm{d}\tau \qquad (6.39)$$

として与えられる。

式(6.37)をまとめると,

$$S_{yy}(\omega)=|H(\omega)|^{2}S_{xx}(\omega) \qquad (6.40)$$

であり, 出力のパワースペクトル密度関数は入力のパワースペクトル密度関数と伝達関数の絶対値の二乗の積で表される。$S_{xx}(\omega)$ は実関数であり, $|H(\omega)|^2$ も実関数であるから, $S_{yy}(\omega)$ も当然実関数となる。

出力 $\boldsymbol{y}(t)$ のパワーは

$$R_{yy}(\tau)=\frac{1}{2\pi}\int_{-\infty}^{\infty}S_{yy}(\omega)e^{i\omega\tau}\mathrm{d}\omega$$

より

$$\boldsymbol{E}\{\boldsymbol{y}^{2}(t)\}=R_{yy}(0)=\frac{1}{2\pi}\int_{-\infty}^{\infty}S_{yy}(\omega)\mathrm{d}\omega$$
$$=\frac{1}{2\pi}\int_{-\infty}^{\infty}|H(\omega)|^{2}S_{xx}(\omega)\mathrm{d}\omega \qquad (6.41)$$

となる。

入出力間の相互スペクトル密度関数 $S_{xy}(\omega)$ は式(6.35)の両辺をフーリエ変

換することで求められる。すなわち，

$$S_{xy}(\omega)=\int_{-\infty}^{\infty}R_{xy}(\tau)e^{-i\omega\tau}\mathrm{d}\tau=\int_{-\infty}^{\infty}h(\eta)R_{xx}(\tau-\eta)\mathrm{d}\eta\Big\}e^{-i\omega\tau}\mathrm{d}\tau$$

$$=\left\{\int_{0}^{\infty}h(\eta)e^{-i\omega\eta}\mathrm{d}\eta\right\}\left\{\int_{-\infty}^{\infty}R_{xx}(\tau-\eta)e^{-i\omega(\tau-\eta)}\mathrm{d}\tau\right\}$$

$$=H(\omega)S_{xx}(\omega) \tag{6.42}$$

となる。相互スペクトル密度関数はフィルタの伝達関数と入力の自己相関関数の積となる。

伝達関数 $H(\omega)$ を位相 $\varphi(\omega)$ と振幅 $A(\omega)$ に分解すると

$$H(\omega)=A(\omega)e^{-i\varphi(\omega)} \tag{6.43}$$

となる。出力 $\boldsymbol{y}(t)$ のパワースペクトル密度 $S_{yy}(\omega)$ は式(6.40)より

$$S_{yy}(\omega)=|H(\omega)|^2S_{xx}(\omega)=A^2(\omega)S_{xx}(\omega) \tag{6.44}$$

となり，振幅特性のみが影響し，位相特性は関係しない。また入出力間の相互スペクトル密度関数 $S_{xy}(\omega)$ は式(6.42)より

$$S_{xy}(\omega)=A(\omega)e^{-i\varphi(\omega)}S_{xx}(\omega) \tag{6.45}$$

であり，$S_{xy}(\omega)$ には振幅 $A(\omega)$ も位相 $\varphi(\omega)$ も関係する。

［例題 6.11］ 図6.7の RC フィルタの入力 $x(t)$ のパワースペクトル密度関数が $S_{xx}(\omega)=1$ であるとき，出力のパワースペクトル密度関数 $S_{yy}(\omega)$ を求めよ。

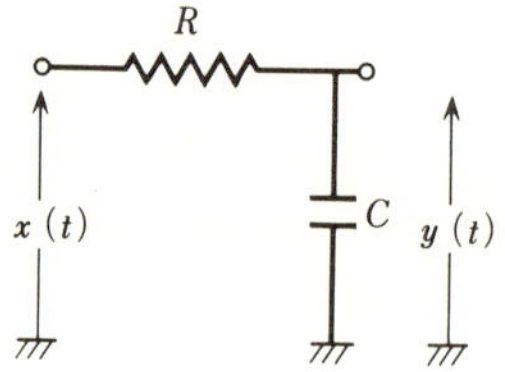

図 6.7　RC フィルタ

RC フィルタの伝達関数 $H(\omega)$ は

$$H(\omega)=\frac{\dfrac{1}{RC}}{i\omega+\dfrac{1}{RC}}$$

であり，式(6.40)より

$$S_{yy}(\omega)=|H(\omega)|^2S_{xx}(\omega)=\frac{1}{1+(RC)^2\omega^2}$$

となる。図6.8には入力の $S_{xx}(\omega)$ と出力の $S_{yy}(\omega)$ が示される。入力の $S_{xx}(\omega)$ には全 τ の角周波数 ω に対して一定のパワースペクトル密度が示されるが，出力の $S_{yy}(\omega)$ では高域でのパワー密度が低下している。これは図6.7の RC 回路が高域の

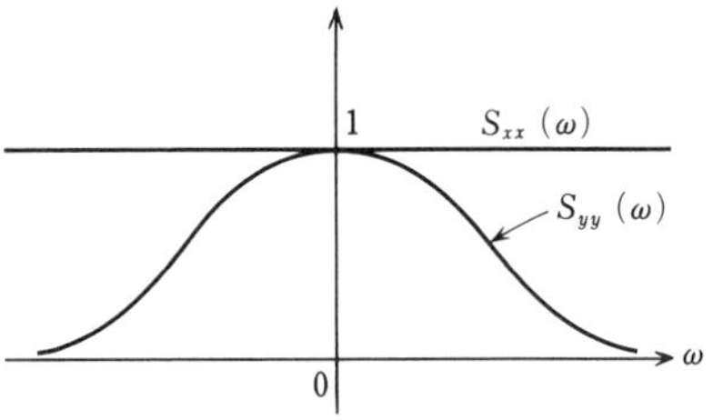

図 6.8 入力と出力のパワースペクトル密度関数

周波数を減衰させる**低域通過フィルタ**(low-pass filter)になっているからである。

[**例題 6.12**] 信号のパワースペクトルは線形システム(伝達関数で表される入出力系であり，数学的には線形フィルタと同じ)の伝達関数を推定に利用できるか？利用するにはどのような操作をするのか考えよ。

未知の伝達関数を $H(\omega)=A(\omega)e^{-i\varphi(\omega)}$ とする。

式(6.45)を用いて

$$S_{xy}(\omega)=A(\omega)e^{-i\varphi(\omega)}S_{xx}(\omega)$$

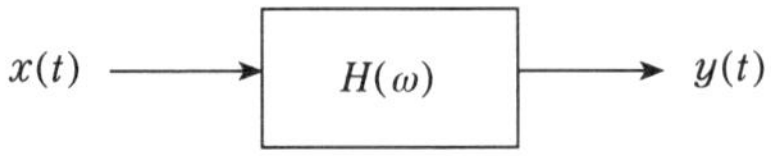

図 6.9 線形システムの入出力関係

$S_{xx}(\omega)=S_0=$ 一定のパワースペクトル密度関数をもつ信号 $x(t)$ (白色雑音)を利用して $x(t)$ と $y(t)$ の間の相互パワースペクトルを測定し，S_0 で割れば伝達関数の振幅も位相も推定できる。むろん，周波数に対して一定でないパワースペクトルの信号 $x(t)$ を利用してもできるが，計算は複雑になる。また，$H(\omega)$ の通過帯域内でこの $S_{xx}(\omega)$ が部分的にでもゼロ，もしくは低い値をとらないように注意すべきである。もし，そうであるとその周波数での推定精度が大きく劣化する。

6.2.3 整合フィルタ

情報を伝送したり，観測者と対象物間の距離を測定するのにパルス信号が広く用いられる。こうしたパルス信号を受信する時に問題となるのが雑音である。図 6.10(a)には雑音を含まないパルス信号が，また，(b)には雑音を多量に含んだパルス信号が描かれている。(b)ではパルスの波形が雑音によって大きく変化しパルス信号の存在そのものもあいまいである。こうした場合にフィルタに信号を通すことで雑音を抑制できる。しかし，パルス信号は一般に短い時間幅しか持たないので，周波数帯域が広がっている。図 6.10(a)のパルス信号

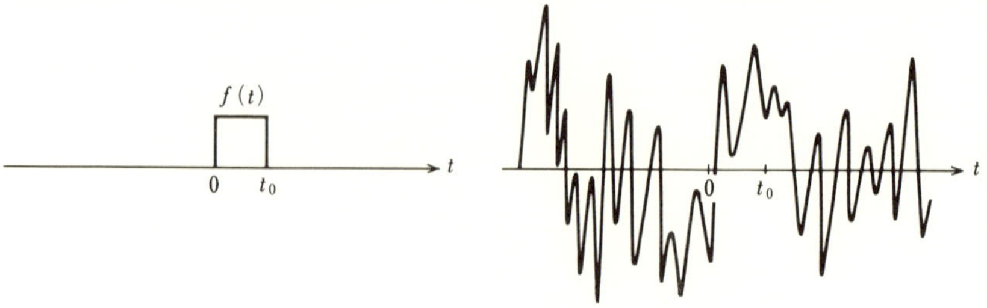

（a）　雑音のない場合　　（b）　雑音がある場合

図 6.10　パルス信号

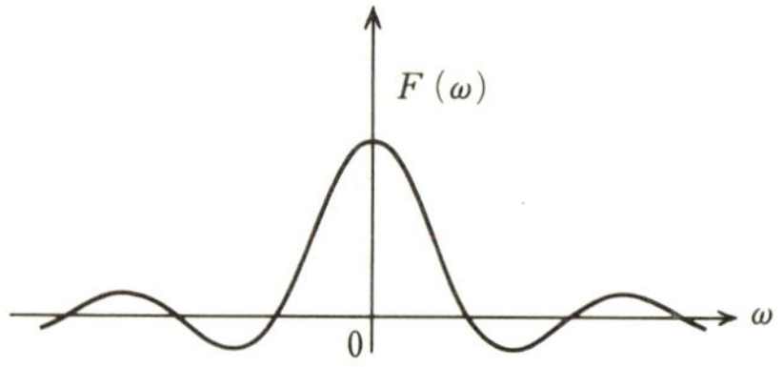

図 6.11　パルス信号のスペクトル

は図6.11のようなスペクトルを持ち，高域の周波数成分を強く持っている。このためフィルタを通過するときに，高域のスペクトル成分は減衰してしまい，パルス信号のもつ波形そのものを忠実に保存しながら，雑音を抑制することは困難になる。

しかし，パルス信号と，それが持つ情報との関係を考えてみると，信号の波形そのものには情報が無く，信号の存在自体，すなわちパルスの有無に情報があるということに気が付くのである。フィルタの出力には元のパルス波形とは異なった歪んだ波形が出力されていても，雑音が抑制されていればよいということになる。図6.12にはこうした様子が示されている。この図には，雑音の影響を受けた矩形パルスが，インパルス応答 $h(t)$ をもつ線形フィルタを通過することによりこの雑音が抑制される様子が示されている。フィルタの出力には元のパルス波形とは異なる三角形状の波形が出力されている。あくまでも元のパルス波形を保とうとしてフィルタの通過帯域を広くすれば，図のようには雑音成分を除去できないし，逆にフィルタの通過帯域をこれより狭くすると，パルス信号の成分自体が出力されなくなる。こうして適当なインパルス応答

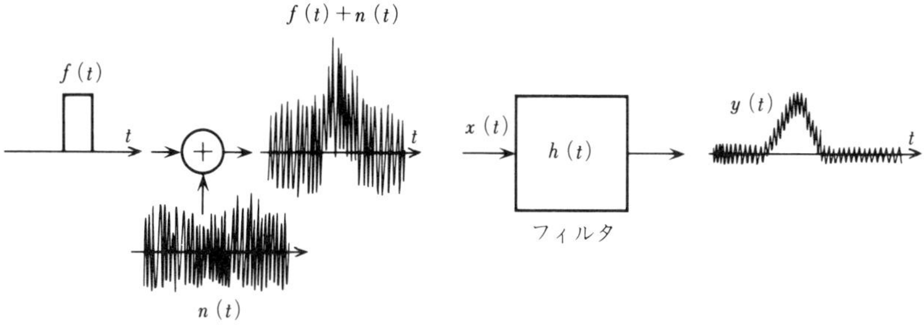

図 6.12 フィルタの効果

$h(t)$ またはそのフーリエ変換である伝達関数 $H(\omega)$ の設計が必要となるのである。

フィルタが適当であるか，良いフィルタであるかを知る評価量が必要となるが，一般に，次の**信号対雑音比**(signal to noise ratio, SNR)が用いられる。

$$\mathrm{SNR}=\frac{|y_{\mathrm{f}}(t_m)|}{\sqrt{\boldsymbol{E}[\boldsymbol{y}_{\mathrm{n}}^2(t)]}} \tag{6.46}$$

ここで $y_{\mathrm{f}}(t)$, $\boldsymbol{y}_{\mathrm{n}}(t)$ はフィルタの出力におけるパルス信号成分と雑音成分である。この中で雑音成分 $\boldsymbol{y}_{\mathrm{n}}(t)$ は不規則な成分であり，定常確率過程と仮定する。また t_m は $y_{\mathrm{f}}(t)$ が**尖頭値**(peak value)をとる時刻である。

一方，フィルタの入力 $\boldsymbol{x}(t)$ はパルス信号 $f(t)$ と定常確率過程としての雑音 $\boldsymbol{n}(t)$ の和と仮定する。フィルタの出力は $\boldsymbol{x}(t)$ とインパルス応答 $h(t)$ のたたみ込み積分で表され，

$$\begin{aligned}\boldsymbol{y}(t)&=\int_0^{\infty}h(\eta)\boldsymbol{x}(t-\eta)\mathrm{d}\eta\\&=\int_0^{\infty}h(\eta)f(t-\eta)\mathrm{d}\eta+\int_0^{\infty}h(\eta)\boldsymbol{n}(t-\eta)\mathrm{d}\eta\\&=y_{\mathrm{f}}(t)+\boldsymbol{y}_{\mathrm{n}}(t)\end{aligned} \tag{6.47}$$

で与えられる。ここで，パルス信号成分 $y_{\mathrm{f}}(t)$ は

$$y_{\mathrm{f}}(t)=\int_0^{\infty}h(\eta)f(t-\eta)\mathrm{d}\eta \tag{6.48}$$

であり，雑音成分 $\boldsymbol{y}_{\mathrm{n}}(t)$ は

$$\boldsymbol{y}_{\mathrm{n}}(t)=\int_0^{\infty}h(\eta)\boldsymbol{n}(t-\eta)\mathrm{d}\eta \tag{6.49}$$

となる。

こうして，$y_{\mathrm{f}}(t)$ と $\boldsymbol{y}_{\mathrm{n}}(t)$ が求まり，式(6.46)の SNR が最大となるようにイ

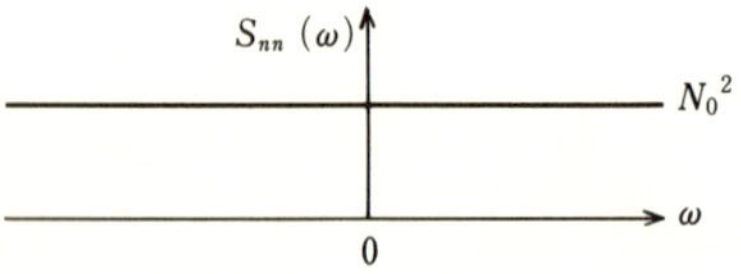

図 6.13　雑音のパワースペクトル密度関数

ンパルス応答 $h(t)$，または，そのフーリエ変換 $H(\omega)$ を設計すれば，雑音の影響を最も抑制することができる。パルス信号 $f(t)$ のフーリエ変換を $F(\omega)$ とし，雑音 $\boldsymbol{n}(t)$ は白色雑音であり，パワースペクトル密度 $S_{nn}(\omega)$ は ω に対して一定で図 6.13 のように $N_0{}^2$ とする。また，インパルス応答のフーリエ変換はフィルタの伝達関数 $H(\omega)$ である。

まず，式(6.46)の SNR の分子である $y_{\mathrm{f}}(t_m)$ を求めよう。$y_{\mathrm{f}}(t)$ は式(6.48)より求まり，この式の両辺をフーリエ変換すれば，次式となる。

$$Y_{\mathrm{f}}(\omega)=H(\omega)F(\omega) \tag{6.50}$$

ここに，

$$Y_{\mathrm{f}}(\omega)=\int_{-\infty}^{\infty}y_{\mathrm{f}}(t)e^{-i\omega t}\mathrm{d}t \tag{6.51}$$

である。$y_{\mathrm{f}}(t_m)$ は $t=t_m$ における $Y_{\mathrm{f}}(\omega)$ のフーリエ逆変換で求められる。

$$y_{\mathrm{f}}(t_m)=\frac{1}{2\pi}\int_{-\infty}^{\infty}H(\omega)F(\omega)e^{i\omega t_m}\mathrm{d}\omega \tag{6.52}$$

また雑音成分の出力 $\boldsymbol{y}_n(t)$ は式(6.49)より求まり，そのパワースペクトル密度関数は式(6.40)より $|H(\omega)|^2N(\omega)$ である。出力 $\boldsymbol{y}_{\mathrm{n}}(t)$ のパワーは式(6.41)より

$$\begin{aligned}\boldsymbol{E}[\boldsymbol{y}_{\mathrm{n}}{}^2(t)]&=\frac{1}{2\pi}\int_{-\infty}^{\infty}|H(\omega)|^2N(\omega)\mathrm{d}\omega\\&=\frac{N_0{}^2}{2\pi}\int_{-\infty}^{\infty}|H(\omega)|^2\mathrm{d}\omega\end{aligned} \tag{6.53}$$

となる。式(6.52)と式(6.53)を用いて式(6.46)の SNR を求めると，

$$\mathrm{SNR}=\frac{\left|\dfrac{1}{2\pi}\displaystyle\int_{-\infty}^{\infty}H(\omega)F(\omega)e^{i\omega t_m}\mathrm{d}\omega\right|}{\sqrt{\dfrac{N_0{}^2}{2\pi}\displaystyle\int_{-\infty}^{\infty}|H(\omega)|^2\mathrm{d}\omega}} \tag{6.54}$$

である。ここで，シュヴァルツの不等式

$$\left[\int_{-\infty}^{\infty}g(t)k(t)\mathrm{d}t\right]^2\leq\left[\int_{-\infty}^{\infty}g^2(t)\mathrm{d}t\right]\left[\int_{-\infty}^{\infty}k^2(t)\mathrm{d}t\right] \tag{6.55}$$

を分子に用いると，

$$\mathrm{SNR} \leq \frac{\frac{1}{2\pi}\sqrt{\int_{-\infty}^{\infty}|H(\omega)|^2 \mathrm{d}\omega}\sqrt{\int_{-\infty}^{\infty}|F(\omega)e^{i\omega t_m}|\mathrm{d}\omega}}{\sqrt{\frac{N_0{}^2}{2\pi}\int_{-\infty}^{\infty}|H(\omega)|^2 \mathrm{d}\omega}} \tag{6.56}$$

となり，分子と分母の共通項が消去され

$$\mathrm{SNR} \leq \sqrt{\frac{1}{2\pi N_0{}^2}\int_{-\infty}^{\infty}|F(\omega)|^2 \mathrm{d}\omega} \tag{6.57}$$

が求まる。したがって，SNR の最大値，すなわちわれわれが最も望んでいる値は

$$\mathrm{Max}\,(\mathrm{SNR}) = \sqrt{\frac{1}{2\pi N_0{}^2}\int_{-\infty}^{\infty}|F(\omega)|^2 \mathrm{d}\omega} \tag{6.58}$$

であることがわかる。SNR が最大のときは等式が成立する場合であり，シュヴァルツの不等式(6.55)では $g(t)=Ck^*(t)$ (C は比例定数。＊は複素共役の意味)の場合であり，式(6.56)では

$$H(\omega) = CF^*(\omega)e^{-i\omega t_m} \tag{6.59}$$

となる。これが SNR を最大とする伝達関数である。定数 C を $C=1$ としても一般性を失わないので，$C=1$ とすると

$$H(\omega) = F^*(\omega)e^{-i\omega t_m} \tag{6.60}$$

となる。インパルス応答 $h(t)$ の形を調べるために，上式をフーリエ逆変換すると，$F^*(\omega)=F(-\omega)$ ($F(\omega)$ は実関数 $f(t)$ のフーリエ変換であるから)に注意して，$h(t)$ は

$$\begin{aligned} h(t) &= \frac{1}{2\pi}\int_{-\infty}^{\infty} H(\omega)e^{i\omega t}\mathrm{d}\omega \\ &= \frac{1}{2\pi}\int_{-\infty}^{\infty} F^*(\omega)e^{-i\omega t_m}e^{i\omega t}\mathrm{d}\omega \\ &= \frac{1}{2\pi}\int_{-\infty}^{\infty} F(-\omega)e^{i\omega(-t+t_m)}\mathrm{d}\omega \\ &= f(t_m - t) \end{aligned} \tag{6.61}$$

として与えられる。フィルタのインパルス応答 $h(t)$ は，パルス信号 $f(t)$ のとき間軸を正負逆転し，t_m だけずらしたものになる。このように，最適フィルタのインパルス応答が，入力のパルス信号と密接な関係を持つために，このフィルタを**整合フィルタ**(matched filter)とよんでいる。また式(6.60)より整合フィルタの伝達関数 $H(\omega)$ の絶対値を求めると

$$|H(\omega)| = |F(\omega)| \tag{6.62}$$

であり，整合フィルタの振幅特性とパルス信号のそれは一致している。

整合フィルタ出力の SNR は式(6.58)よりパルス信号のエネルギー，すなわち，

$$\frac{1}{2\pi}\int_{-\infty}^{\infty}|F(\omega)|^2 d\omega \tag{6.63}$$

が大きいほど，さらに雑音のパワースペクトル密度 $N_0{}^2$ が小さいほど大となる。

［例題 6.13］　パルス信号 $f(t)$ が図 6.14 のような信号であるときに，整合フィルタのインパルス応答 $h(t)$ を求めよ。またそのときのフィルタ出力のパルス成分 $y_f(t)$ を求めよ。

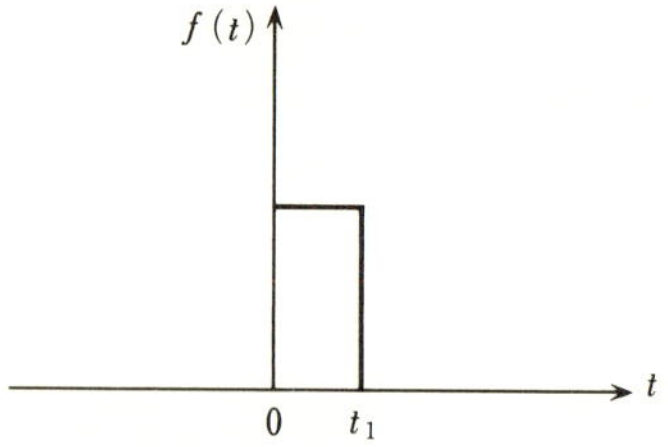

図 6.14　パルス信号

まず，$y_f(t)$ が尖頭値をとる時刻 t_m を $t_m=0$ として式(6.61)より $h(t)$ を求めると，図 6.15(a)のようになる。しかし，これは $t<0$ において，インパルス応答 $h(t)$ が零とならないために，入力が入る以前に出力が応答しないという性質，すなわち因果性を満足していない。そこで $t_m=t_1$ として再び設計をし直すと，図 6.15(b)となって，因果性を満足するフィルタの設計ができた。

さらに，式(6.48)より $y_f(t)$ を求めると，図 6.16 のようになり $t_m=t_1$ で $y_f(t)$ が尖頭値になっていることがわかる。また $y_f(t)$ は元のパルス信号とは異なった波形になっていることも明らかである。

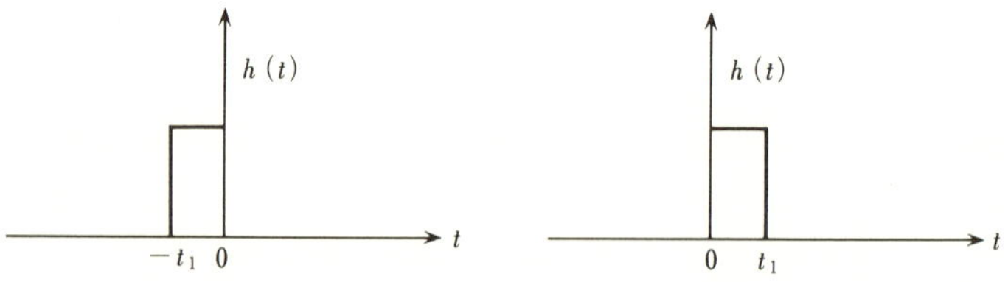

（a）　因果性を満足しないインパルス応答（$t_m=0$）　（b）　因果性を満足するインパルス応答（$t_m=t_1$）

図 6.15　整合フィルタのインパルス応答

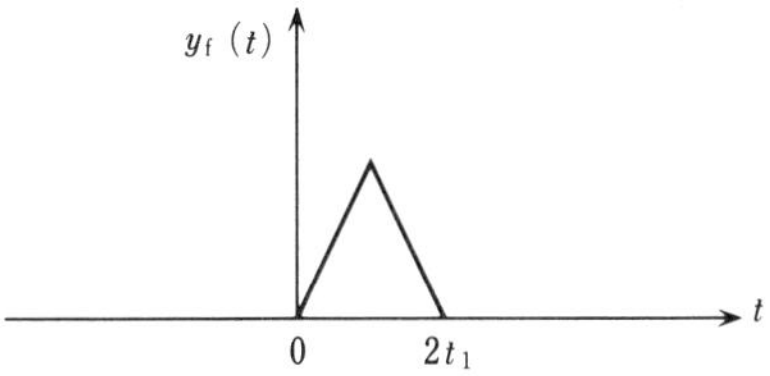

図 6.16 整合フィルタ出力のパルス信号成分

［例題 6.14］ 整合フィルタの出力の SN 比は式(6.58)に示され，最適な SN 比になっている。パルス信号 $f(t)$ のエネルギー $\frac{1}{2\pi}\int_{-\infty}^{\infty}|F(\omega)|^2 \mathrm{d}\omega=\int_{-\infty}^{\infty}f(t)^2 \mathrm{d}t$（式(6.63)）と，雑音のパワースペクトル N_0^2 の比の平方根が SN 比になる。パルス信号をできるだけ狭いパルスにしても同じ SN 比を保持しようとすると，どんなことに注意すべきか答えよ。

図 6.17 のように左は時間幅の広い場合，右は狭い場合であり，振幅は同じである。この図では広い場合にはエネルギーが大きいが，狭くなるとエネルギーが小さくなり SN 比は劣化する。

図 6.17 同一振幅の広いパルスと狭いパルス

6.2.4 ウィナーフィルタ

われわれが扱う信号はパルス的なものばかりとは限らない。連続的で不規則なアナログ信号も多く見られる。例えばわれわれが発声する音声がそれである。こうした信号に他の雑音が混入した場合に，雑音をフィルタで取り除くことが問題になる。しかし，この種の信号は波形それ自体に情報を含んでいるので，整合フィルタのような信号波形の歪に寛大なフィルタの設計法は採用できない。信号をフィルタに通しても，元の信号波形を損うことなく雑音を除去できるフィルタが必要となる。

図 6.18 は不規則な信号の発生と雑音の混入，そしてフィルタの存在をブロック図に示したものである。不規則信号 $\boldsymbol{z}(t)$ と雑音 $\boldsymbol{n}(t)$ は加算され $\boldsymbol{x}(t)$ となり，フィルタを通過して $\boldsymbol{y}(t)$ に出力されるが，できるだけ元の $\boldsymbol{z}(t)$ に近い方が良いのである。元の $\boldsymbol{z}(t)$ に近い $\boldsymbol{y}(t)$ を評価するのに適当な評価として，次の二乗平均誤差が広く用いられる。$\boldsymbol{y}(t)$ と $\boldsymbol{z}(t)$ の差を $\boldsymbol{\varepsilon}(t)=\boldsymbol{y}(t)$

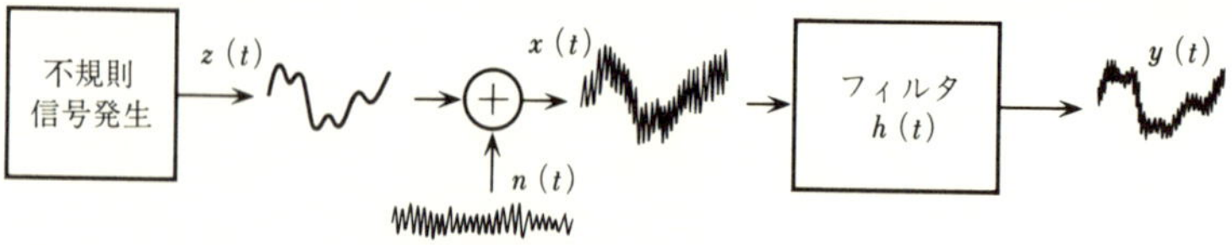

図 6.18　信号, 雑音, フィルタ

$-\boldsymbol{z}(t)$ とすれば,

$$\varepsilon=\boldsymbol{E}[\boldsymbol{\varepsilon}^2(t)]=\boldsymbol{E}[(\boldsymbol{y}(t)-\boldsymbol{z}(t))^2] \tag{6.64}$$

が二乗平均誤差である。元の不規則信号 $\boldsymbol{x}(t)$ も雑音 $\boldsymbol{n}(t)$, さらに, フィルタ出力 $\boldsymbol{y}(t)$ も定常確率過程であるとする。このため ε は t の関数とはならない。$\boldsymbol{y}(t)$ が $\boldsymbol{z}(t)$ に最も近いということは ε が最小になることであり, そのようなインパルス応答 $h(t)$ を持つフィルタを設計することが, ここでの目標である。

図 6.19 は図 6.18 における不規則信号 $\boldsymbol{z}(t)$ とフィルタ出力 $\boldsymbol{y}(t)$ との差 $\boldsymbol{\varepsilon}(t)$ をも示している。この誤差の二乗すなわち $\boldsymbol{\varepsilon}^2(t)$ の集合平均 ε が最小になるようなフィルタを求めればよいわけである。

ここで不規則信号 $\boldsymbol{z}(t)$ と雑音 $\boldsymbol{n}(t)$ に与えられた相関関数を示しておく。

$$\left.\begin{aligned}R_{zz}(\tau)&=\boldsymbol{E}[\boldsymbol{z}(t)\boldsymbol{z}(t+\tau)]\\R_{zn}(\tau)&=\boldsymbol{E}[\boldsymbol{z}(t)\boldsymbol{n}(t+\tau)]\\R_{nz}(\tau)&=\boldsymbol{E}[\boldsymbol{n}(t)\boldsymbol{n}(t+\tau)]\end{aligned}\right\} \tag{6.65}$$

また, それらのフーリエ変換であるパワースペクトルは $S_{zz}(\omega)$, $S_{zn}(\omega)$, $S_{nn}(\omega)$ で示される。さらに, フィルタの入力 $\boldsymbol{x}(t)$ と出力 $\boldsymbol{y}(t)$ の間には次の線形関係

$$\boldsymbol{y}(t)=\int_0^\infty h(\eta)\boldsymbol{x}(t-\eta)\mathrm{d}\eta \tag{6.66}$$

があると仮定する。

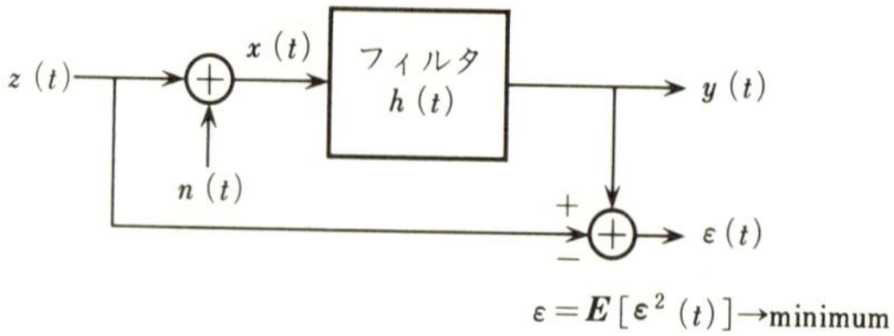

図 6.19　二乗平均誤差の最小化

こうして，式(6.64)の ε を求めていく。

$$
\begin{aligned}
\varepsilon &= \boldsymbol{E}\left[\left(\int_0^\infty h(\eta)\boldsymbol{x}(t-\eta)\mathrm{d}\eta - \boldsymbol{z}(t)\right)^2\right] \\
&= \boldsymbol{E}\left[\int_0^\infty h(\eta)\boldsymbol{x}(t-\eta)\mathrm{d}\eta \int_0^\infty h(\eta')\boldsymbol{x}(t-\eta')\mathrm{d}\eta' \right. \\
&\qquad \left. -2\boldsymbol{z}(t)\int_0^\infty h(\eta)\boldsymbol{x}(t-\eta)\mathrm{d}\eta + \boldsymbol{z}^2(t)\right] \\
&= \int_0^\infty\int_0^\infty h(\eta)h(\eta')\boldsymbol{E}[\boldsymbol{x}(t-\eta)\boldsymbol{x}(t-\eta')]\mathrm{d}\eta\mathrm{d}\eta' \\
&\quad -2\int_0^\infty h(\eta)\boldsymbol{E}[\boldsymbol{z}(t)\boldsymbol{x}(t-\eta)]\mathrm{d}\eta + \boldsymbol{E}[\boldsymbol{z}^2(t)]
\end{aligned} \tag{6.67}
$$

ここで，$\boldsymbol{x}(t)$, $\boldsymbol{z}(t)$ はいずれも定常確率過程であり

$$
\left.
\begin{aligned}
&\boldsymbol{E}[\boldsymbol{x}(t-\eta)\boldsymbol{x}(t-\eta')] = R_{xx}(\eta-\eta') \\
&\boldsymbol{E}[\boldsymbol{z}(t)\boldsymbol{x}(t-\eta)] = R_{zx}(-\eta) = R_{xz}(\eta) \\
&\boldsymbol{E}[\boldsymbol{z}^2(t)] = R_{zz}(0)
\end{aligned}
\right\} \tag{6.68}
$$

となる。上式を式(6.67)に代入すると，平均二乗誤差 ε は

$$
\begin{aligned}
\varepsilon &= \int_0^\infty\int_0^\infty h(\eta)h(\eta')R_{xx}(\eta-\eta')\mathrm{d}\eta\mathrm{d}\eta' \\
&\qquad -2\int_0^\infty h(\eta)R_{xz}(\eta)\mathrm{d}\eta + R_{zz}(0)
\end{aligned} \tag{6.69}
$$

となる。この式の中の $h(t)$ は ε を最小にするものと仮定すると，$h(t)$ に変分 $\mu g(t)$ を加えた $h(t)+\mu g(t)$ の場合の誤差は $\varepsilon+\delta\varepsilon$ となる。μ は t に関係しない定数であり，$g(t)$ は $h(t)$ が因果性（$t<0$ で $h(t)=0$）を満足するのと同じ $t<0$ で $g(t)=0$ である任意の関数である。最小の誤差 ε からずれた $\varepsilon+\delta\varepsilon$ は

$$
\begin{aligned}
\varepsilon+\delta\varepsilon &= \mu^2\int_0^\infty\int_0^\infty g(\eta)g(\eta')R_{xx}(\eta-\eta')\mathrm{d}\eta\mathrm{d}\eta' \\
&\quad +\mu\left\{\int_0^\infty\int_0^\infty [g(\eta)h(\eta')+h(\eta)g(\eta')]R_{xx}(\eta-\eta')\mathrm{d}\eta\mathrm{d}\eta' \right. \\
&\qquad \left. -2\int_0^\infty g(\eta)R_{xz}(\eta)\mathrm{d}\eta\right\} \\
&\quad +\int_0^\infty\int_0^\infty h(\eta)h(\eta')R_{xx}(\eta-\eta')\mathrm{d}\eta\mathrm{d}\eta' \\
&\quad -2\int_0^\infty h(\eta)R_{xz}(\eta)\mathrm{d}\eta + R_{zz}(0)
\end{aligned} \tag{6.70}
$$

となる。ε が最小であるためには，$h(t)$ が

$$
\left.\frac{\mathrm{d}}{\mathrm{d}\mu}[\varepsilon+\delta\varepsilon]\right|_{\mu=0} = 0 \tag{6.71}
$$

を満たす必要がある。式(6.71)に式(6.70)を代入すると，

$$\int_0^\infty\int_0^\infty g(\eta)h(\eta')R_{xx}(\eta-\eta')\mathrm{d}\eta\mathrm{d}\eta'-\int_0^\infty g(\eta)R_{xz}(\eta)\mathrm{d}\eta$$
$$=\int_0^\infty g(\eta)\left\{\int_0^\infty h(\eta')R_{xx}(\eta-\eta')\mathrm{d}\eta'-R_{xz}(\eta)\right\}\mathrm{d}\eta=0 \qquad (6.72)$$

$g(t)$ は因果的（$t<0$ で $g(t)=0$）な任意の関数であるから上式が常に成立するには，

$$\int_0^\infty h(\eta')R_{xx}(\eta-\eta')\mathrm{d}\eta'=R_{xz}(\eta) \qquad (\eta\geq 0) \qquad (6.73)$$

でなければならない。この式を**ウィナー・ホップの積分方程式**（Wiener-Hopf integral equation）とよんでいる。証明は略するが，この式は ε が最小となるための必要条件と同時に十分条件でもある。

6.2.5　ウィナー・ホップの積分方程式の解

式(6.73)のウィナー・ホップの積分方程式の解 $h(t)$ を求めるために，この式の両辺をフーリエ変換してみよう。左辺はたたみ込み積分になっているので積の形となり

$$H(\omega)S_{xx}(\omega)=S_{xz}(\omega) \qquad (6.74)$$

となる。$H(\omega)$ は $h(t)$ のフーリエ変換である伝達関数であることは言うまでもない。また，$S_{xx}(\omega)$ は $R_{xx}(\tau)$ の，$S_{xz}(\omega)$ は $R_{xz}(\tau)$ のそれぞれフーリエ変換であるパワースペクトル密度関数と相互パワースペクトル密度関数である。式(6.74)より直ちにフィルタの伝達関数が求まり，

$$H(\omega)=\frac{S_{xz}(\omega)}{S_{xx}(\omega)} \qquad (6.75)$$

となる。$\boldsymbol{x}(t)=\boldsymbol{z}(t)+\boldsymbol{n}(t)$ であるので $S_{xx}(\omega)$ は

$$S_{xx}(\omega)=S_{zz}(\omega)+S_{nn}(\omega)+S_{zn}(\omega)+S_{nz}(\omega) \qquad (6.76)$$

となり，$S_{xz}(\omega)$ は

$$S_{xz}(\omega)=S_{zz}(\omega)+S_{nz}(\omega) \qquad (6.77)$$

となる。信号 $\boldsymbol{z}(t)$ と雑音 $\boldsymbol{n}(t)$ は相互の相関が無いことが多いので，相互スペクトルをすべて零とすると，$H(\omega)$ は

$$H(\omega)=\frac{S_{zz}(\omega)}{S_{zz}(\omega)+S_{nn}(\omega)} \qquad (6.78)$$

として与えられる。伝達関数 $H(\omega)$ のフーリエ逆変換をすれば，ウィナー・ホップの積分方程式の解 $h(t)$ が求まる。しかし，こうして求まった $h(t)$ は $t<0$ で $h(t)=0$ というインパルス応答の因果性（$t<0$ で $h(t)=0$）を満足しない場合が多い。因果性のないフィルタは実際に構成しえないフィルタであり，

このような例を次の例題に示す。

［例題 6.15］　信号のパワースペクトル密度関数 $S_{zz}(\omega)$ と雑音のそれ $S_{nn}(\omega)$ が次式に与えられ，信号と雑音の相互相関が零であるときのフィルタの伝達関数を式(6.78)から求めよ。また，そのインパルス応答を求めよ。

$$S_{zz}(\omega)=\frac{A^2}{\alpha^2+\omega^2},\qquad S_{nn}(\omega)=N_0{}^2$$

式(6.78)を用いれば

$$H(\omega)=\frac{\dfrac{A^2}{\alpha^2+\omega^2}}{\dfrac{A^2}{\alpha^2+\omega^2}+N_0}=\frac{A^2}{A^2+N_0{}^2(\alpha^2+\omega^2)}=\frac{A^2}{(\beta+N_0 i\omega)(\beta-N_0 i\omega)}$$

ここに $\beta=\sqrt{\alpha^2N_0{}^2+A^2}$ である。この式を部分分数展開すると

$$H(\omega)=\frac{A^2}{2\beta}\left\{\frac{1}{\beta+N_0 i\omega}+\frac{1}{\beta-N_0 i\omega}\right\}$$

となり，$i\omega$ を複素変数 s に置き換えると

$$\frac{A^2}{2\beta}\left\{\frac{1}{\beta+N_0 s}+\frac{1}{\beta-N_0 s}\right\}$$

となる。第1の項には $s=-\beta/N_0$，第2の項には $s=\beta/N_0$ という極が存在するが，第2の項の極は複素平面上の右半平面にあるため $H(\omega)$ のフーリエ逆変換 $h(t)$ は $t<0$ で $h(t)=0$ である因果的なインパルス応答とならない。$h(t)$ を求めると

$$h(t)=\frac{A^2}{2\beta N_0}\exp\left\{-\frac{\beta}{N_0}|t|\right\}$$

となり，図6.20に示される。

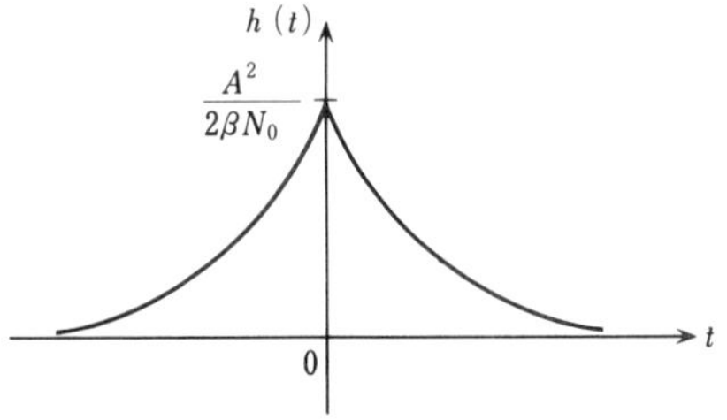

図 6.20　因果的でないウィナーフィルタのインパルス応答

6.2.6　因果的なウィナーフィルタ

例題6.12, 6.13でも述べたが因果的なフィルタとは，入力に信号が入った後に出力に応答が出るフィルタであり，図6.20(a)のようなインパルス応答 $h(t)(t<0, h(t)=0)$ を持つフィルタである。図6.21(b)は因果的でない例である。(a)はわれわれがよく観測するところであるが(b)は存在しない。前例

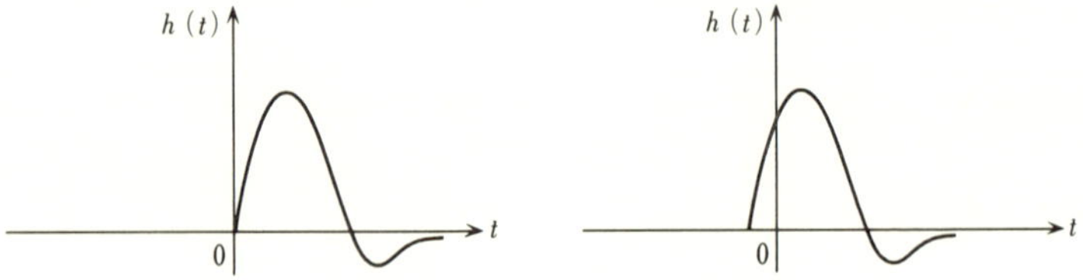

（a） 因果的なインパルス応答　　（b） 因果的でないインパルス応答

図 6.21 インパルス応答

題のフィルタは実際に構成しえないものである。

ここでは式(6.73)のウィナー・ホップの積分方程式を満足する因果的なインパルス応答 $h(t)$ を求める。まずウィナー・ホップの積分方程式を再記する。

$$0=R_{xz}(\eta)=\int_0^\infty h(\eta')R_{xx}(\eta-\eta')\mathrm{d}\eta' \qquad (\eta\geq 0) \tag{6.79}$$

因果性を考えると $\eta\geq 0$ でのみ上式が成立するのであるが，前例題ではこの条件が無視されて η のすべての値で成立していたことになる。そこで上の式を次のように変形する。

$$q(\eta)=R_{xz}(\eta)-\int_0^\infty h(\eta')R_{xx}(\eta-\eta')\mathrm{d}\eta' \tag{6.80}$$

こうすると，$q(\eta)$ は $\eta\geq 0$ で $q(\eta)=0$ であり，$\eta<0$ では常には $q(\eta)=0$ とならない，図 6.22 のような関数となる。この式の両辺をフーリエ変換すると

$$Q^-(\omega)=S_{xz}(\omega)-H(\omega)S_{xx}(\omega) \tag{6.81}$$

となる。$Q^-(\omega)$ は図 6.22 のような $t>0$ で $q(t)=0$ となる $q(t)$ のフーリエ変換であるので，マイナス符号を付けて

$$Q^-(\omega)=\int_{-\infty}^\infty q(t)e^{-i\omega t}\mathrm{d}t=\int_{-\infty}^0 q(t)e^{-i\omega t}\mathrm{d}t \tag{6.82}$$

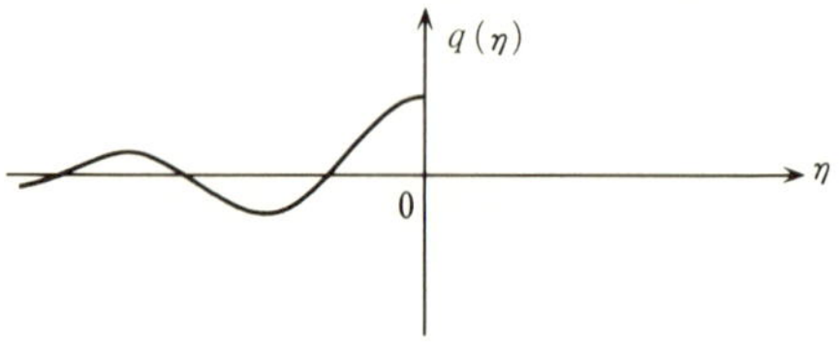

図 6.22 $q(n)$ の性質

である。$i\omega$ を複素変数 $s(=\sigma+i\omega)$ で置き換えると，

$$Q^{-}(s)=S_{xz}(s)-H(s)S_{xx}(s) \tag{6.83}$$

となり，複素平面を用いた議論ができる。ここで，$S_{xz}(s)$, $S_{xx}(s)$ は s の有理関数とする。$t>0$ で $q(t)=0$ であるので $Q^{-}(s)$ は s 平面の左半平面で正則となる。また $S_{xx}(s)$ は次のように因数分解できるとする。

$$S_{xx}(s)=S_{xx}^{+}(s)S_{xx}^{-}(s) \tag{6.84}$$

$S_{xx}^{+}(s)$ は図 6.23(a)のように s 平面上の左半平面上のみに極や零点をもつ項であり，$S_{xx}^{-}(s)$ は(b)のように右半平面上のみに極や零点をもつ項である。

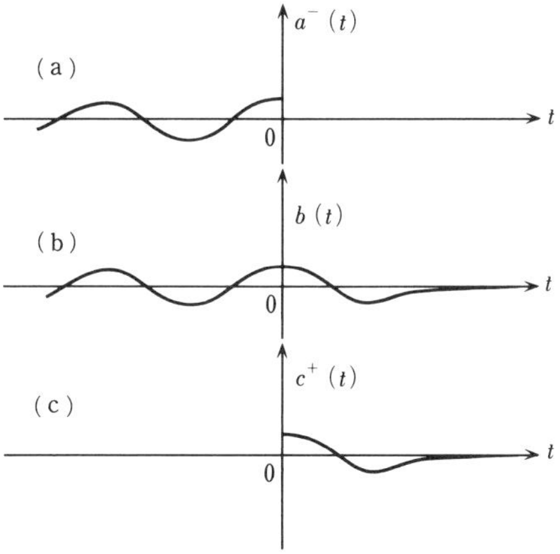

図 6.23 $a^{-}(t)$, $b(t)$, $c^{+}(t)$

［**例題 6.16**］ $R_{xx}(\tau)=e^{-\alpha|\tau|}$ のとき $S_{xx}(\omega)$ を求め，さらに $S_{xx}(s)$ を求め，これを $S_{xx}^{+}(s)$ と $S_{xx}^{-}(s)$ に分解せよ。

まず $S_{xx}(\omega)$ は $R_{xx}(\tau)$ をフーリエ変換することで

$$\begin{aligned}S_{xx}(\omega)&=\int_{-\infty}^{\infty}e^{-\alpha|\tau|}e^{-i\omega\tau}\mathrm{d}\tau\\&=\int_{-\infty}^{0}e^{\alpha\tau}e^{-i\omega\tau}\mathrm{d}\tau+\int_{0}^{\infty}e^{-\alpha\tau}e^{-i\omega\tau}\mathrm{d}\tau\\&=\frac{1}{\alpha-i\omega}+\frac{1}{\alpha+i\omega}=\frac{2\alpha}{\alpha^2+\omega^2}\end{aligned}$$

となり，$S_{xx}(s)$ は直ちに $S_{xx}(s)=\dfrac{2\alpha}{(\alpha-s)(\alpha+s)}$ となる。これは

$$S_{xx}^{-}(s)=\frac{\sqrt{2\alpha}}{\alpha-s},\qquad S_{xx}^{+}(s)=\frac{\sqrt{2\alpha}}{\alpha+s}$$

に分解される。

本論に戻って，式(6.84)を式(6.83)に代入して，$S_{xx}^-(s)$ で両辺を割ると，

$$\frac{Q^-(s)}{S_{xx}^-(s)}=\frac{S_{xz}(s)}{S_{xx}^-(s)}-H(s)S_{xx}^+(s) \tag{6.85}$$

となる。左辺は左半平面で正則な項である。一方，右辺の第2項は $H(s)$ を因果的な伝達関数，すなわち右半平面で正則な関数とすれば，$H(s)$ と $S_{xx}^+(s)$ の積も，やはり右半平面で正則な項である。右辺第1項はいずれとも言えない項である。

ここで式(6.85)の s を $i\omega$ に戻し，両辺をフーリエ逆変換することで時間域の議論に移していく。

$$\frac{1}{2\pi}\int_{-\infty}^{\infty}\frac{Q^-(\omega)}{S_{xx}^-(\omega)}e^{i\omega t}\mathrm{d}\omega=\frac{1}{2\pi}\int_{-\infty}^{\infty}\frac{S_{xz}(\omega)}{S_{xx}^-(\omega)}e^{i\omega t}\mathrm{d}\omega-\frac{1}{2\pi}\int_{-\infty}^{\infty}H(\omega)S_{xx}^+(\omega)e^{i\omega t}\mathrm{d}\omega \tag{6.86}$$

ここで，

$$\left.\begin{aligned}a^-(t)&=\frac{1}{2\pi}\int_{-\infty}^{\infty}\frac{Q^-(\omega)}{S_{xx}^-(\omega)}e^{i\omega t}\mathrm{d}\omega\\ b(t)&=\frac{1}{2\pi}\int_{-\infty}^{\infty}\frac{S_{xz}(\omega)}{S_{xx}^-(\omega)}e^{i\omega t}\mathrm{d}\omega\\ c^+(t)&=\frac{1}{2\pi}\int_{-\infty}^{\infty}H(\omega)S_{xx}^+(\omega)e^{i\omega t}\mathrm{d}\omega\end{aligned}\right\} \tag{6.87}$$

である。$a^-(t)$ は $Q^-(s)/S_{xx}^-(s)$ が左半平面上で正則なので，$t>0$ で $a^-(t)=0$ である図6.23(a)のような関数となる。また，$b(t)$ は(b)のような，さらに $c^+(t)$ は $H(s)S_{xx}^+(s)$ が右半平面で正則なため $t<0$ で $c^+(t)=0$ となって，図(c)のようになる。式(6.86)を書き直すと，

$$a^-(t)=b(t)-c^+(t) \tag{6.88}$$

となり，$b(t)$ は t の全域における関数であるので，$t<0$ と $t>0$ の2つの部分 $b^-(t)$ と $b^+(t)$ に分ける。

$$b(t)=b^-(t)+b^+(t) \tag{6.89}$$

これを式(6.88)に代入すると

$$a^-(t)=b^-(t)+b^+(t)-c^+(t) \tag{6.90}$$

となる。この式は明らかに

$$a^-(t)=b^-(t),\quad b^+(t)=c^+(t) \tag{6.91}$$

のときに成立する。上式の $a^-(t)=b^-(t)$ は因果的な関係ではないので，因果的な関係 $b^+(t)=c^+(t)$ のみに注目する。$b^+(t)=c^+(t)$ の左辺の $b^+(t)$ をフーリエ変換すると，式(6.87)より

$$\int_{-\infty}^{\infty} b^+(t)e^{-i\omega t}\mathrm{d}t = \int_0^{\infty} e^{i\omega t}\left\{\frac{1}{2\pi}\int_{-\infty}^{\infty}\frac{S_{xz}(v)}{S_{xx}^-(v)}e^{ivt}\mathrm{d}v\right\}\mathrm{d}t \tag{6.92}$$

が示される。t に関する積分が 0 から ∞ の領域であることに注意してもらいたい。また $b^+(t)=c^+(t)$ の右辺の $c^+(t)$ のフーリエ変換は，$H(\omega)S_{xx}^+(\omega)$ のフーリエ逆変数のフーリエ変換であり，元の $H(\omega)S_{xx}^+(\omega)$ に戻って

$$\int_{-\infty}^{\infty} c^+(t)e^{-i\omega t}\mathrm{d}t = H(\omega)S_{xx}^+(\omega) \tag{6.93}$$

と与えられる。式(6.92)と式(6.93)，さらに $b^+(t)=c^+(t)$ の関係から

$$H(\omega)S_{xx}^+(\omega) = \int_0^{\infty} e^{i\omega t}\left\{\frac{1}{2\pi}\int_{-\infty}^{\infty}\frac{S_{xz}(v)}{S_{xx}^-(v)}e^{ivt}\mathrm{d}v\right\}\mathrm{d}t \tag{6.94}$$

となり，$H(\omega)$ は

$$H(\omega) = \frac{1}{2\pi S_{xx}^+(\omega)}\int_0^{\infty} e^{i\omega t}\left\{\int_{-\infty}^{\infty}\frac{S_{xz}(v)}{S_{xx}^-(v)}e^{ivt}\mathrm{d}v\right\}\mathrm{d}t \tag{6.95}$$

となる。こうして因果性を満足する伝達関数 $H(\omega)$ が求まった。

［例題 6.17］ 例題 6.15 では与えられたパワースペクトルから因果性を満足するウィナーフィルタを構成できなかった。ここでは，因果性を満足するウィナーフィルタを前例題のパワースペクトルから求めよ。

まず $\boldsymbol{z}(t)$ のパワースペクトル $S_{zz}(\omega)$ と雑音の $S_{nn}(\omega)$ を再記する。

$$S_{zz}(\omega) = \frac{A^2}{\alpha^2+\omega^2}, \qquad S_{nn}(\omega) = N_0{}^2$$

式(6.95)から $H(\omega)$ を求めるため，$S_{xz}(\omega)$ と $S_{xx}(\omega)$ を $\boldsymbol{x}(t)=\boldsymbol{z}(t)+\boldsymbol{n}(t)$ の関係と信号と雑音が無相関という関係から求めておく。

$$S_{xz}(\omega) = S_{zz}(\omega) = \frac{A^2}{\alpha^2+\omega^2}, \qquad S_{xx}(\omega) = \frac{A^2}{\alpha^2+\omega^2} + N_0{}^2$$
$$= \frac{(\sqrt{A^2+\alpha^2N_0{}^2}+N_0 i\omega)(\sqrt{A^2+\alpha^2N_0{}^2}-N_0 i\omega)}{(\alpha+i\omega)(\alpha-i\omega)}$$

こうして，$S_{xx}^+(\omega)$ と $S_{xx}^-(\omega)$ は

$$S_{xx}^+(\omega) = \frac{\sqrt{A^2+\alpha^2N_0{}^2}+N_0 i\omega}{\alpha+i\omega}, \qquad S_{xx}^-(\omega) = \frac{\sqrt{A^2+\alpha^2N_0{}^2}-N_0 i\omega}{\alpha-i\omega}$$

となる。式(6.95)にこれらを代入すると，

$$H(\omega) = \frac{\alpha+i\omega}{\sqrt{A^2+\alpha^2N_0{}^2}+N_0 i\omega}\cdot$$
$$\int_0^{\infty} e^{-i\omega t}\left\{\frac{1}{2\pi}\int_{-\infty}^{\infty}\frac{A^2}{(\alpha+iv)(\alpha-iv)}\cdot\frac{\alpha-iv}{\sqrt{A^2+\alpha^2N_0{}^2}-N_0 iv}e^{ivt}\mathrm{d}v\right\}\mathrm{d}t$$
$$= \frac{\alpha+i\omega}{\sqrt{A^2+\alpha^2N_0{}^2}+N_0 i\omega}\cdot$$
$$\int_0^{\infty} e^{-i\omega t}\left\{\frac{1}{2\pi}\int_{-\infty}^{\infty}\frac{A^2}{\alpha+iv}\,\frac{1}{\sqrt{A^2+\alpha^2N_0{}^2}-N_0 iv}e^{ivt}\mathrm{d}v\right\}\mathrm{d}t \tag{6.96}$$

となる。上式の $-\infty \sim +\infty$ の積分の中を部分分数展開すると，次式となる。

$$\frac{A^2}{\alpha+iv}\frac{1}{\sqrt{A^2+\alpha^2N_0{}^2}-N_0iv}=\frac{A^2}{\sqrt{A^2+\alpha^2N_0{}^2}+\alpha N_0}\cdot\left[\frac{1}{\alpha+iv}+\frac{N_0}{\sqrt{A^2+\alpha^2N_0{}^2}-N_0iv}\right]$$
$$=W_1(v)+W_2(v)$$

iv を複素変数 s とした $W_1(s)$ の極は $s=-\alpha\ (<0)$ であり，s の右半平面で正則であり，$W_1(v)$ のフーリエ逆変換 $w_1(t)$ は $t<0$ で $w_1(t)=0$ となる。一方，$W_2(s)$ の極は $s=\sqrt{A^2+\alpha^2N_0{}^2}/N_0\ (>0)$ であり，s の左半平面が正則なため $W_2(v)$ のフーリエ逆変換 $w_2(t)$ は $t>0$ で $w_2(t)=0$ となる。式(6.96)に $w_1(t)$ と $w_2(t)$ を用いると，以上の関係から，

$$H(\omega)=\frac{\alpha+i\omega}{\sqrt{A^2+\alpha^2N_0{}^2}+N_0i\omega}\int_0^\infty[w_1(t)+w_2(t)]e^{-i\omega t}\mathrm{d}t$$
$$=\frac{\alpha+i\omega}{\sqrt{A^2+\alpha^2N_0{}^2}+N_0i\omega}\int_0^\infty w_1(t)e^{-i\omega t}\mathrm{d}t$$

となる。上式の $w_1(t)$ のフーリエ変換は $W_1(\omega)$ であり，$H(\omega)$ は

$$H(\omega)=\frac{\alpha+i\omega}{\sqrt{A^2+\alpha^2N_0{}^2}+N_0i\omega}\cdot\frac{A^2}{\sqrt{A^2+\alpha^2N_0{}^2}+\alpha N_0}\cdot\frac{1}{\alpha+i\omega}$$
$$=\frac{A^2}{\sqrt{A^2+\alpha^2N_0{}^2}+\alpha N_0}\frac{1}{\sqrt{A^2+\alpha^2N_0{}^2}+N_0i\omega}$$

となる。$H(\omega)$ の $i\omega$ を s に置き換えた $H(s)$ は，s の右半平面で正則であり，$H(\omega)$ をフーリエ逆変換したインパルス応答 $h(t)$ は $t<0$ で $h(t)=0$ となる因果性を満足する次式の関数であり，図 6.24 のようになる。

$$h(t)=\frac{A^2}{N_0\sqrt{A^2+\alpha^2N_0{}^2}+\alpha N_0{}^2}\exp\left\{-\frac{\sqrt{A^2+\alpha^2N_0{}^2}}{N_0}t\right\}$$

ここでウィナーフィルタの伝達関数 $H(\omega)$ を調べてみる。$H(\omega)$ の帯域幅 B_H はほぼ

$$B_H=\sqrt{\left(\frac{A}{N_0}\right)^2+\alpha^2}$$

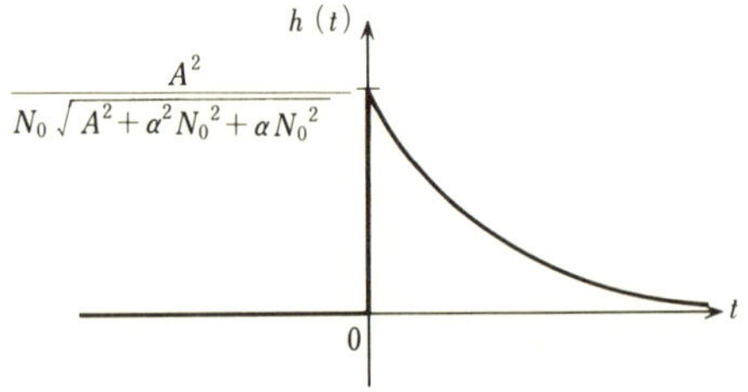

図 6.24 因果的なウィナーフィルタのインパルス応答

であり，雑音成分 N_0 が増加すると B_H は α に近づき，またこれが減少すれば B_H は大きくなっていく。雑音成分 N_0 が増加した結果収束する $B_H=\alpha$ という帯域幅は信号 $\boldsymbol{z}(t)$ のパワースペクトル $S_{zz}(\omega)$ の帯域幅と同じである。雑音が増えたとき帯域幅を減らすのは，一様なスペクトル密度を持つ雑音の大きなパワーの通過を抑えるためであり，そのためにフィルタによる信号の波形歪は犠牲にされる。一方，雑音が少ないとき，すなわち N_0 が小さいときは雑音の影響を抑えるよりも，信号の波形歪を少なくし二乗平均誤差 ε を少なくするために帯域幅を広げることになる。

整合フィルタでは式(6.60)でもわかるように，雑音の大小によって，フィルタの伝達関数の設計が変化しない。また式(6.62)より明らかなように，その振幅特性は，検出する信号の振幅特性と一致している。これはウィナーフィルタにおいては $B_H=\alpha$ の状態，すなわち最も波形歪の多い状態に相当する。整合フィルタでは信号の波形歪を小さくするよりも，雑音を抑えパルス信号の有無を識別することを重視した設計法が採用されているためである。

6.3 情報理論

情報を定量的に扱うことを目的とした情報理論は，確率論を応用することによって発展した。ここでは，確率と情報量の関係について論ずる。

6.3.1 情報量

われわれの毎日の社会生活を振り返ると，情報を得て，それを基礎に決断し，行動するという繰り返しである。こうした情報を得たとき，例えばニュースを何らかのメディアを通じて聞いたときに，ある情報に対しては情報の量を多く感じ，またある情報に対してはこれを少なく感じる。この違いを考えると，多く感じるのは，めったに起こらない事柄が起きた時であり，少なく感じるのは，起こりやすい事柄が起きた時である。

“旅客飛行機が墜落した”

“自動車どうしが衝突した”

という 2 つの事柄では前者の方が起こりにくく，それゆえに情報の量を多く感じる。また，こうした事柄に別の事柄が付け加わると，情報の量が増加する。例えば

“旅客飛行機が墜落したが，たまたま高名な科学者が搭乗していた”

は単に墜落を報ずるよりも多くの情報の量を与える。

以上で述べた，“事柄”，“起こりやすさ”，“情報の量”を数学的な言葉に置き換えると，“事象”，“確率”，“**情報量**”(information content)となり，情報理論と確率論の結び付きを予想させる。以下では事象，確率そして情報量の

関係を議論する。

ある事象 A_i の生起を知ることで得られる情報量 $I(A_i)$ を

$$I(A_i)=\log_a\frac{1}{P(A_i)} \tag{6.97}$$

として与えてみる。ただし a は対数の底であり，$P(A_i)$ は事象 A_i の確率である。この式を用いると，確率 $P(A_i)$ が低くなればなるほど $I(A_i)$ が高くなり，起こりにくい事象の生起を知るほどに情報量が増加して，ニュースを聞くときの感覚と一致する。また事象 A_i に他の事象 B_j が加わった事象 $A_i\cap B_j$ の生起を知ることで得られる情報量[†] $I(A_i\cap B_j)$ は

$$I(A_i\cap B_j)=\log_a\frac{1}{P(A_i\cap B_j)} \tag{6.98}$$

で与えられ，A_i と B_j が互いに独立であれば，

$$P(A_i\cap B_j)=P(A_i)P(B_j)$$

であり，$I(A_i\cap B_j)$ は

$$I(A_i\cap B_j)=\log_a\frac{1}{P(A_i)}+\log_a\frac{1}{P(B_j)}=I(A_i)+I(B_j) \tag{6.99}$$

として与えられる。上式右辺の第 1 項 $I(A_i)$ は A_i の生起を知ることで得られる情報量であり，第 2 項 $I(B_j)$ は B_j の生起を知ることで得られる情報量である。$0\leq P(A_i)\leq 1,\ 0\leq P(B_j)\leq 1$ であり，$I(A_i)$ も $I(B_j)$ も正または零であり，A_i に対しての新たな事象 B_j の追加は情報の増加を意味し，式(6.97)の情報量の与え方は妥当であることがわかる。

式(6.97)の底 a を 2 にすると，情報量は

$$I(A_i)=-\log_2 P(A_i)\qquad[\text{ビット}] \tag{6.100}$$

としてビット単位で表される。また情報理論の創始者である C. E. Shannon にちなんで，シャノン単位で表す場合もある。本書は特に断わらない限り，$a=2$ のビット単位で話を進めるが，自然数 2.718 ･･･ とした

$$I(A_i)=-\ln P(A_i)\qquad[\text{ナット}] \tag{6.101}$$

というナット単位もある。

［例題 6.18］ 雨の多い国 A では 4 日に一度雨が降る。雨の少ない砂漠の国 B では 32 日に一度雨が降る。両国の雨が降ることを知ることで得られる情報量を求めよ。

　A 国では $I=\log 4=2$ [ビット]

　B 国では $I=\log 32=\log 2^5=5$ [ビット]

† 結合情報量とよばれることがあり，6.3.2 項で詳しく述べられる。

であり，雨の降ることの少ない B 国の方が雨があったという事象の情報量が多いことがわかる。

［例題 6.19］ A 国で雨が降ると同時に B 国でも雨の降ることを知って得られる情報量を求めよ。ただし A 国と B 国の気象は互いに独立とする。

同時に雨の降る確率は

$$\frac{1}{4}\times\frac{1}{32}=\frac{1}{2^2}\times\frac{1}{2^5}=\frac{1}{2^7}$$

であり，情報量は

$$I=\log\left(\frac{1}{2^2}\times\frac{1}{2^5}\right)=2+5=7\ [\text{ビット}]$$

である。例題 6.16 での A 国での 2 ビット，B 国での 5 ビットを加算した 7 ビットの情報量である。こうして 2 つの情報による情報量の加法性が示された。

［例題 6.20］ 生起することが確実な事象の生起を知って得る情報量はいくらか。

確率 1 の事象についての情報量であり，

$$\log 1=0\ \ [\text{ビット}]$$

である。生起することが確実な事象の生起を知ったとしても，何の価値もないわけである。例えば天気予報で「明日の天気は晴れか曇りか雨かのいずれでしょう。」といっても何の情報も伝わらないのである。

6.3.2 結合情報量と条件付情報量

6.3.1 項から，情報量がいかに確率論を基礎に置いていたかがわかると思う。確率には一般の確率の他に結合確率，条件付確率があるように，情報量にも，**結合情報量**(joint information content)および**条件付情報量**(conditional information content)がある。

結合情報量とは事象 A と B が同時に生起することを知ることにより伝えられる情報量であり

$$I(A_i\cap B_j)=\log\frac{1}{P(A_i\cap B_j)} \tag{6.102}$$

として与えられる。

条件付情報量とは，ある事象 A_i が生起したという条件下で他の事象 B_j の生起を知ることにより伝えられる情報の量であり，

$$I(B_j\,|\,A_i)=\log\frac{1}{P(B_j\,|\,A_i)} \tag{6.103}$$

として示される。ここに $P(B_j\,|\,A_i)$ は条件付確率である。

さて，ここで事象 A_i と B_j が独立であるときの結合情報量と条件付情報量

を考察する。2つの事象が互いに独立であるので $P(A_i \cap B_j)=P(A_i)P(B_j)$, $P(B_j \mid A_i)=P(B_j)$ となり，まず結合情報量 $I_{A_i \cap B_j}$ は

$$I(A_i \cap B_j)=\log \frac{1}{P(A_i \cap B_j)}=-\log P(A_i)P(B_j)$$
$$=-\log P(A_i)-\log P(B_j)$$
$$=I(A_i)+I(B_j) \tag{6.104}$$

となって，個々の事象についての情報量の和となる。これはすでに式(6.99)でなじみのあるものである。一方，条件付情報量 $I(B_j \mid A_i)$ は

$$I(B_j \mid A_i)=\log \frac{1}{P(B_j \mid A_i)}=\log \frac{1}{P(B_j)}$$
$$=-\log P(B_j)=I(B_j) \tag{6.105}$$

となり，B_j の事象の情報量と一致している。この式の意味するところは，A_i の生起を知っていても A_i と B_j が独立であるため，何の参考にもならないということである。

6.3.3　エントロピー

いままで述べた情報量はすべて，ある1つの事象，または結合して1つとなった事象の情報量であった。しかしながら事象というものは，いくつかの複数の事象から成り立つものであり，例えば天気では，“雨が降る”という事象だけでなく，他にも“曇りである”，“晴れである”という事象が必ず存在する。雨の事象の確率が1/4，曇りの事象の確率が1/4，さらに晴れの確率が1/2であれば，それぞれの事象の情報量は，雨が2ビット，曇りが2ビット，晴れが1ビットとなり，事象によって情報量が異なっている。個々の事象によらない全体の天気に関する情報量はこれらの情報量の平均値で表すのが適当であり，これは

雨の確率×雨の事象の情報量＋曇りの確率×曇りの事象の情報量
＋晴れの確率×晴れの事象の情報量

となる。上の例では $(1/4)\times 2+(1/4)\times 2+(1/2)\times 1=1.5$ ビットとなる。

一般的にこうした**平均情報量**(average information content) $H(A)$ は

$$H(A)=P(A_1)I(A_1)+P(A_2)I(A_2)+\cdots+P(A_n)I(A_n)$$
$$=-\sum_{i=1}^{n} P(A_i)\log P(A_i) \tag{6.106}$$

として与えられる。ここで $A_i \cap A_j=\phi$ (排反)，$\sum_{i=1}^{n} P(A_i)=1$ である。上式で示された平均情報量を**エントロピー**(entropy)とよんでいる。この名称の由来は熱エネルギーにおけるエントロピーと似た形をしているからである。

［例題 6.21］ A 国の天気は雨の確率 1/4，曇りの確率 1/4，晴れの確率 1/2 でエントロピーは 1.5 ビットであった。B 国においては雨の確率 1/32，曇りの確率 1/16，晴れの確率が残りの 29/32 であった。B 国におけるエントロピーを求め，A 国のそれと比較せよ。

B 国の $H(B)$ は

$$H(B)=(1/32)\log 32+(1/16)\log 16+(29/32)\log (32/29)$$
$$=\frac{5}{32}+\frac{4}{16}+\frac{29}{32}(\log 32-\log 29)=0.445$$

である。$H(B)$ は $H(A)$ よりもエントロピーが低い。これは B 国における天気はほとんど晴ればかりで単調だからである。逆に A 国の天気は確率に大きな片寄りがないため天気の変化がめまぐるしくエントロピーは高くなる。

上の例題でもわかるようにエントロピーは事象の確率の片寄りの大小によってその値が変化するのである。

エントロピーを考える上で最も単純なモデルは事象が 2 つの場合であり，そのエントロピーは次式に示される。

$$H(A)=-P(A_1)\log P(A_1)-P(A_2)\log P(A_2)$$
$$=-P(A_1)\log P(A_1)-(1-P(A_1))\log (1-P(A_1)) \quad (6.107)$$

$P(A_1)=P$ として横軸にとり，$H(A)$ を示すと図 6.25 となる。$P=0, 1$ でエントロピーは零となり，$P=\frac{1}{2}$ で最大 1 ビットとなる。$P=0$ か 1 かということは，いずれか一方の事象のみが生起することであり，事象の生起は完全に片

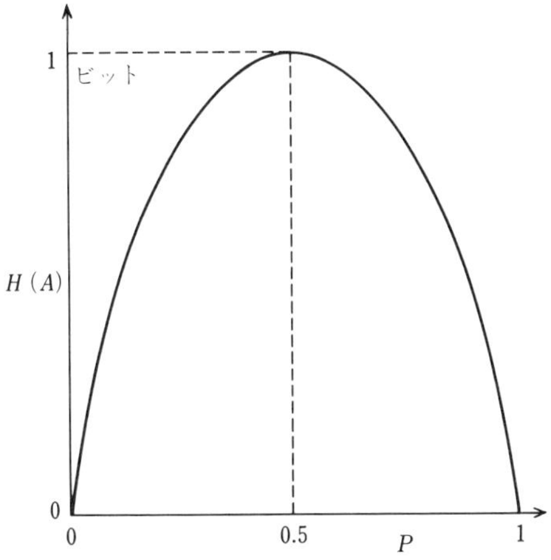

図 6.25 2 事象におけるエントロピー

寄ってエントロピーは零になる。一方 $P=\frac{1}{2}$ とは，2つの事象が同確率で生起し，どちらにも確率が片寄らないので，いずれの事象が生起するのか最も予測しにくいがためにエントロピーが最大となる。こうしてみると，エントロピーは単に平均情報量というだけでなく，事象の生起の不確実さや予測のしにくさを表している。

2事象において $P=1/2$ のときにエントロピーが最大になったと同様に，一般的に n 個の事象がある場合には $P(A_1)=P(A_2)=\cdots=P(A_n)=1/n$ の等確率のときにエントロピーが最大となり，その値 H_0 は

$$H_0=-\sum_{i=1}^{n}\frac{1}{n}\log\frac{1}{n}=\log n \tag{6.108}$$

となる。

［**例題 6.22**］ 4つの事象 A_1, A_2, A_3, A_4 があり，それらの生起の確率が 1/2, 1/4, 1/8, 1/8 である。エントロピー $H(A)$ を求め，さらに4事象に対するエントロピーの最大値 H_0 を求め比較せよ。

$$H(A)=-\frac{1}{2}\log\frac{1}{2}-\frac{1}{4}\log\frac{1}{4}-\frac{1}{8}\log\frac{1}{8}-\frac{1}{8}\log\frac{1}{8}$$
$$=\frac{14}{8}=1.75 \text{ [ビット]}$$

最大値は $P(A_1)=P(A_2)=P(A_3)=P(A_4)=1/4$ のときに求まり，その値 H_0 は式(6.107)より

$$\log 4=2 \text{ [ビット]}$$

となって，確率が等確率でないエントロピーよりも $2-1.75=0.25$ [ビット] だけ大きくなっている。

6.3.4　冗長度

事象の確率に片寄りがある場合は，片寄りのない等確率の場合よりエントロピーが低くなることを上の例題で示した。冗長度(relative redundancy)はこの片寄りによって失われるエントロピーの度合いを示している。冗長度を r と表せば

$$r=\frac{H_0-H}{H_0}$$

となる。ただし H_0 は最大のエントロピーであり，n 個の事象では $\log n$ となる。また H は一般のエントロピーである。

［例題 6.23］ 例題6.22における4つの事象の冗長度を求めよ。

$$r=\frac{2-1.75}{2}=\frac{0.25}{2}=0.125$$

である。

［例題 6.24］ アルファベットはスペースを含めると27文字からなる。アルファベットの最大エントロピー H_0 を求めよ。

27文字は27個の事象に相当するから，式(6.108)より

$$H_0=\log n=\log 27=4.75\ [\text{ビット}]$$

［例題 6.25］ アルファベットを用いる英語ではエントロピーが4.03［ビット］であることが知られている。英語の冗長度を求め，冗長の理由を考えよ。

$$r=\frac{4.75-4.03}{4.75}=0.15$$

である。冗長のある理由は，英語ではスペースの生起確率が最も高く，次に $e, t, a,$ $\cdots$ の順であり，z が最も低いというように，確率に片寄りがあるためである。表6.1に英語のアルファベットの生起確率を示す。ちなみに等確率は $1/27 \fallingdotseq 0.037$ である。

表 6.1 英文アルファベットの生起確率[16)]

文字	生起確率	文字	生起確率	文字	生起確率
space	0.1817	h	0.04305	p	0.01623
e	0.1073	d	0.03100	w	0.01260
t	0.0856	l	0.02775	b	0.01179
a	0.0668	f	0.02395	v	0.00752
o	0.0654	c	0.02260	k	0.00344
n	0.0581	m	0.02075	x	0.00136
r	0.0559	u	0.02010	j	0.00108
i	0.0519	g	0.01633	q	0.00099
s	0.0499	y	0.01623	z	0.00063

6.3.5 結合エントロピーと条件付エントロピー

6.3.2項で示した結合情報量の平均を**結合エントロピー**(joint entropy)とよぶ。$A_1, A_2, \cdots, A_n$ $(A_i \cap A_j=\phi(i \neq j), \sum_{i=1}^{n} P(A_i)=1)$ という事象系 A と $B_1, B_2, \cdots, B_m$ $(B_i \cap B_j=\phi(i \neq j), \sum_{j=1}^{m} P(B_j)=1)$ という事象系 B を考える。

2つの事象系間の一組の結合事象は $A_i \cap B_j$ であり，その情報量を求めると，

$$I(A_i \cap B_j)=-\log P(A_i \cap B_j) \tag{6.109}$$

となる。$A_i \cap B_j$ の結合事象は $n \times m$ 個あり，全体の平均は

$$
\begin{aligned}
&P(A_1 \cap B_1)I(A_1 \cap B_1) + P(A_1 \cap B_2)I(A_1 \cap B_2) + \cdots \\
&\quad \cdots + P(A_i \cap B_j)I(A_i \cap B_j) + \cdots + P(A_n \cap B_m)I(A_n \cap B_m) \\
&\quad = -\sum_{i=1}^{n}\sum_{j=1}^{m} P(A_i \cap B_j)\log P(A_i \cap B_j) \qquad (6.110)
\end{aligned}
$$

となる。結合情報量の平均である結合エントロピー $H(A \cap B)$ は上式を再び用いて

$$
H(A \cap B) = -\sum_{i=1}^{n}\sum_{j=1}^{m} P(A_i \cap B_j)\log P(A_i \cap B_j) \qquad (6.111)
$$

として与えられる。

一方，**条件付エントロピー**(conditional entropy)は条件付情報量の平均として与えられる。ある A_i という事象の生起を条件とした事象 B_j の条件付情報量は

$$
I(B_j \mid A_i) = -\log P(B_j \mid A_i) \qquad (6.112)
$$

となり，B_j は B_1 から B_m まで存在するから，これを平均すると

$$
\begin{aligned}
&P(B_1 \mid A_i)I(B_1 \mid A_i) + P(B_2 \mid A_i)I(B_2 \mid A_i) + \cdots \\
&\quad + P(B_j \mid A_i)I(B_j \mid A_i) + \cdots + P(B_m \mid A_i)I(B_m \mid A_i) \\
&= \sum_{j=1}^{m} P(B_j \mid A_i)I(B_j \mid A_i) \\
&= -\sum_{j=1}^{m} P(B_j \mid A_i)\log P(B_j \mid A_i) \qquad (6.113)
\end{aligned}
$$

となる。以上をまとめると

$$
H(B \mid A_i) = -\sum_{j=1}^{m} P(B_j \mid A_i)\log P(B_j \mid A_i) \qquad (6.114)
$$

である。$H(B \mid A_i)$ は特定の事象 A_i の生起を前提とした条件付エントロピーであり，すべての A_i ($i=1, 2, \cdots, n$) に対する平均値 $H(B \mid A)$ は

$$
\begin{aligned}
H(B \mid A) &= P(A_1)H(B \mid A_1) + P(A_2)H(B \mid A_2) + \cdots \\
&\quad + P(A_i)H(B \mid A_i) + \cdots + P(A_n)H(B \mid A_i) \\
&= -\sum_{i=1}^{n}\sum_{j=1}^{m} P(A_i)P(B_j \mid A_i)\log P(B_j \mid A_i) \qquad (6.115)
\end{aligned}
$$

と求まる。$P(A_i)P(B_j \mid A_i) = P(A_i \cap B_j)$ (式(2.16)参照)であり，上式は

$$
H(B \mid A) = -\sum_{i=1}^{n}\sum_{j=1}^{m} P(A_i \cap B_j)\log P(B_j \mid A_i) \qquad (6.116)
$$

となる。この $H(B \mid A)$ を条件付エントロピーとよぶ。

事象系 A と事象系 B が互いに独立であるとき結合エントロピーはどうなるであろうか。独立であることから，$P(A_i \cap B_j)$ は式(2.14)より

$$P(A_i \cap B_j)=P(A_i)P(B_j) \qquad (i=1,\cdots,n,\ j=1,\cdots,m) \quad (6.117)$$

であり，これを式(6.111)に代入すると

$$\begin{aligned} H(A\cap B)&=-\sum_{i=1}^{n}\sum_{j=1}^{m}P(A_i)P(B_j)\log P(A_i)P(B_j)\\ &=-\sum_{i=1}^{n}\sum_{j=1}^{m}\{P(A_i)P(B_j)\log P(A_i)+P(A_i)P(B_j)\log P(B_j)\} \end{aligned}$$

となり

$$\sum_{i=1}^{n}P(A_i)=1, \qquad \sum_{j=1}^{m}P(B_j)=1$$

より

$$\begin{aligned} H(A\cap B)&=-\sum_{i=1}^{n}P(A_i)\log P(A_i)-\sum_{j=1}^{m}P(B_j)\log P(B_j)\\ &=H(A)+H(B) \end{aligned} \quad (6.118)$$

となる。事象系 A と B が独立であれば，その結合エントロピー $H(A\cap B)$ は $H(A)$ と $H(B)$ の和となる。

一般に独立とならない場合までをも考えに入れると

$$0\leq H(A\cap B)\leq H(A)+H(B) \quad (6.119)$$

となる。

次に独立の場合の条件付エントロピーを考察する。この場合 $P(B_j\,|\,A_i)$ は式(2.20)より

$$P(B_j\,|\,A_i)=P(B_j) \quad (6.120)$$

となり，式(6.116)に代入すると

$$\begin{aligned} H(B\,|\,A)&=-\sum_{i=1}^{n}\sum_{j=1}^{m}P(A_i)P(B_j)\log P(B_j)\\ &=-\sum_{j=1}^{m}P(B_j)\log P(B_j)\\ &=H(B) \end{aligned} \quad (6.121)$$

となる。これをまとめると

$$H(B\,|\,A)=H(B) \quad (6.122)$$

となる。

一般に独立とならない場合までも考えに入れると

$$0\leq H(B\,|\,A)\leq H(B) \quad (6.123)$$

である。

［例題 6.26］ コインを2回投げて出る表と裏の事象の結合エントロピーを求めよ。また1回目に出た事象を知っているという条件の下での条件付エントロピーを

求めよ。

まず1回だけ投げた場合のエントロピーを考察する。

“表が出る”を A_1，“裏が出る”を A_2 とすると，$P(A_1)=P(A_2)=1/2$ であり，エントロピーは

$$H(A)=-\frac{1}{2}\log\frac{1}{2}-\frac{1}{2}\log\frac{1}{2}=1\ [\text{ビット}]$$

である。2回目に投げた場合も同様に，表と裏を B_1, B_2 とすれば，エントロピーはやはり $H(B)=1$ [ビット]である。

1回目の事象系と2回目の事象系は独立であるから，

$$H(A\cap B)=H(A)+H(B)=1+1=2\ [\text{ビット}]$$

となる。また A と B が独立であるので，式(6.121)より条件付エントロピーは

$$H(B\,|\,A)=H(B)=1\ [\text{ビット}]$$

である。もし何らかの操作で1回目と2回目の事象に関連性，例えば1の目が出た後にやはり1の目が出やすいという関係があるときは $H(B\,|\,A)$ は1ビットより低くなる。1回目の結果がヒントになって，2回目の事象のエントロピー，すなわち不確定さを減少させるからである。

6.3.6　相互情報量

$A_1, A_2, \cdots, A_n\ (A_i\cap A_j=\phi\ (i\neq j),\ \sum_{i=1}^{n}P(A_i)=1)$ の事象系と $B_1, B_2, \cdots, B_m\ (B_i\cap B_j=\phi(i\neq j),\ \sum_{j=1}^{m}P(B_j)=1)$ の事象系 B の間の**相互情報量**†(mutual information content)は次に定義される。

$$\begin{aligned}T(A\,;B)&=H(A)-H(A\,|\,B)\\&=\sum_{i=1}^{n}\sum_{j=1}^{m}P(A_i\cap B_j)\log\frac{P(A_i\cap B_j)}{P(A_i)P(B_j)}\end{aligned}\qquad(6.124)$$

$H(A)$ は事象系 A に関するエントロピー，$H(A\,|\,B)$ は B の生起を条件とした A のエントロピーである。また $T(A\,;B)$ は A と B を入れ換えても同じである。

ここで，A と B が独立な場合と A と B の事象系が全く同じである場合を考える。

（i）　**A と B が独立な場合**　　B を知っても A に関しては何ら知ることにはならない場合である。その逆も真である。このため $H(A\,|\,B)=H(A)$（式(6.122)参照）となり，式(6.124)の相互情報量は零となる。

$$T(A\,;B)=0$$

（ii）　**A と B が同じ場合**　　B を知ることと A を知ることは同じであるか

† 平均伝達情報量(average transinformation content)ともよばれる。

ら，B を知ることを条件とした上での A の不確実性を表す $H(A|B)$ は $H(A|B)=0$ となる。このため相互情報量は

$$T(A;B)=H(A)$$

となる。

以上の 2 つの例からわかるように相互情報量は B を知ることで A に関してどれだけの情報量が得られるかを示している。このため，A を情報の送信側，B を受信側と考えて，$T(A;B)$ を A から B への平均伝達情報量とよぶ場合もある。この場合，上述の(i)は A から B の間で雑音が大きく混入し情報が伝わらない場合等を示し，(ii)は受信と送信が全く同じで，送信側の情報量 $H(A)$ がそのまま伝達されている場合を示している。

[例題 6.27] ある地方では，ある高い山に雲がかかると天気が悪くなり，そうでなければ天気が良くなると言われている。“高い山に雲がかかる”$=A_1$，“高い山に雲がかからない”$=A_2$，“天気が悪くなる”$=B_1$，“天気が良くなる”$=B_2$ として，$P(A_1)=P(A_2)=1/2$, $P(B_1|A_1)=3/4$, $P(B_2|A_1)=1/4$, $P(B_1|A_2)=1/4$, $P(B_2|A_2)=3/4$ であった。このとき，山に雲がかかったか否かを知ることで天気の良否の情報をどの程度得られるかという相互情報量を求めよ。

この場合の相互情報量は $T(B;A)$ であり

$$T(B;A)=H(B)-H(B|A)$$

で示される。まず $H(B)$ を求める。$H(B)$ は

$$H(B)=-P(B_1)\log P(B_1)-P(B_2)\log P(B_2)$$

であり，$P(B_1)$, $P(B_2)$ は

$$\begin{aligned}P(B_1)&=P(A_1\cap B_1)+P(A_2\cap B_1)\\&=P(B_1|A_1)P(A_1)+P(B_1|A_2)P(A_2)\\&=\frac{3}{4}\times\frac{1}{2}+\frac{1}{4}\times\frac{1}{2}=\frac{1}{2}\\P(B_2)&=P(A_1\cap B_2)+P(A_2\cap B_2)\\&=P(B_2|A_1)P(A_1)+P(B_2|A_2)P(A_2)\\&=\frac{1}{4}\times\frac{1}{2}+\frac{3}{4}\times\frac{1}{4}=\frac{1}{2}\end{aligned}$$

となり，$H(B)=1$ [ビット] となる。さらに $H(B|A)$ は

$$\begin{aligned}H(B|A)=&-P(A_1\cap B_1)\log P(B_1|A_1)-P(A_1\cap B_2)\log P(B_2|A_1)\\&-P(A_2\cap B_1)\log P(B_1|A_2)-P(A_2\cap B_2)\log P(B_2|A_2)\\=&-\frac{3}{8}\log\frac{3}{4}-\frac{1}{8}\log\frac{1}{4}-\frac{1}{8}\log\frac{1}{4}-\frac{3}{8}\log\frac{3}{4}\\=&-\frac{3}{4}\log\frac{3}{4}-\frac{1}{4}\log\frac{1}{4}=0.811\ [\text{ビット}]\end{aligned}$$

$$\therefore\quad T(B;A)=H(B)-H(B|A)=1-0.811=0.189\ [\text{ビット}]$$

である。山に雲がかかるか否かを知ることで天気の良否に関して18.9%の情報が得られるのである。

[例題 6.28] 図6.26のようなAを送信側，Bを受信側と考え，1，0の通報を送るとする。1から1，0から0は誤りなく送られたことを意味し，1が0，0が1になるのは誤りが送られることを意味する。その誤り確率は共にpとする。また，Aでの1と0の確率は共に0.5である。

図 6.26 誤りのある通信路

以上の場合の，相互情報量$T(\mathrm{A};\mathrm{B})$を求めよ。また，$p=1/2$のときの値と0の値を求めよ。

$$T(\mathrm{A}\,;\mathrm{B})=H(\mathrm{A})-H(\mathrm{A}\,|\,\mathrm{B})$$

$$H(\mathrm{A})=-\frac{1}{2}\log\frac{1}{2}-\frac{1}{2}\log\frac{1}{2}=1\,[\mathrm{bit}]$$

$$H(\mathrm{A}\,|\,\mathrm{B})=-(1-p)\log(1-p)-p\log p$$

$$T(\mathrm{A}\,;\mathrm{B})=1+(1-p)\log(1-p)+p\log p$$

$p=1/2$の場合は$T(\mathrm{A}\,;\mathrm{B})=0$ビットとなり，情報が伝搬しない。一方$p=0$では$T(\mathrm{A}\,;\mathrm{B})=1$ビットであり，$H(\mathrm{A})=1$ビットであるので，すべてのエントロピーが伝送されている。

狭いパルスを作ると，単位時間あたりのパルス数を多くできるメリットがあるが，振幅を同じにする限りにはSN比は劣化する。SN比を同じにするには図6.27のように振幅を大きくし，エネルギーを同一にする必要がある。

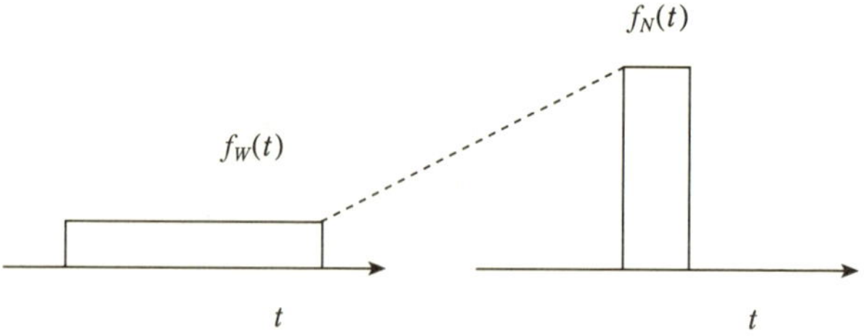

図 6.27 同じエネルギーをもつパルス

6.3.7 情報源

今までは，事象と確率，それらと情報量の関係について論じてきた。しかし，情報は送り手で発せられ，他の部分へ伝えられるところに意味がある。送り手では事象の生起があり，それに伴って事象の生起を示す**通報**(message)が発せられる。この通報が発せられる源を**情報源**(information source)とよんでいる。$A_1, A_2, \cdots, A_n$ $(A_i \cap A_j = \phi\ (i \neq j))$ を事象系，またはそれに伴う通報の集合とし，それぞれの生起確率を $P(A_1), P(A_2), \cdots, P(A_n)$ $(\sum_{i=1}^{n} P(A_i) = 1)$ とすると，情報源は

$$A = \begin{pmatrix} A_1 & , & A_2 & , \cdots, & A_n \\ P(A_1), & & P(A_2), & \cdots, & P(A_n) \end{pmatrix}$$

と表すことができる。

こうすると，エントロピー $H(A)$ を情報源 A が持つエントロピー $H(A)$ とよぶことができる。

6.3.8 定常情報源と非定常情報源

上に示した情報源には時間的な要素が入っていない。しかしわれわれが日頃接している音声とか画像，さらに文章という情報源は一種の確率過程であり，時間の要素が入ることが多い。そこで，上に定義した情報源に時刻の要素を入れてみよう。

時刻を $t_1, t_2, \cdots, t_k, \cdots$ と離散的な量とする。情報源 A にこの時刻の要素を入れて $A_{t_1}, A_{t_2}, \cdots, A_{tk}, \cdots$ とする。もし時刻 t_k によらず，情報源の確率が一定であれば**定常情報源**(stationary information source)とよんでいる。そうでなければ**非定常情報源**(nonstationary information source)である。当然ながら定常情報源では，時刻によらずエントロピーは一定であり

$$H(A_{t_1}) = H(A_{t_2}) = \cdots = H(A_{t_k}) = \cdots \tag{6.125}$$

となり，非定常情報源では，上式が成立しない。

6.3.9 マルコフ情報源

アルファベットとスペースによる 27 文字の英文を情報源として考えよう。英文では表 6.1 の生起確率をもって 27 文字のうちの 1 文字が生起するわけであるが，逆に表 6.1 と同じ確率で 27 文字のうち 1 文字を選んで自由に並べれば英語の文章のようなものになるかと言うと，答えは否である。なぜならば，t の次には h が生起する確率が高く，h の次には e が高いというように，前と後の文字の関係が強く出てくるからである。前後関係を無視して，生起確率だけでアルファベットを並べた文章は英文にほど遠いものになる。

以上のように，ある時刻 t_k における文字（または事象，または通報）の生起確率が，それ以前の時刻に生起した文字（事象，通報）の生起に依存する情報源を**マルコフ情報源**(Markov information source)とよぶ。この中で時刻 t_k の文字の生起確率が，その直前の t_{k-1} の文字のみに依存する情報源を**単純マルコフ情報源**(simple Markov information source)とよぶ。さらに t_{k-1} と t_{k-2} の文字に依存する情報源を**2次マルコフ情報源**(2nd Markov information source)，さらに t_{k-1} から t_{k-l} の文字に依存する情報源を ***l* 次マルコフ情報源**(l-th Markov information source)とよぶ。前の文字に依存しないときは**0次マルコフ情報源**(0-th Markov information source)とか非マルコフ情報源，さらに無記憶な情報源ともよばれる。

時刻 t_k におけるマルコフ情報源のエントロピーは次のように条件付エントロピーで評価される。すなわち情報源を l 次マルコフ情報源とみなせば，条件付エントロピーは

$$H(A_{t_k} \mid A_{t_{k-1}}, A_{t_{k-2}}, \cdots, A_{t_{k-l}}) \tag{6.126}$$

となる。結合確率と条件付確率でこれを表すと

$$\begin{aligned} &H(A_{t_k} \mid A_{t_{k-1}}, A_{t_{k-2}}, \cdots, A_{t_{k-l}}) \\ &= -\sum_{i=1}^{n}\sum_{j=1}^{n}\cdots\sum_{p=1}^{n} P(A_{t_{ki}} \cap A_{t_{k-1j}} \cap \cdots \cap A_{t_{k-lp}}) \cdot \\ &\quad \log P(A_{t_{ki}} \mid A_{t_{k-1j}} \cap \cdots \cap A_{t_{kp}}) \end{aligned} \tag{6.127}$$

である。情報源を0次マルコフとみなせばエントロピーは $H(A_{t_k})$ であり，1次マルコフとみなせば $H(A_{t_k} \mid A_{t_{k-1}})$ と表せる。1つの情報源を0次から l 次までのマルコフ情報源とみなしたとき，次の関係がある。

$$\begin{aligned} &H(A_{t_k} \mid A_{t_{k-1}}, A_{t_{k-2}}, \cdots, A_{t_{k-l}}) \leq H(A_{t_k} \mid A_{t_{k-1}}, A_{t_{k-2}}, \cdots, A_{t_{k-l+1}}) \\ &\leq \cdots \leq H(A_{t_k}) \leq H_0 \end{aligned} \tag{6.128}$$

この式の最後の H_0 は式(6.108)で求まる情報源が持ちうる最大のエントロピー $H_0 = \log n$ である。この式が意味するところは，前の文字を多く知れば知るほど次の文字が予測しやすい，すなわちエントロピーが減少し，冗長度が増大していることである。情報源を l 次マルコフ情報源とみなしたときの冗長度は

$$r_l = \frac{H_0 - H(A_{t_k} \mid A_{t_{k-1}}, \cdots, A_{t_{k-l}})}{H_0} \tag{6.129}$$

であり，1つの情報源を0次から l 次までのマルコフ情報源とみなしたときには

$$0 \leq r_0 \leq r_1 \leq \cdots \leq r_l$$

の関係がある。

式(6.128)の関係を図に示せば図6.28のようになる。英文では $H_0=4.75$ [ビット], $H(A_{t_k})=4.03$ [ビット], さらに, 1次マルコフとみなしたとき, $H(A_{t_k} \mid A_{t_{k-1}})=3.32$ [ビット]であることが知られている。

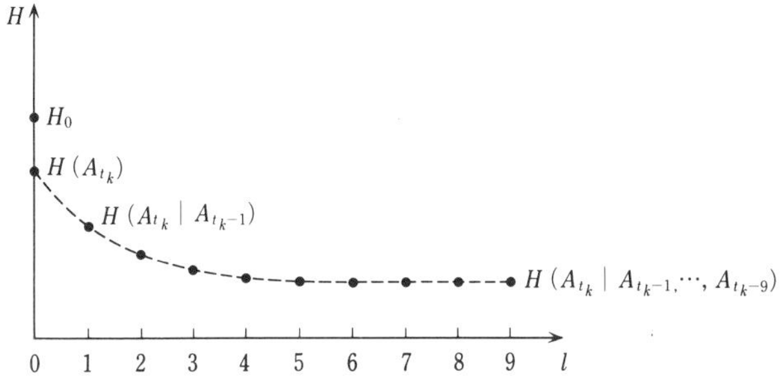

図 6.28 マルコフ情報源のエントロピー

6.3.10 情報伝送速度

情報源から発せられる通報を他へ送る場合に生ずる大きな問題の1つは, 通報を速く送れるか, それともゆっくりとしか送れないかということである。これは都市間で物や人を輸送するときに, 広い道路があれば物や人を短い時間で送れるが, 狭い道路では長い時間かかってしまう問題と似ている。情報理論では物や人の量に相当するものが情報量であり, これがすみやかに送られるか否かを示す量は次の**情報伝送速度**(information rate) R である。

$$R=\frac{H}{T} \tag{6.130}$$

H は情報源のエントロピーであり, T は情報源から発せられる1通報が伝送されるための平均時間である。エントロピー H に関しては今まで詳しく説明してきたが, 再記すると,

$$H=-\sum_{i=1}^{n} P(A_i) \log P(A_i) \tag{6.131}$$

であり, 1通報(または事象)あたりの平均情報量である。T_i を通報 A_i が伝送されるに要する時間とすれば, 1通報あたりの平均時間 T は

$$T=\sum_{i=1}^{n} P(A_i) T_i \tag{6.132}$$

で与えられる。こうして情報伝送速度 R は

$$R=\frac{-\sum_{i=1}^{n}P(A_i)\log P(A_i)}{\sum_{i=1}^{n}P(A_i)T_i} \tag{6.133}$$

となる。

［例題 6.29］　2つの通報 A_1 と A_2 がある。A_1 の時間長さ $T_1=1$ [ms] であり A_2 は $T_2=4$ [ms] である。$P(A_1)=3/4$, $P(A_2)=1/4$ であるときの情報伝送速度 R を求めよ。また $P(A_1)=P(A_2)=1/2$ のときの R も求め，両者を比較せよ。

前者は

$$R=\frac{\frac{3}{4}\log\frac{4}{3}+\frac{1}{4}\log 4\ [\text{ビット}]}{\left(\frac{3}{4}\cdot 1+\frac{1}{4}\cdot 4\right)\times 10^{-3}\ [\text{s}]}=464\ [\text{bit/s}]$$

後者は

$$R=\frac{1\ [\text{ビット}]}{\left(\frac{1}{2}\cdot 1+\frac{1}{2}\cdot 4\right)\times 10^{-2}\ [\text{s}]}=400\ [\text{bit/s}]$$

となる。2つの R を比較すると前者の方が後者よりも16%情報伝送速度が高い。しかし，情報源のもつエントロピーは2通報の情報源として最大の1ビットをもつ後者の情報源の方が前者よりも大きいのである。

上の例題が示した興味深いことは，情報伝送速度の大きいときに必ずしも情報源のエントロピーが大きいとは限らないことであり，通報の時間長に合わせて通報の生起確率を適当に決めれば，情報伝送速度 R は最大値となる。これを**通信路容量**(channel capacity)とよんでいる。通信路容量 C は

$$C=\max_{P(A_i)} R \tag{6.134}$$

として与えられる。すなわち通信路容量とは，ある通信路の持つ特性としての通報長 T_i が決められていて，この上で情報源の通報の生起確率を適当に決めることで得られる R の最大値である。

6.3.11　通信路容量

ここでは，通信路容量の計算法を考察する。

まず，R は式(6.130)のように H を T で割った形をしているので，対数をとり

$$\log R=\log H-\log T \tag{6.135}$$

とする。$\log R$ の最大値を求めれば R の最大値は求まる。$P(A_i)$ を適当な値にすれば $\log R$ は最大になるが，$P(A_i)$ には

$$\sum_{i=1}^{n} P(A_i)=1 \tag{6.136}$$

という条件を忘れてはならない。これを制約条件として，λを未定係数とすれば，ラグランジュの未定係数法を用いることができる。すなわち

$$\log H-\log T+\lambda(P(A_1)+P(A_2)+\cdots+P(A_n)-1) \tag{6.137}$$

を最大にすることが$\log R$，すなわちRを最大にすることになる。

$P(A_1)=P_1, P(A_2)=P_2, \cdots, P(A_n)=P_n$とし，これらで上式を微分し

$$\frac{\partial}{\partial P_i}\left\{\log H-\log T+\lambda(P_1+P_2+\cdots+P_n-1)\right\}=0 \tag{6.138}$$

$$(i=1, 2, \cdots, n)$$

を満たす$P_1, P_2, \cdots, P_n$とλを決める。これより

$$\frac{-1-\log P_i}{H_0}-\frac{T_i}{T_0}+\lambda=0 \tag{6.139}$$

が求まる。ここにH_0, T_0は$\log R$が最大のときのH_0とT_0である。この式にP_iを掛けると，

$$\frac{-P_i-P_i\log P_i}{H_0}-\frac{T_i}{T_0}P_i+\lambda P_i=0 \tag{6.140}$$

となり，$i=1\sim n$までこの式を連立させ，左辺は左辺どうし，右辺は右辺どうしを加えると，$\sum_{i=1}^{n} P_i=1$と$-\sum_{i=1}^{n} P_i\log P_i=H_0$より

$$\frac{-1+H_0}{H_0}-\frac{T_0}{T_0}+\lambda=0 \tag{6.141}$$

となり，

$$\lambda=\frac{1}{H_0} \tag{6.142}$$

となる。これを式(6.139)に代入すると

$$\frac{-1-\log P_i}{H_0}-\frac{T_i}{T_0}+\frac{1}{H_0}=0 \tag{6.143}$$

より

$$-\log P_i=\frac{T_i}{T_0}H_0 \tag{6.144}$$

となり

$$P_i=2^{-\frac{T_i}{T_0}H_0} \tag{6.145}$$

が得られる。$\sum_{i=1}^{n} P_i=1$より

$$2^{-\frac{T_1}{T_0}H_0}+2^{-\frac{T_2}{T_0}H_0}+\cdots+2^{-\frac{T_n}{T_0}H_0}=1 \tag{6.146}$$

となるが，$2^{\frac{H_0}{T_0}}=W$ とすれば

$$W^{-T_1}+W^{-T_2}+\cdots+W^{-T_n}=1 \tag{6.147}$$

となる。こうして W をこの方程式から求め対数をとると

$$\log W=\frac{H_0}{T_0}=C \tag{6.148}$$

より通信路容量 C が求まる。

［例題 6.30］　A_1, A_2, A_3 の通報があり，それらの通報の時間的長さがそれぞれ 1 s, 2 s, 2 s とする。このときの通信路容量 C を求めよ。

式(6.147)より

$$W^{-1}+2W^{-2}=1$$

であり，$W=2$ が求まる。$C=\log W$ より $C=1$ [bit/s] となる。

［例題 6.31］　4つの通報 A_1, A_2, A_3, A_4 を次の符号(0), (1 0), (1 1 0), (1 1 1)で表し，0か1かの符号単位は1 msの長さとする。この場合の通信容量 C を求めよ。さらに各々の通報の確率も求めよ。

式(6.147)より

$$W^{-1}+W^{-2}+2W^{-3}=1$$

$$W=2,\ C=\log W=1$$

時間長は1 msを1としているので，$C=1$ [kbit/sec] となる。個々の通報の確率は式(6.145)から，次のようになる。

$$P_1=2^{-1C}=\frac{1}{2},\ P_2=2^{-2C}=\frac{1}{4},\ P_3=P_4=2^{-3C}=\frac{1}{8}$$

［例題 6.32］　前問の通報を(0 0), (0 1), (1 0), (1 1)で表し，それらの確率が前問と同じであれば情報伝送速度 R はどうなるか？

平均通報長 $T=2$ [ms] であり，エントロピー H を計算すると

$$H=-\frac{1}{2}\log\frac{1}{2}-\frac{1}{4}\log\frac{1}{4}-2\times\frac{1}{8}\log\frac{1}{8}=\frac{7}{4}\,[\text{bit}]$$

$$R=\frac{H}{T}=\frac{4}{2}\,[\text{kbit/sec}]=\frac{7}{8}\,[\text{kbit/sec}]=0.875\,[\text{kbit/sec}]$$

となる。

演習問題

6.1　単純待ち行列では，客の到着時間間隔はパラメータ λ の指数分布密度を，また，平均サービス時間はパラメータ μ の指数分布となる。

（1）　客の平均到着時間を求めよ。

（2）　待ち行列の平均の長さ（($k-1$) 人の客が行列をつくる長さ）を求めよ。

（3） 客の平均到着時間間隔が5分のとき，待ち行列の平均長さを8人以内としたい。このとき平均サービス時間はいくらとなるか。

6.2 トラフィック密度 ρ の単純待ち行列がある。平衡状態において系の長さが k となる確率 p_k を求めよ。また系の長さの平均を求めよ。

索　引

さ 行

た 行

な 行

は 行

ま 行

や 行

ら 行

わ 行

著者略歴

中川正雄（なかがわ まさお）

1974年　慶應義塾大学大学院博士課程修了
現　在　慶應義塾大学名誉教授
工学博士

主要著書

信号理論の基礎（実教出版，共著）
ワイヤレスLANアーキテクチャ
（共立出版，共編著）

真壁利明（まかべ としあき）

1975年　慶應義塾大学大学院博士課程修了
現　在　慶應義塾大学理工学部電子工学科
教授
工学博士

主要著書

プラズマエレクトロニクス（培風館）
Plasma Electronics（Taylor & Francis）
Advances in Low Temperature RF Plasmas（Elsevier, Edt.）

2002年4月25日　初版発行
2024年3月28日　初版第16刷発行

電気・電子・情報工学系テキストシリーズ 18
確率過程

著　者　中川正雄
　　　　真壁利明
発行者　山本　格

発行所　株式会社　培風館
東京都千代田区九段南4-3-12・郵便番号102-8260
電話(03)3262-5256(代表)・振替00140-7-44725

前田印刷・牧製本

PRINTED IN JAPAN

ISBN978-4-563-03698-0 C3355